ÉTUDES

SCIENTIFIQUES

PAR A. LAUGEL

ingénieur des mines

LE PÔLE NORD ET LES DÉCOUVERTES ARCTIQUES
LE PÔLE AUSTRAL ET LES EXPÉDITIONS ANTARCTIQUES
COMMUNICATIONS INTEROCÉANIQUES DANS L'AMÉRIQUE CENTRALE
LES RUSSES SUR LE FLEUVE AMOUR
LES VOLCANS DE JAVA
LA TÉLÉGRAPHIE ÉLECTRIQUE ENTRE LES DEUX MONDES
LA GÉOGRAPHIE DE LA MER

PARIS

LIBRAIRIE DE L. HACHETTE ET Cⁱᵉ

RUE PIERRE-SARRAZIN, Nº 14

1859

ÉTUDES

SCIENTIFIQUES

PARIS. — IMPRIMERIE DE CH. LAHURE ET Cⁱᵉ
Rues de Fleurus, 9, et de l'Ouest, 21

ÉTUDES

SCIENTIFIQUES

PAR AUGUSTE LAUGEL

Ingénieur des mines

LE PÔLE NORD ET LES DÉCOUVERTES ARCTIQUES
LE PÔLE AUSTRAL ET LES EXPÉDITIONS ANTARCTIQUES
COMMUNICATIONS INTEROCÉANIQUES DANS L'AMÉRIQUE CENTRALE
LES RUSSES SUR LE FLEUVE AMOUR
LES VOLCANS DE JAVA
LA TÉLÉGRAPHIE ÉLECTRIQUE ENTRE LES DEUX MONDES
LA GÉOGRAPHIE DE LA MER

PARIS

LIBRAIRIE DE L. HACHETTE ET Cⁱᵉ

RUE PIERRE-SARRAZIN, Nº 14

1859

Droit de traduction réservé

AVIS.

Les articles, réunis dans ce volume, ont déjà, sauf le dernier, paru dans la *Revue des deux mondes*. J'y ai ajouté tout ce qui, depuis l'époque où ils ont été publiés, a eu trait aux questions diverses qui y sont traitées. Je ne perdrai point cette occasion de remercier ici les directeurs du Recueil où ils ont d'abord été accueillis, d'une bienveillance dont je sens tout le prix : leurs excellents conseils m'ont d'ailleurs été trop utiles pour que ce ne soit point pour moi un devoir de leur témoigner ma profonde reconnaissance.

Je crains que l'unité ne paraisse manquer au volume que j'offre au public : elle règne pourtant, j'ose le dire, dans le sentiment général qui m'a inspiré, quand j'ai écrit chacune des parties qui le composent. On peut affirmer, sans exagération, que l'exploration complète de notre terre, où le domaine des nations civilisées tient une si petite place, n'a été commencée que depuis peu de temps ; le mouvement de l'émigration, les voyages, l'ambition de plus en plus ardente du commerce et de l'industrie ont ouvert aujourd'hui des voies tout à fait nouvelles, aussi bien aux sciences sociales qu'aux sciences proprement dites. J'ai toujours été également préoccupé du progrès des unes et des autres : c'est la lecture des ouvrages d'Alexandre de Humboldt, dont la perte irréparable attriste aujourd'hui tout l'univers civilisé, qui a éveillé en moi ce sentiment de curiosité qui prête un charme presque égal au récit d'un voyage dans quelque région inconnue, et à l'exposé des découvertes scientifiques qui nous donnent l'explication des grands phénomènes de la nature.

La géographie cesse d'être aride, la science cesse d'être abstraite, quand elles font des échanges mutuels : l'esprit français doué d'une merveilleuse aptitude pour les sciences, semble aujourd'hui dédaigner les études géographiques ; dans les siècles derniers, le goût en était fort répandu : ne le laissons pas s'effacer, au moment même où les nations s'efforcent

d'étendre leur influence et leurs relations commerciales dans toutes les parties du globe, où l'exploration en devient de plus en plus facile et profitable,
où enfin la science moderne prête un si puissant
intérêt à des travaux qui ne se résumaient jadis que
dans de sèches nomenclatures.

A. L.

ÉTUDES
SCIENTIFIQUES.

LE PÔLE NORD

ET LES DÉCOUVERTES ARCTIQUES.

Les régions polaires sont environnées d'une barrière de glace qui les a longtemps rendues inaccessibles. On ne sait pas encore aujourd'hui d'une manière certaine si le pôle de la terre se trouve au milieu des terres ou s'il est le centre d'une mer intérieure, vaste méditerranée arctique. Deux navigateurs seulement ont atteint le 82ᵉ degré de latitude, Henri Hudson en 1607, et de nos jours sir Edward Parry. Ainsi, après des siècles d'efforts et d'héroïques entreprises, nous ne connaissons que les régions à proprement parler *circumpolaires ;* encore la géographie en est-elle assez imparfaite et n'a-t-elle pu être tracée en quelque sorte qu'à larges traits. Les marins les plus résolus ne s'engagent pas sans crainte dans ces mornes solitudes et ces labyrinthes de glace où tout devient danger, où la mort se présente avec le hideux cortége du froid et de la faim. Le sort de sir John Franklin et de ses compagnons a encore augmenté le sentiment d'effroi et presque d'horreur qui s'est de tout temps attaché aux contrées inconnues du Nord ; mais de pareilles infortunes, si cruelles qu'elles soient, ne font qu'affaiblir pour un instant et n'arrêtent jamais complétement l'ardeur des entreprises.

L'histoire des découvertes arctiques est une des preuves les plus éclatantes de ce que peut l'homme en lutte avec les forces naturelles, elle fait voir au service de combien de passions diverses il peut mettre cette activité obstinée qui finit par triompher de tous les obstacles. Là où se hasardèrent d'abord quelques pêcheurs aventureux, des hommes entreprenants se succédèrent, entraînés par l'amour et la soif de l'or qui s'étaient emparés de l'ancien continent après la découverte mémorable de Christophe Colomb ; les plus nombreux allèrent y chercher ce fameux passage du Nord, qui devait être une grande route nouvelle pour le commerce du monde. De nos jours enfin, on a vu partir pour ces régions désolées des hommes animés du seul amour de la science et de l'ambition des découvertes. Quelques-uns, soldats obscurs du devoir, étaient surtout préoccupés du désir de soutenir l'honneur du pavillon national ; d'autres, et ceux-là plus héroïques encore, allaient rechercher leurs devanciers perdus et courir volontairement au-devant des dangers mêmes auxquels ils espéraient les arracher.

A l'honneur de l'Angleterre, il faut dire que, depuis le règne de la reine Élisabeth jusqu'à nos jours, c'est la nation anglaise qui a fait les frais de presque toutes les expéditions arctiques ; elle a porté dans ces entreprises ce courage patient et cette opiniâtreté résolue qui forment le trait le plus étonnant de son génie. Ce sont des noms anglais qui couvrent les cartes polaires, et plus d'un marque la place d'un tombeau. Ainsi la souveraine des mers a voulu ajouter à son empire jusqu'à ces solitudes oubliées, environnées de mystère et de terreur, d'où la nature semblait vouloir à jamais repousser l'homme.

Pour se rendre un compte exact de l'importance de telles entreprises et des difficultés particulières que présente la navigation dans les régions rapprochées du pôle, il faut en connaître la configuration géographique et le climat. Un rapide tableau de ces contrées peut seul nous aider à mieux comprendre les tentatives d'exploration dont elles ont été le théâtre, aussi bien que les étranges difficultés qu'elles opposent aux efforts du génie humain.

I

Configuration et climat des régions polaires.

On comprend sous le nom de *zones glaciales* les portions de la terre qui dépassent les latitudes de 66° 32', et qui forment ainsi, pour parler le langage des géomètres, deux calottes sphériques dont les pôles sont les centres, et qui sont séparées des zones dites tempérées par les cercles polaires. Cette limite n'est point arbitraire : en deçà du cercle polaire, le soleil se lève et se couche tous les jours de l'année ; au delà, il reste à certaines époques de l'année plus d'un jour au-dessus et au-dessous de l'horizon. Si la terre, en se mouvant sur son orbite, tournait autour d'une ligne qui lui fût exactement perpendiculaire, les nuits seraient égales en tous les points du globe, et des jours égaux leur succéderaient régulièrement ; mais en réalité elle tourne autour d'une ligne oblique à son orbite. Un des pôles fait toujours face au soleil, et le mouvement de rotation ne peut pas le dérober à ses rayons ; il demeure ainsi éclairé jusqu'à ce que le mouvement de translation de la terre amène insensiblement devant le soleil le pôle qui pendant tout ce temps était resté dans l'obscurité. A la latitude de 70 degrés, le soleil ne se couche point pendant environ soixante-cinq jours, et ne se lève pas pendant soixante jours ; à celle de 80 degrés, il reste sur l'horizon pendant cent trente-quatre jours, et au-dessous pendant cent vingt-sept jours. Il a suffi par conséquent qu'une faible inclinaison fût imprimée à l'axe de la terre pour que la lumière et l'obscurité fussent réparties sur certains de ses points d'une manière si exceptionnelle et si peu en harmonie avec les alternances invariables et régulières de nos climats.

Un autre phénomène bien connu est lié à la même circonstance. On sait que tant que le soleil n'est point descendu à plus de 18 degrés environ au-dessous de l'horizon, nous recevons encore ses rayons brisés ou plutôt courbés par la réfraction atmosphérique. Cette lueur crépusculaire est d'autant plus vive, qu'elle est plus rapprochée du point où le soleil s'est couché ; elle s'affaiblit par degrés dans la direction du point opposé de l'horizon. Le crépuscule a une durée variable aux différentes époques de l'année : à Paris, par exemple, il dure exceptionnellement toute la nuit à l'époque du solstice d'été. Dans la zone glaciale, le crépuscule peut continuer pendant des journées entières et même des mois, suivant qu'on approche davantage du pôle. Au pôle boréal même, du 21 mars au 23 septembre, il règne un jour absolu ; un crépuscule de cinquante-trois jours lui succède, puis une obscurité complète de deux mois et demi, puis un nouveau crépuscule de cinquante-deux jours.

"Aussitôt qu'on entre dans la zone glaciale, toutes les conditions ordinaires de la vie se trouvent donc altérées. L'homme est habitué dès l'enfance à la bienfaisante périodicité du jour et de la nuit, qui se lie, pour lui, aux alternatives de repos et d'activité : il éprouve je ne sais quel sentiment d'abandon et d'inquiétude quand il ne voit pas remonter sur l'horizon l'astre qui lui verse la chaleur avec la lumière et donne la vie à toute la nature. Les heures de la longue nuit arctique doivent paraître bien lentes aux matelots, condamnés à un loisir forcé et enfermés dans les flancs de leur vaisseau. Dans cette étroite retraite, ils combattent avec peine les rigueurs d'un froid cruel ; au dehors, tout est ténèbres, mystère et solitude ; les vents sifflent avec furie, et les glaces, en se heurtant, se brisent avec des bruits étranges, qui ressemblent à des plaintes confuses et remplissent les âmes les plus courageuses de funèbres pressentiments. Cependant, s'il faut en croire les navigateurs arctiques, on s'habitue peut-être plus facilement à l'obscurité continuelle qu'au jour sans fin qui y succède. La nuit amène avec elle une sorte de langueur et d'engourdissement ; mais il semble que cette lumière incessante et perpétuelle, cette netteté même qu'elle imprime à tous les objets, aient quelque chose d'implacable et d'irritant : il y a dans les teintes amoindries du soir comme une douceur secrète qui appelle le repos. Les ressorts de la pensée se détendent avec le jour qui s'évanouit. La nuit n'est point une tyrannie de la nature, elle en est un bienfait.

C'est pendant les périodes crépusculaires que les paysages arctiques ont peut-être l'aspect le plus étrange et le plus poétique. Qui n'a ressenti le charme de ces instants, pour nous si fugitifs, quand le soleil a disparu, lorsque les ombres indéfiniment prolongées ont enfin tout envahi ? Quelques rares étoiles brillent dans le ciel, dont l'azur s'assombrit par degrés ; on reconnaît encore les objets, mais ils sont en quelque sorte indistincts et comme noyés dans d'épaisses vapeurs. Dans les zones polaires, cette lueur douteuse et inégale remplit le ciel durant des jours entiers ; les vastes plaines de glace et de neige, les sombres falaises des rivages, qui ne s'ouvrent que pour laisser passer les glaciers, se revêtent alors d'un caractère imposant et mélancolique.

La nature du Nord a d'ailleurs ses singularités comme ses aspects pittoresques. Tout le monde a entendu parler du mirage : les illusions étranges qu'il détermine se lient presque toujours dans notre pensée aux souvenirs de la fameuse campagne d'Égypte, où elles égarèrent mainte fois l'armée française pendant ses pénibles marches à travers les sables du désert. Les pays chauds ne sont pas le théâtre exclusif de ce phénomène. C'est dans les régions polaires et pendant l'été arctique qu'il se déploie avec une magnificence dont rien n'approche, avec une variété qui défie toute description.

Dans l'état ordinaire de l'atmosphère, les couches d'air diminuent de densité à mesure que l'on s'élève au-dessus de la terre ; mais il peut arriver que par suite de l'échauffement rapide et excessif du sol les couches d'air qui sont en contact avec lui s'échauffent considérablement et deviennent ainsi moins denses que celles qui sont plus élevées. Comme les déviations qu'un rayon de lumière subit en traversant plusieurs couches d'air sont en rapport intime avec la densité de ces couches, il arrive que les rayons qui viennent de l'horizon se courbent et finissent par s'y réfléchir comme dans de véritables miroirs : l'œil voit alors dans le ciel des images renversées au bord de l'horizon, et nécessairement très-fugitives. Les couches d'air qui les produisent sont dans l'état d'équilibre le plus instable, puisque les plus légères sont au-dessous des plus pesantes : le moindre mouvement qui se propage, le plus léger changement de température, ont pour effet d'abaisser, d'élever, souvent même d'incliner ces sortes de miroirs aériens : tantôt les images se confondent en partie avec les objets et les recouvrent, tantôt elles s'en séparent; tout est déformé, en largeur comme en hauteur. Souvent une deuxième image redressée s'élève par-dessus la première, parfois même on en voit encore une troisième affaiblie et de nouveau renversée.

Les conditions les plus favorables à ce phénomène du mirage se réalisent au plus haut degré dans les zones glaciales. Au refroidissement excessif et continu de l'hiver succèdent en effet les longues ardeurs d'un soleil qui ne descend pas au-dessous de l'horizon. Il devient souvent complétement impossible aux navigateurs de se rendre compte, à une certaine distance, de la véritable configuration des côtes, et ils se trouvent ainsi privés d'un moyen de reconnaissance très-précieux. Quelquefois le mirage a été cause des erreurs les plus graves : c'est ainsi que sir John Ross annonça, en revenant de son premier voyage, en 1818, qu'il avait trouvé le détroit de Lancastre fermé à l'horizon par une chaîne de montagnes, et qu'il fallait renoncer à l'espérance du fameux passage du nord-ouest. Ce fut sans doute un effet de mirage qui causa cette illusion, qui, plus tard reconnue, fut pour un temps fatale à la réputation de celui qui en avait été la victime.

Si le mirage est pour les navigateurs arctiques l'origine de beaucoup de mécomptes en les enveloppant de mille apparences trompeuses, il est aussi pour eux la source des plus vives impressions. Dans toutes leurs relations de voyage, on sent percer une admiration mêlée d'étonnement en présence de ces jeux admirables de la nature, à qui il suffit de mouvoir les couches invisibles de l'air, pour créer des horizons nouveaux et suspendre un monde fantastique aux bornes du monde véritable. Qui de nous n'a jamais dans les lignes arrondies ou les contours bizarres des nuages, cherché à construire des formes ou à saisir de lointaines ressemblances ? Surtout quand la mer est recouverte au loin de ces montagnes de glace flottante, voyageurs lents et gigantesques qui se promènent au gré de courants souterrains, les horizons arctiques donnent comme une réalité vivante à ces rêves et à ces fantaisies de l'imagination. Tantôt on croit apercevoir les ruines amoncelées d'une

cité de géants ; l'œil reconnaît çà et là, dans le vague du lointain, des colonnes debout sur des pié-
destaux irisés, des portiques gigantesques, des aiguilles blanches pareilles à des obélisques, qui
dressent leur ligne aiguë dans le ciel et appuient leur
pointe contre d'autres obélisques renversés. Parfois
les frissons du vent impriment à toute cette archi-
tecture des ondulations légères, comme si un trem-
blement souterrain venait ébranler à la fois la cité
terrestre et la cité aérienne. Un moment après, tout
disparaît comme par enchantement : encore un instant, et tout reparaîtra sous des formes nouvelles ;
ce ne seront plus que d'immenses rochers en tables
ou en assises grossières, des dolmens druidiques,
des murailles massives et radieuses où s'ouvrent des
grottes sombres, qui semblent conduire à un monde
inconnu. Ces scènes magiques rompent la triste monotonie des voyages arctiques : là où la terre n'a plus
rien qui puisse charmer les yeux, le ciel peut encore
créer des spectacles nouveaux et saisissants.

Mais il est temps de parler des glaces et de tous
les phénomènes qui sont liés à la formation et aux
mouvements de ces masses flottantes. On sait quelle
influence le relief et la configuration des terres ont
sur la météorologie d'une contrée ; aussi importe-t-il
de donner d'abord un aperçu rapide de la géographie des régions polaires. Si l'on suit sur un globe
terrestre le prolongement septentrional des continents
de l'Europe, de l'Asie et de l'Amérique, on verra que
les portions de ces continents qui dépassent le cercle

polaire dessinent une sorte d'anneau grossier, dont les bords intérieurs sont très-irréguliers. Le cercle polaire entre dans la Suède au-dessous des îles Loffoden, au pied des vastes glaciers de Fondalen, sépare la Laponie de la Finlande, pénètre dans la mer Blanche, et traverse ensuite toute la Russie et l'Asie septentrionale en coupant presque à angle droit les grands fleuves qui descendent vers l'océan Glacial, la Petchora, l'Obi, le Raz, l'Ienissei, l'Anabara, l'Olenek, la Lena, l'Iano, l'Indigiska, la Rovina. En dépassant le détroit de Behring, il divise l'Amérique russe, franchit la rivière Mackenzie, le lac Grand-Ours, le pays des Esquimaux, le canal de Fox, l'île Cumberland, le détroit de Davis; il tronque ensuite la partie méridionale du Groënland, qui avance sa pointe dans l'océan Atlantique, et vient passer près du cap Nord, qui forme l'extrémité la plus avancée de l'Islande.

Les portions du continent européen et asiatique comprises dans la zone glaciale sont à peu près connues, ainsi que le Spitzberg, la Nouvelle-Zemble et les îles de la Nouvelle-Sibérie. A l'exception de la ligne profondément découpée des *fiords* de la Norvége, qui forme comme une barrière à demi détruite et minée par l'Océan, les côtes de cette zone sont presque partout basses et unies. Le grand continent asiatique semble descendre par degrés sous la mer et lui verse les eaux de ses grands fleuves, qui descendent des pentes régulières en lignes presque parallèles. Si ces immenses artères s'ouvraient libre-

ment sur des mers navigables, des villes riches et populeuses viendraient se grouper sur leurs rives; mais
leurs eaux infécondes vont se perdre dans l'océan
Glacial, et ne baignent que des contrées incultes,
presque désertes, périodiquement désolées par les
débâcles et les inondations causées par les glaces qui
emprisonnent les embouchures : lieux d'exil et de
châtiment, où les rigueurs d'un régime despotique
s'ajoutent à celles de la nature. Les côtes et les plaines
de l'Amérique septentrionale ont le même caractère
de monotonie que celles de la Sibérie : ici encore le
continent se perd insensiblement sous les mers arctiques ; seulement les inégalités de son relief ont donné
naissance à des mers intérieures ou baies réunies
entre elles par des canaux et des détroits. Qu'on se
figure une surface presque plane, mais couverte en
tout sens de rides et de bossellements légers : si on la
plongeait à demi dans l'eau, le niveau liquide y trace-
rait les méandres les plus capricieux, et l'on aurait
dans ces lacs, ces îles irrégulières, ces détroits sinueux, une miniature des parties les plus septentrionales de l'Amérique. Les dépressions qui servent de
lit à ce qu'on nomme modestement les baies de ces
régions sont véritablement énormes. Les baies de
Baffin et d'Hudson ont plus de trois cents lieues dans
leur plus grande étendue ; le grand canal qu'on nomme
le détroit d'Hudson a cent soixante-dix lieues de longueur.

La presqu'île du Groënland forme un contraste
frappant avec ces contrées basses qui s'étendent

au delà du Labrador. Deux chaînes de montagnes qui viennent se croiser à son extrémité méridionale, en ont marqué le relief; l'intérieur des terres est montueux, et les côtes sont anfractueuses et dentelées comme celles de la Norvége qui leur font face de l'autre côté de l'Atlantique. Il y a bien des siècles que le flot de la mer bat ces noires et gigantesques falaises : les révolutions qui les ont fait surgir du fond des eaux se perdent dans la nuit des temps géologiques. Nos dates et nos ères s'effacent devant ces monuments, qui ne mesurent point les années de l'homme, mais les âges d'un monde.

Il est très-intéressant d'étudier l'étendue et la distribution des glaces pendant la saison d'hiver dans toute cette zone boréale : elles remplissent et ferment complétement tous les passages dans ce qu'on pourrait nommer le grand labyrinthe arctique, depuis les approches des détroits d'Hudson et de Davis jusqu'aux plages inconnues du pays de Banks. On conçoit aisément combien ces régions basses et entre-coupées se prêtent à une pareille accumulation : quand les premières glaces se brisent, leurs débris viennent s'arrêter à l'entrée de quelque étroit canal, où le froid les ressoude presque aussitôt. Terres et eaux se couvrent bientôt d'un immense manteau de neige et de glaces, et cette solitude désolée n'a pas moins de huit cents lieues de longueur dans sa plus vaste étendue. En même temps une ceinture de glaces borde les côtes de l'Amérique russe, ainsi que les alentours du détroit de Behring

et du Kamtchatka jusque vers son extrémité méridionale. Elles s'étendent à une énorme distance tout
le long de l'Asie, unissent au continent les terres
abandonnées de la Nouvelle-Zemble et de la Nouvelle-
Sibérie, remplissent toute la Mer-Blanche et s'étendent sur la côte orientale de la Laponie. Enfin une
vaste plaine glacée unit le Spitzberg et la partie occidentale de l'Islande aux rives inhospitalières du
Groënland.

Si l'on peignait d'une même couleur sur un globe
terrestre toutes les régions arctiques qui, pendant
l'hiver, sont recouvertes par les glaces, l'observateur
le plus inattentif ne pourrait manquer d'être frappé
par certaines singularités de leur contour : des
côtes situées à la même latitude peuvent être, l'une
complétement libre, l'autre défendue par une large
barrière de glaces. C'est que la température d'une
contrée ne tient pas seulement à son éloignement du
pôle ; elle est aussi en rapport avec sa configuration,
avec la distribution relative des terres et des eaux et
avec les grands mouvements qui se produisent dans
le sein des mers sous le nom de courants. Tout le
monde sait que les eaux échauffées sous l'équateur
se répandent vers le pôle et que les glaces du Nord
viennent se fondre dans les zones tempérées : il se fait
ainsi un perpétuel échange de froid et de chaleur qui
tend à niveler les températures, et l'on peut dire de
la mer qu'elle est le grand modérateur des saisons. »
A mesure qu'on pénètre dans l'intérieur des terres,
ces influences régulatrices s'effacent, et la tendance

aux températures extrêmes se prononce. M. de Humboldt a depuis longtemps développé ces admirables relations naturelles et distingué ce qu'on peut nommer les climats *insulaires* ou *maritimes* des climats *continentaux*.

Le grand courant chaud, connu sous le nom de *gulfstream*, prend naissance dans le golfe de Floride, suit quelque temps les côtes de l'Amérique, puis s'infléchit fortement, vient passer entre l'Islande et les îles Hébrides, rase la Norvége méridionale et va rencontrer la Nouvelle-Zemble. Pour donner une idée de l'importance de cette masse d'eau, il suffira de dire que si l'atmosphère entière de la France et de l'Angleterre était à la température de la glace fondante, la chaleur que le *gulfstream* vient verser en un seul jour dans les mers arctiques l'élèverait aux températures de nos étés les plus ardents. Par un contraste bien fait pour étonner, c'est pendant que l'hiver exerce ses rigueurs dans la zone boréale que le courant chaud y pénètre le plus profondément. A cette époque, le grand contre-courant qui charrie pendant l'été les glaces polaires vers le sud se trouve arrêté : ces glaces restent encore attachées aux rivages et remplissent les grands fleuves de l'Asie. Il faut se rappeler d'ailleurs que la glace qui fond absorbe, aux dépens de ce qui l'environne, une certaine quantité de chaleur, que les physiciens nomment chaleur latente; au contraire, une grande masse d'eau, au moment où elle se convertit en glace, devient une véritable source de chaleur, ce qui ne peut laisser que de paraître bien extraordinaire à ceux qui sont habitués à considérer le chaud et le froid comme deux puissances antagonistes et rivales. Il arrive ainsi que le courant chaud se refroidit plus rapidement quand les glaces flottantes, entraînées dans leur mouvement vers le sud, viennent s'y fondre, que lorsqu'il va seulement réchauffer les eaux polaires. Pendant l'hiver, il contourne de loin jusqu'à une très-grande distance les côtes de l'Asie, tandis qu'au printemps et en été il est arrêté entre la Nouvelle-Zemble et le Spitzberg.

Les îles Cherry, situées entre le cap Nord et le Spitzberg, sont bien placées pour donner une preuve de l'influence que le *gulfstream* exerce pendant l'hiver. Le soleil y reste cent trois jours sous l'horizon : pendant cette longue nuit, le temps y est fort doux, et on y a vu tomber de la pluie le jour de Noël. Leur latitude est pourtant la même que celle de l'île Melville, où le froid est si intense que le mercure y gèle pendant cinq mois consécutifs. On ne s'étonnera pas dès lors que la mer ne soit pas prise plus fréquemment dans le port de Bergen, en Norvége, que la Seine à Paris.

Avec le printemps arrive la débâcle; les grands fleuves se déchargent, les glaces commencent leur migration vers le sud, qui continue pendant tout l'été, et qui fait, si l'on peut s'exprimer ainsi, reculer le *gulfstream*. Il faut en chercher les réservoirs les plus immenses sur les côtes de Sibérie et d'Asie, puis dans le grand labyrinthe arctique. Le courant asiatique dépasse le pôle et descend le long du Groënland oriental en passant des deux côtés du Spitzberg : les glaces rencontrent alors le courant équatorial qui les rejette et qui protége contre elles les côtes de l'Europe. Aussi Léopold de Buch observait-il en 1816 qu'il fallait s'éloigner de 20 à 30 lieues marines des derniers promontoires de la Laponie avant d'apercevoir, bien loin à l'horizon, quelques îlots de glace. On sait d'ailleurs qu'en Europe les hivers sont extrêmement doux, quand on les compare à ceux qui règnent aux mêmes latitudes de l'autre côté de l'Atlantique. Ce contraste avait frappé d'un étonnement douloureux les hommes courageux qui allèrent les premiers dans l'Amérique du Nord jeter les fondements de ces colonies qui devaient si vite s'ériger en rivales indépendantes de la métropole, et auxquels leurs descendants donnent encore aujourd'hui ce nom touchant, dont le sentiment est presque intraduisible, *pilgrim fathers*, « nos pères les pèlerins. »

En même temps que s'établit le grand courant asiatique, les radeaux de glace qui encombrent le labyrinthe arctique se frayent péniblement un chemin par les détroits sinueux de ces régions : quand ils débouchent dans la vaste baie de Baffin, ils vont s'accumuler sur les côtes occidentales, sans doute à cause du mouvement de rotation de la terre, et laissent libre un passage étroit et difficile le long du Groënland. A la hauteur du Labrador, ces glaces charriées se mêlent à celles qui viennent des côtes de la Sibérie, et elles descendent ensemble vers les zones tempérées. Enfin un troisième courant glacé, d'une importance bien moindre, sort par le détroit de Behring et descend tout le long de la côte du Kamtchatka.

Cependant il ne suffit pas de tracer les routes suivies par des glaces polaires; il faut en étudier de plus près la formation, les vicissitudes et les effets mécaniques pour donner une juste idée des périls auxquels s'exposent les navires engagés dans ce dédale mobile. Supposons-nous transportés, vers la fin de l'été, dans quelque partie du labyrinthe polaire, à l'entrée, par exemple, du canal de Wellington, si obstinément et si infructueusement exploré dans ces dernières années par les navigateurs envoyés à la recherche de sir John Franklin. Les premières couches de glace mince qui se forment pendant le mois de septembre sont presque aussitôt brisées par le mouvement des vagues et flottent quelque temps en fragments irréguliers; on les voit bientôt se réunir peu à peu et se ressouder graduellement les unes aux autres. Cette surface, d'abord très-fragile, se consolide rapidement, et les froids deviennent si intenses, que dès le mois d'octobre elle a déjà près de deux pieds d'épaisseur; la glace, d'abord granulaire et spongieuse, a acquis la ténacité et la dureté du roc. Il ne tombe point de neige jusqu'au mois de novembre : à cette époque, une fine et blanche poussière commence à tourbillonner dans le ciel et à recouvrir la grande plaine de glace. C'est vers le mois de décembre, quand ces masses solides ont atteint plusieurs pieds d'épaisseur et pris leur plus haut degré de consistance, que se déploient, dans toute leur grandeur, ces actions dynamiques qui font courir aux navires un perpétuel danger. Heureux ceux qui sont à l'abri dans quelque profonde anfractuosité de la côte, ou même emprisonnés au milieu d'une des vastes plaines de glace! mais, quand ils sont engagés dans les canaux étroits qui séparent ces grandes îles mouvantes, ou le long de la ceinture étroite de glaces immobiles qui bordent les rivages, leur position est vraiment effrayante. On comprend à peine que le vaisseau le plus solidement construit puisse résister à la pression de ces masses gigantesques, d'une étendue souvent immense et épaisses de plusieurs pieds, quand leurs longues marges viennent à se heurter. Il est difficile de se faire une idée de la puissance d'un semblable choc. Quand cette rencontre redoutable a lieu, on entend de sourds murmures, des craquements et des grincements aigus. Ces blanches plaines, tout à l'heure si unies et si monotones, s'agitent; la neige se met en mouvement et semble onduler; des fissures s'ouvrent dans toutes les directions; on entend les bruits les plus étranges, pareils à des voix et à des cris que les marins, dans leur langage toujours trivial, mais souvent pittoresque, comparent aux jappements de jeunes chiens. Tout le long des fissures, les glaces se brisent avec fracas et s'élèvent en tables gigantesques : elles montent et s'élancent comme à l'assaut les unes des autres. Les parois, un moment soulagées par cette explosion, se rapprochent de nouveau et recommencent à presser l'une contre l'autre;

de nouvelles ruptures se produisent, de grandes tables sont de nouveau rejetées; au bout de quelques minutes, l'horizon entier est sillonné par de longues murailles de débris. Tantôt ces murailles sont formées par des blocs à demi broyés et empilés au hasard, tantôt leurs assises rectangulaires ont des faces si nettement tranchées et sont si régulièrement superposées, que la pensée se refuse à y voir l'œuvre d'un cataclysme instantané et violent. C'est ainsi qu'on se figure, radieuses et diaphanes, les murailles d'émeraude du palais fabuleux d'Odin, où les guerriers du Nord, assis à la table de leur éternel festin, racontent leurs merveilleux exploits.

Les fissures de ces vastes surfaces sont bientôt ressoudées par le froid, et leurs parties, un moment séparées, se rattachent. A chaque rencontre avec une plaine flottante, elles se brisent de nouveau et se hérisent de nouvelles murailles. Une de ces îles, après un certain temps, n'est plus qu'une immense mosaïque composée de champs de glace de tout âge et de toute épaisseur, dont les divisions se trouvent marquées par de longues crêtes aux formes les plus singulières, et souvent assez élevées pour borner l'horizon.

Au printemps, quand la débâcle commence, et que les passages, longtemps obstrués, se débarrassent peu à peu, cette absence d'homogénéité favorise singulièrement la rupture des plaines de glaces et la séparation de leurs diverses parties. C'est alors surtout que la topographie de ces îles éphémères varie presque perpétuellement; aussitôt qu'une fissure se produit, des blocs détachés qui flottaient à leur partie inférieure remontent, et, comme des coins, maintiennent les séparations. La décomposition de ces grandes masses rend ainsi leurs mouvements beaucoup plus faciles, et ces mouvements à leur tour, par les chocs qu'ils produisent et les ruptures qui en sont la suite, accélèrent la décomposition.

Ce sont les glaces superficielles qui font courir aux navires les dangers les plus sérieux et les plus permanents; mais ils ont encore à redouter les grandes montagnes qui descendent des glaciers et qui encombrent fréquemment les alentours du Groënland et la baie de Baffin. Presque toute la péninsule du Groënland est couverte de neiges perpétuelles; les deux chaînes qui bordent les côtes, et dont les découpures profondes forment les *fiords*, servent de réservoirs à de gigantesques glaciers, auprès desquels ceux des Alpes sont bien petits. Les vallées transversales qui leur servent de lit sont très-encaissées, et les cimes qui les couronnent ont, depuis le cap Farewell jusque vers la baie de Disco, située à la latitude de 70 degrés, entre 500 et 1200 mètres de hauteur. Au delà, la côte semble s'abaisser un peu jusqu'au fond de la baie de Baffin. Sur la rive orientale, le rivage a les mêmes caractères, et les côtes vues par Scoresby à la latitude de 78 degrés étaient encore assez hautes.

Le cap Farewell ou des *Adieux*, qui forme l'extrémité méridionale de cette vaste péninsule, est le point où se sont croisés les deux systèmes de montagnes qui ont marqué le relief du Groënland, pour employer une expression aujourd'hui consacrée par l'autorité de M. Elie de Beaumont. Il oppose aux flots de l'Océan la haute barrière de ses falaises abruptes et rappelle complétement, par toutes les particularités de sa position, le cap de Bonne-Espérance et le cap Comorin. Ce n'est qu'à *Baal's-River* et à *Godhaab*, les premiers points habités de la côte occidentale, qu'on commence à apercevoir les glaciers. Ils ne s'avancent pas encore directement jusqu'à la mer, et descendent seulement par des gorges étroites jusque dans les *fiords.* Les golfes profonds des environs d'Holsteinbourg leur servent pareillement de réservoirs. A la latitude de 70 degrés, où le niveau moyen de la côte s'abaisse légèrement, commence le gigantesque glacier qui borde presque sans interruption tout le fond de la baie de Baffin. Si l'on comparait les glaciers de la partie inférieure du Groënland aux rivières qui descendent des montagnes en suivant la ligne des vallées, ou plutôt, à cause de la lenteur de leur mouvement, aux coulées de laves qui sillonnent les pentes des volcans, alors l'immense accumulation de ces glaces qui viennent descendre dans le fond de la baie de Baffin rappellerait à l'esprit une véritable inondation, ou bien ces grandes masses éruptives qui, dans les anciennes révolutions du globe, se répandaient tumultueusement sur d'immenses étendues. Dans ces hautes régions arctiques, les falaises sont ordinairement droites et profondes,

et le glacier, en débouchant lentement de la haute
vallée où il se trouvait encaissé, demeure en sur-
plomb dans la mer ; bientôt cette masse ainsi suspendue, constamment minée par les eaux salées à sa
partie inférieure, se brise et se détache avec une détonation plus forte qu'un coup de canon. La montagne de glace chancelle et se balance jusqu'à ce
qu'elle ait atteint son équilibre, elle devient le centre
d'ondulations d'abord effrayantes, et qui, se calmant
par degrés, continuent quelquefois pendant des heures. Ces géants de glace bloquent les rivages ou sont
entraînés au gré des courants jusqu'à ce qu'ils
soient entièrement fondus.

C'est dans la baie de Baffin qu'on rencontre les
montagnes flottantes les plus considérables. Les plus
hautes montagnes de glaces qu'on ait vues sur les côtes
occidentales du Groënland n'avaient que 40 mètres
de hauteur ; Scoresby dans la mer du Spitzberg,
Beechy dans la baie de la Madeleine, en ont aperçu
de 70 mètres de haut. Dans la baie de Baffin, au contraire, sir John Ross en a mesuré dont la hauteur dépassait 100 mètres et qui avaient plus de 400 mètres
de longueur. On se fera une idée véritable des dimensions de tels blocs, qu'on peut bien sans exagération
nommer des montagnes, en songeant que la partie
qu'on voit au-dessus de l'eau n'est à peu près que le
quart de leur masse totale. Encore paraissent-elles
quelquefois plus colossales qu'elles ne le sont véritablement, par suite d'une illusion d'optique qui se
renouvelle à chaque instant dans les pays arctiques. On

en trouve des exemples presque incroyables dans les relations des navigateurs : j'en citerai un entre cent. Une montagne de glace, jugée haute de 100 mètres à l'œil, n'avait en réalité que 30 mètres de hauteur, comme le firent voir les mesures trigonométriques exactes. Souvent on aperçoit une montagne que l'on croit assez rapprochée, et l'on se trouve tout découragé quand, après une heure de marche pénible sur la glace, ses dimensions n'ont pas sensiblement changé. A quoi tiennent ces étranges illusions ? Est-ce seulement à l'état toujours variable d'une atmosphère humide et trompeuse? Scoresby les attribue à une augmentation de la distance apparente des objets. Sans doute nos idées de grandeur sont liées aux idées de distance, et nous apercevons sous le même angle visuel des objets de grandeur inégale, parce qu'ils sont inégalement éloignés ; mais à quoi tient précisément cette fausse appréciation des distances dans les pays arctiques? On sait d'ailleurs que dans les plaines de l'Égypte la masse colossale des pyramides produit, quand on s'en approche, les mêmes illusions et le même désappointement. C'est sans doute l'isolement des pyramides au milieu des sables du désert, comme celui des montagnes de glace sur la mer ou sur les vastes plaines de neige où elles sont souvent emprisonnées, qui est la cause de ces déceptions. Sur ces immenses surfaces désertes, où tout point de comparaison manque, l'œil ne sait plus mesurer les objets.

La forme des montagnes de glace est extrêmement

variable, et l'aspect seul permet de juger jusqu'à un certain point de leur âge et des vicissitudes qu'elles ont subies. Quand elles sont détachées depuis peu de temps, elles reposent sur la mer en immenses tables horizontales, et l'on voit encore à leur partie supérieure, incrustés dans leurs flancs, les débris de roches entraînés dans le mouvement du glacier. Quand le fond de ces grandes masses tabulaires n'est pas horizontal au moment de leur rupture, elles basculent aussitôt qu'elles sont séparées et présentent alors, d'un côté, une longue pente qui descend souvent jusqu'au niveau de l'eau, de l'autre, une falaise abrupte et brillante. Quand elles sont arrêtées dans les glaces, on peut les gravir par cette grande côte inclinée, et parvenir jusqu'à leur cime. A la longue, la mer creuse, à la base de ces montagnes, de profondes excavations; l'action de l'air et de l'eau les dégrade : leur ligne de flottaison change, et, quand elles s'inclinent, on voit sur leur côté une série de cannelures qui marque les anciennes lignes de niveau. A mesure que l'œuvre de décomposition avance, les formes deviennent plus étranges et plus pittoresques; des tours à demi ruinées sont unies par des ponts naturels aux arches colossales; des terrasses superposées servent de réservoir à l'eau fondue qui tombe en minces cascades; des stalactites sont pendues à des pointes grotesques et difformes. Rien n'est imposant comme de voir passer ces monstres gigantesques, souvent si nombreux qu'on se fatigue à les compter. La lumière joue de mille manières sur leurs

faces d'un blanc si mat, que de loin ils ressemblent
à des masses d'argent fondu. Quand le soleil est très-
près de l'horizon, ils sont baignés d'une lumière rose
et pourprée, nuancés des teintes les plus harmo-
nieuses. Il faut renoncer à peindre la pure et tranquille majesté de ces grandes montagnes mouvantes ;
les courants qui les entraînent sont si puissants,
qu'elles marchent souvent contre le vent, et même
contre les trains de glace flottante. Dans le nombre,
quelques-unes élèvent démesurément leur cimes,
géants qui conduisent d'autres géants. Quelquefois,
par suite d'une rupture soudaine, on voit l'une d'elles
s'arrêter et se balancer un moment en cherchant son
nouvel équilibre : un instant après, elle reprend sa
marche lente, et la troupe serrée va se perdre peu à
peu dans le vague de l'horizon.

II

Premières découvertes arctiques.

C'est entre ces montagnes menaçantes et ces grands
radeaux de glace, qui viennent souvent barrer leur
passage, que les navires sont obligés de se frayer
péniblement un chemin. Aujourd'hui même, à une
époque où sont fixés les traits principaux de la géographie arctique, où les courants, les grandes routes
suivies par les glaces sont connus, on ne peut s'em-

pêcher de ressentir une admiration profonde pour ceux qui vont s'exposer à de pareils dangers; mais l'admiration se mêle d'étonnement et de terreur quand on se rappelle les premiers aventuriers qui, sur de frêles embarcations, allèrent explorer ces régions abandonnées, confins mystérieux de notre monde.

Insuetum per iter gelidas enavit ad Arctos.

Trois époques peuvent être distinguées dans l'histoire des expéditions arctiques : l'une qui s'étend du XVIe siècle au XIXe ; l'autre qui commence avec ce siècle et s'arrête avec le dernier voyage de Franklin, la troisième, remplie par les expéditions chargées de rechercher ce malheureux navigateur, et que marque la découverte du passage du Nord.

Un historien islandais a revendiqué pour ses compatriotes la gloire d'avoir abordé au Groënland et au Labrador, et d'avoir ainsi découvert le nouveau monde bien longtemps avant la fameuse expédition de Christophe Colomb. Les traditions anciennes sur lesquelles il s'appuie ont un caractère trop vague pour que l'histoire puisse les enregistrer, et les explorations sans but et sans résultat de quelques pêcheurs égarés ne peuvent être mises en comparaison avec la tentative féconde de celui qui fraya à l'Europe le chemin d'un monde nouveau. Une conquête qui s'ignore elle-même n'est pas une conquête. Le premier navigateur qui pénétra volontairement dans

la zone glaciale fut Sébastien Cabot. Aussitôt après la
première expédition de Colomb, son père John Cabot,
marchand vénitien établi à Bristol, avait résolu d'aller
explorer ce nouvel hémisphère que l'imagination
crédule de cette époque considérait comme un nouvel Éden, où devaient abonder toutes les richesses, et
dont la splendeur allait faire pâlir celle même des
Indes et de l'empire fabuleux de Cathay. Il obtint en
1496, du roi Henri VII, la concession, comme on dirait aujourd'hui, pour lui et tous ses descendants, de
tous les pays où il irait planter le drapeau anglais, à
la charge seulement de payer un tribut perpétuel. La
générosité calcule rarement avec l'avenir et l'inconnu.
John Cabot emmena avec lui son fils Sébastien. Dé-
daignant de suivre la route ouverte par Colomb, ils
s'engagèrent dans un chemin nouveau et des latitudes
inconnues, et touchèrent pour la première fois le sol
de l'Amérique, sur la côte du Labrador, un an avant
que Colomb, dans son troisième voyage, n'arrivât
lui-même en vue du véritable continent. Sébastien
retourna en Angleterre pour rendre compte de sa découverte; après une seconde expédition, la rigueur
excessive du climat sur ces côtes étranges et inhospitalières le fit bientôt renoncer à l'espoir d'y fonder un
établissement.

Renonçant à la pensée de régner sur le nouvel empire qu'une munificence royale lui avait à l'avance
abandonné, Sébastien Cabot tenta plus tard de chercher dans les latitudes élevées le passage pour arriver aux Indes, et, il faut le dire à sa gloire, il ne se

laissa point effrayer par les dangers si nouveaux alors des mers arctiques. Il se fraya intrépidement un chemin là où encore aujourd'hui les marins ne s'engagent qu'avec précaution, et pénétra jusqu'au milieu de la baie d'Hudson. La mutinerie seule de ses matelots put l'arrêter et le forcer au retour, lorsqu'il croyait avoir touché le but, au moment où, sur cette mer sans horizon, il pensait n'avoir qu'à ouvrir ses voiles pour être conduit vers l'océan Indien. La postérité a été injuste pour ce hardi navigateur : l'histoire de sa vie, si émouvante et si remplie, est mal connue et pleine de lacunes ; aucune relation de ses voyages n'est venue à nous. On ignore jusqu'au lieu où repose sa tombe, et l'œil qui se promène sur une carte de ces régions qu'il ouvrit au monde n'y rencontre même pas son nom.

Au lieu de chercher le passage aux Indes par l'ouest, Willougby et Chancellor tentèrent d'y arriver par l'est, en doublant les promontoires les plus élevés de la Laponie. Ce fut Sébastien Cabot lui-même qui dicta les instructions de cette nouvelle expédition. Chancellor arriva jusqu'au port d'Arkhangel et découvrit la Russie septentrionale ; mais il ne poussa pas plus loin et revint chercher ses compagnons. Il trouva leur vaisseau dans une baie profonde de la Laponie orientale : tous les hommes étaient morts de froid et de faim. Le malheureux Willougby, couché dans sa cabine, tenait encore dans sa main le journal du bord, qu'il avait écrit jour par jour jusqu'à ce que ses forces l'eussent abandonné.

C'est surtout à partir du règne d'Élisabeth que la recherche du passage du Nord devint pour l'Angleterre une entreprise véritablement nationale. L'orgueilleuse rivale de l'Espagne donna à sa marine un développement extraordinaire, encouragea le commerce, favorisa toutes les expéditions lointaines. L'étude de la géographie devint une science populaire, et sir Humphrey Gilbert, qui plus tard se perdit si malheureusement sur les côtes de Terre-Neuve, écrivit lui-même un livre pour démontrer l'existence du passage du Nord. Le comte de Warwick donna deux petits navires à Martin Frobisher, qui dès longtemps nourrissait le désir d'aller explorer les mers où Cabot seul était entré avant lui. Frobisher estimait que la découverte du passage « était la seule chose qui n'eût pas encore été accomplie, et qui pût satisfaire une âme élevée et la rendre glorieuse. » Il pénétra vers le 66ᵉ degré de latitude dans un large canal, et crut pendant quelque temps que ce détroit séparait les côtes de l'Amérique et de l'Asie, et qu'il allait déboucher dans l'océan Indien. Cette illusion, qui témoigne bien de l'état des connaissances géographiques à cette époque, ne fut pas de longue durée : Frobisher fut contraint de revenir et ne rapporta de son voyage que quelques échantillons de terres et de roches. Dans la pensée des hommes de ce siècle, la découverte des métaux précieux était liée intimement à celle même du nouveau continent, qu'ils ne regardaient que comme une mine immense et d'une richesse inépuisable. Les terres rapportées par Frobisher furent

examinées par des raffineurs de Londres, qui, peut-
être trompés par l'éclat de quelques grains de pyrite,
déclarèrent qu'elles contenaient de l'or. Désormais le
voyage cessait d'être une déconvenue : ce n'était plus
un passage, c'était un nouvel Eldorado qu'il s'agissait
de découvrir sous les glaces et les neiges.

Une escadre fut aussitôt formée, et la reine Élisabeth donna un vaisseau de sa propre marine. Frobisher dirigea encore la nouvelle expédition, et ne se
laissa point arrêter par les difficultés d'une navigation
extrêmement périlleuse dans des mers hérissées de
montagnes de glaces. Il ne put néanmoins arriver
cette fois aussi loin que dans son premier voyage : on
se contenta de débarquer sur les côtes de l'Amérique
et de remplir les vaisseaux d'une terre noirâtre ; elle
devait, à n'en pas douter, contenir de l'or, car on
avait trouvé sur les lieux beaucoup de scarabées.
Ces insectes passaient à cette époque pour avoir la
vertu singulière de marquer la place du précieux
métal, et les chercheurs d'or furent pendant des
siècles les dupes de cette superstition bizarre, dont
rien ne peut révéler l'origine ni le sens.

Dès le retour de l'expédition, et avant même de
s'assurer si la terre qu'on avait rapportée remplirait
toutes ses promesses, on équipa une nouvelle escadre
formée de seize vaisseaux. Il fut résolu qu'on fonde-
rait une importante colonie dans ces régions nouvelles, où l'on foulait l'or sous ses pas. Les fils des plus
nobles familles s'embarquèrent comme volontaires :
on choisit avec le soin le plus extrême ceux qui de-

vaient former le noyau de cette société privilégiée.
Contraste étrange, cette terre promise, cet Eldorado
arctique ne devait recevoir que des hommes dont la
naissance et l'éducation fussent un gage de leur dé-
vouement à la mère patrie! L'Australie, au contraire,
cet Eldorado moderne, ne fut d'abord peuplée que de
condamnés et de criminels! La nouvelle expédition
échoua misérablement : les navires coururent les
plus grands dangers, et l'un d'eux fut brisé par les
glaces; les autres s'égarèrent et furent plusieurs fois
séparés. On finit cependant par aborder dans une
île où fut trouvée cette terre noire si ardemment
convoitée; mais les perplexités de la traversée avaient
bien refroidi le zèle des nouveaux colons, qui se déci-
dèrent à retourner en Angleterre avec leur butin. On
ne dit pas ce qui advint de cette terre cherchée si
loin et obtenue au prix de tant de périls. Les erreurs
et les mécomptes de la folie humaine s'oublient rapidement. L'histoire n'enregistre que les succès de
l'audace, les hasards heureux, et l'homme est toujours prêt à se laisser tromper par de nouvelles illusions et à se précipiter dans de nouvelles aventures.

Les Hollandais, qui à cette époque étaient encore
les rivaux de l'Angleterre, poursuivaient avec non
moins d'ardeur la découverte d'un passage pour arriver aux Indes. Deux fois dans le xvi° siècle ils cher-
chèrent à le trouver par le nord-est, entre la Nouvelle-Zemble et la Russie. En 1596, William Barentz
hiverna dans le nord de la Nouvelle-Zemble, et l'un
des souvenirs de son séjour dans cette île mérite

d'être recueilli. Dès le commencement de l'hiver, les glaces de la côte furent peu à peu détachées et finirent par être entraînées au loin vers le nord. Le rivage, au grand étonnement du navigateur hollandais, demeura presque entièrement libre pendant toute la saison. C'est le *gulfstream* qui, pénétrant pendant l'hiver à une distance plus grande, venait ainsi balayer la mer jusqu'à ces latitudes élevées. Ce ne fut qu'après six ans de souffrances inouïes et de tentatives infructueuses que Barentz et son équipage finirent par se sauver sur deux petits bateaux et par aborder à Arkhangel.

Hendrich Hudson fut bientôt envoyé par une compagnie de marchands anglais à la découverte du passage du Nord. Il réussit à suivre les côtes orientales du Groënland jusqu'au 82e degré de latitude, et fut obligé de revenir du côté du Spitzberg. Après une seconde tentative inutile, il se mit au service de la compagnie hollandaise des Indes orientales ; il essaya de dépasser la Nouvelle-Zemble, mais les glaces l'obligèrent à se tourner vers l'ouest, du côté du Groënland et de Terre-Neuve. C'est dans ce fameux voyage qu'il découvrit le cap Cod, la baie de Delaware et le fleuve d'Hudson. Il revint en Europe, où il dépeignit sous les couleurs les plus enthousiastes les magnifiques contrées qu'il avait explorées ; mais ce résultat n'était pas celui que la compagnie hollandaise avait attendu, et nous voyons dès 1690 Hudson s'engager de nouveau au service de l'Angleterre pour rechercher le passage vers l'océan Pacifique. C'est pendant ce voyage à jamais mémorable qu'Hudson entra dans le détroit et dans la baie qui portent son nom, et où Cabot seul l'avait précédé. Comme lui, il se crut enfin sur une mer ouverte ; mais il vit bientôt qu'elle était fermée de toutes parts, et il parcourut en vain dans toutes les directions ces rivages qui l'arrêtaient. Aucun obstacle ne put décourager son courage et sa patience. Bien que rien ne fût préparé pour un pareil projet, il résolut d'hiverner dans cette mer intérieure pour recommencer ses recherches au printemps ; mais comme les provisions s'épuisaient, les matelots se révoltèrent et l'obligèrent au retour. Il y consentit en pleurant. Cependant l'équipage voulait une vengeance : on jeta Hudson dans la chaloupe avec son fils et sept autres matelots restés fidèles à leur maître ; le charpentier demanda volontairement à partager son sort. Quand le vaisseau fut sorti des glaces, la corde qui retenait la chaloupe au navire fut coupée, et ces infortunés se trouvèrent abandonnés sur une mer furieuse, sans vivres, sans voiles, sans espérance. Barbarie atroce et inutile, qui excite autant d'étonnement que d'indignation ! Cette triste fin, couronnant toute une vie d'audace et de dangers, donne à la figure d'Hudson quelque chose de tragique et de touchant ; son nom, pour toujours populaire, est resté attaché au détroit et à la grande baie où il pénétra, et désigne encore l'un des plus beaux fleuves de l'Amérique.

Ce n'est que plus d'un siècle après la mort lamentable de Hendrich Hudson que des découvertes importantes furent faites dans la zone arctique, et, comme les siennes, elles furent signalées par la fatalité et le malheur. En 1741, Pierre le Grand, dont la passion pour la marine est bien connue, envoya Behring explorer les côtes d'Asie. Behring partit d'Ochotsk avec deux vaisseaux et découvrit le célèbre détroit qui sépare l'Amérique de l'Asie. Il aperçut les montagnes du nord-ouest de l'Amérique, traça la ligne de l'Archipel des îles Aleutiennes; enfin, toujours battu par de terribles tempêtes, il finit par périr de froid et de fatigue, au milieu des neiges et des glaces, dans une île déserte.

Pendant de longues années, la géographie de la zone glaciale ne fit point de nouveaux progrès : aucune expédition n'y fut envoyée, et le passage du Nord fut presque oublié. Toutes les forces de l'Angleterre étaient absorbées par les impérieuses nécessités des guerres qu'elle soutint à une époque mémorable : il ne pouvait être question de recherches lointaines et de conquêtes pacifiques quand les conquêtes anciennes étaient compromises, et à l'heure suprême où les destinées du monde étaient remises au hasard de la force. Aussitôt cependant que la paix vint mettre un terme à cette longue et opiniâtre lutte d'où l'Angleterre finit par sortir triomphante, l'attention publique fut de nouveau ramenée vers le passage inconnu, et, dès les années 1818 et 1819, Ross, Franklin et Parry reprirent le chemin des mers arctiques. Les expéditions se succédèrent depuis cette époque avec tant de rapidité, qu'il serait fatigant de les énumérer

par ordre de dates, et qu'il convient peut-être mieux
de raconter séparément l'histoire de ces navigateurs
modernes dont le nom mérite d'être mis à côté de
ceux de Cabot, de Frobisher et d'Hudson. Avec cette
histoire commence la seconde époque des expéditions
arctiques.

En 1818, le capitaine Ross partait pour les mers du
pôle, emmenant avec lui son neveu James C. Ross,
Parry et Édouard Belcher, qui tous depuis comman-
dèrent eux-mêmes des expéditions arctiques. C'est
dans ce premier voyage qu'il arriva jusqu'au détroit
de Lancastre, et crut le voir fermé à son extrémité
par une vaste chaîne de montagnes, qu'il nomma les
Croker mountains. Quand cette erreur singulière fut
reconnue par Parry dès l'année suivante, le commandement fut retiré à Ross, et, sans la générosité
d'un simple particulier, ce capitaine n'aurait jamais
pu retourner dans la mer Arctique. Un distillateur
de Londres, Félix Booth, lui donna généreusement
18 000 livres pour entreprendre un nouveau voyage.
Ross partit donc en 1829 au mois de mai, entra dans
le passage de Barrow et dans le canal du Prince-
Régent; ce fut là qu'il vit le vaisseau *Fury*, que Parry
avait été forcé d'abandonner en 1825; les nombreuses
et excellentes provisions qu'il y trouva dans un état
presque parfait de conservation furent pour lui une
ressource vraiment providentielle. La première année,
il explora le pays qu'il nomma *Boothia* en souvenir
de son généreux protecteur; mais les glaces empêchèrent son départ, et il fut obligé d'hiverner dans le

port Félix, à 150 milles au sud du cap Parry. Dès le printemps, Ross fit faire une expédition par terre, sur des traîneaux, et recueillit ainsi de nouveaux renseignements sur la géographie de ces contrées. Il ne put pas mieux cette fois dégager son navire des glaces, et il fallut se résoudre à passer un nouvel hiver dans le vaisseau.

Il serait trop long d'entrer dans le détail de tant d'efforts et de misères : Ross passa six hivers de suite dans ces affreuses solitudes, et dès la troisième année la santé de son équipage commença à s'altérer sensiblement ; mais Ross et ses compagnons opposèrent le plus héroïque courage à leurs souffrances. Chaque année, ils essayaient, au prix de fatigues sans nombre, d'approcher des parages fréquentés par les pêcheurs de baleine ; trois fois il fallut revenir au navire pour reprendre les tristes quartiers d'hiver. Enfin, en 1833, ayant quitté Fury-Beach sur des bateaux, ils parvinrent à atteindre la côte orientale du canal du Prince-Régent et à suivre les côtes du passage de Barrow. Au mois d'août, les infortunés furent aperçus par un vaisseau baleinier ; le second vint les reconnaître sur un bateau ; il leur apprit que son vaisseau était *l'Isabelle*, autrefois commandé par feu le capitaine Ross. Ross eut beaucoup de peine à le convaincre qu'il était lui-même l'ancien capitaine de *l'Isabelle*. Tout le monde en Angleterre le croyait perdu depuis deux ans ; il y fut reçu à son retour avec une joie qui alla jusqu'à l'enthousiasme ; le parlement lui vota une récompense de 5000 livres, et le roi le nomma chevalier [1].

Ce fut pendant la deuxième année de son séjour dans la zone glaciale que Ross envoya une expédition pour déterminer la position du pôle magnétique de la terre, c'est-à-dire le point où l'aiguille d'inclinaison se tient complétement verticale. Tout le monde sait que l'aiguille qu'on nomme de déclinaison, et qui n'est autre que celle qu'on voit dans toutes les boussoles ordinaires, ne marque pas exactement le nord et fait avec la direction du méridien un angle soumis à des variations séculaires et périodiques. A Paris, par exemple, M. Arago avait trouvé pour cet angle la valeur extrême de 22 degrés et demi vers l'ouest en 1816, et dès 1853, M. Laugier n'observait plus que 20° 17'. Ce n'est pas non plus au pôle de la terre que l'aiguille d'inclinaison magnétique se tient verticale; ce point se déplace aussi d'un siècle à l'autre. En 1831, James Ross, le neveu de John Ross, le même qui plus tard devait faire de si brillantes découvertes dans la zone antarctique, planta le pavillon anglais sur le pôle magnétique qu'il crut trouver à la latitude de 70° 17' nord et à la longitude de 96° 46' 44" (méridien de Greenwich), mais il ne paraît pas que cette détermination ait pu être faite avec une rigoureuse exactitude.

Aussitôt après la première expédition de sir John

---

1. Ce titre fut depuis donné à presque tous les commandant des expéditions arctiques.

Ross, le lieutenant Parry partit à son tour en 1819 pour les mers polaires, et son voyage s'opéra dans les circonstances les plus favorables. Il arriva très-vite devant le détroit de Lancastre, et s'assura que les montagnes que Ross avait cru voir n'existaient point ; il parcourut rapidement le long détroit auquel il donna le nom de Barrow, alors secrétaire de l'amirauté, découvrit le premier et nomma le canal de Wellington, le canal du Prince-Régent, les îles Cornwallis, Byam-Martin, Melville, dont le groupe est maintenant, et avec justice, connu sous le nom d'archipel Parry. Il poussa encore plus loin du côté de l'ouest, et aperçut les côtes du pays de Banks, qui forment les lignes extrêmes du grand labyrinthe polaire. Il traça ainsi, en quelques mois, à larges traits la topographie générale de ces contrées, jusqu'alors complétement inconnues ; il visita le premier ces quatre grandes avenues qui forment comme une immense croix : le détroit de Lancastre, le passage de Barrow, le canal de Wellington et celui du Prince-Régent. Presque toutes les expéditions arctiques qui suivirent la sienne n'eurent pas d'autre théâtre, et l'on ne put qu'étudier avec plus de détail les diverses parties de cette vaste région. Hasard des entreprises humaines ! dans ce voyage si court et si constamment heureux, Parry recueillit plus de résultats que n'en obtinrent tous ceux qui le suivirent, année par année, pendant trente ans, dans les zones glaciales. Si l'histoire ne devait sanctionner que les succès et rester indifférente aux plus nobles efforts quand ils sont in-

fructueux, le nom de Parry serait peut-être le seul
qui resterait lié dans un avenir lointain à ces voyages
de découvertes.

En 1821, Parry explora avec *le Fury* et *l'Hécla*
les eaux de la baie d'Hudson; il visita la péninsule de Melville, qu'il faut bien se garder de con-
fondre avec l'île Melville, qu'il avait découverte
dans son premier voyage. La péninsule de Melville
est au nord de l'île Southampton, en face de l'île
Cumberland, et avance sa pointe allongée dans le
large détroit de Fox, qui communique avec la baie
d'Hudson.

En 1824, il fit avec les mêmes navires son troisième voyage. Il pénétra encore dans le passage de
Barrow, mais fut forcé d'hiverner à Port-Bowen, dans
le canal du Prince-Régent. Au printemps, il alla étudier, sur la rive occidentale de ce canal, les côtes du
Sommerset du nord; mais il fut contraint subitement
d'abandonner *le Fury* et de revenir. C'est dans ce
navire que sir John Ross, en 1829, trouva les vivres
sans lesquels il eût probablement péri avec tout son
équipage.

Enfin, en 1827, Parry entreprit cette audacieuse
excursion sur les glaces, où il atteignit jusqu'au
82e degré de latitude. Sans continuer à suivre plus
longtemps les passages tortueux et les inextricables
canaux du labyrinthe arctique, il conçut la pensée
hardie de s'avancer directement vers le pôle, en ligne
droite, sur les glaces même. Pour abréger la distance, il fallait choisir le point le plus septentrional

qui fût connu. Ce point est l'extrémité avancée du
Spitzberg; Parry partit en traîneau d'un groupe de
rochers que l'on nomme les Sept-Iles, et avança de
435 milles vers le nord, mais il lui fut bientôt impossible de lutter de vitesse avec les glaces : pendant
qu'il marchait vers le pôle, les courants entraînaient
vers le sud les grands trains de glace qui le portaient. Il revint sans avoir pu s'approcher à moins
de 200 lieues du pôle. A ces hautes latitudes, on ne
trouvait point le fond de la mer à une profondeur
de 9000 mètres; on ne voyait point la terre à l'horizon, et, quoiqu'à une distance assez faible du pôle,
la pluie tombait presque continuellement. Dans cette
excursion audacieuse, Parry acquit la conviction qu'il
existe une grande mer polaire libre, ouverte, et sans
glaces.

L'année même où Parry entreprit son premier
voyage arctique, si fécond en résultats et qui éclaire
d'une lumière si nouvelle la géographie des zones
glaciales, Franklin entreprenait aussi sa première
expédition. Il est difficile de trouver une carrière
maritime plus glorieusement remplie que la sienne.
Entré en 1800 dans la marine anglaise, Franklin as-
sista au combat naval livré par Nelson devant Co-
penhague, fit partie d'un voyage d'exploration sur
les côtes de l'Australie, et fit naufrage sur des bancs
de corail en 1803. Il prit part à la fameuse bataille
de Trafalgar et fut chargé de conduire à Rio-Janeiro
le duc de Bragance, qui fuyait devant Junot. En 1814,
il fut blessé au fameux siége de la Nouvelle-Orléans,

que Jackson défendit avec tant de résolution et de courage. Enfin en 1819 il reçut l'ordre d'aller examiner les côtes de l'Amérique septentrionale depuis l'embouchure de la rivière Coppermine. Il partit de York-Factory, sur la baie d'Hudson, établissement principal de la compagnie anglaise qui, depuis bien longtemps déjà, fait seule le commerce d'échange avec les Esquimaux. Les agents de cette compagnie sont disséminés depuis la baie d'Hudson jusqu'au lac de l'Esclave et au lac Grand-Ours; leurs habitations, qu'on a pompeusement décorées du nom de forts, ne sont que d'assez pauvres huttes en bois, sur lesquelles flotte le pavillon anglais, et qui rappellent un peu par leur situation et leurs dispositions principales ce qu'on nomme en Afrique les blokhaus. Les postes de la compagnie sont distribués sur cette grande chaîne de lacs qui forme un des traits les plus singuliers de cette portion de l'Amérique. Franklin dépassa le lac Winnipeg, suivit la rivière Seskatchawan et arriva successivement au fort Chipewyan sur le lac Athabasca, au fort Providence, au fort Entreprise près du lac de l'Esclave. Il descendit de là la rivière Coppermine jusqu'à la mer arctique, dont il suivit les rivages sur deux canots jusqu'à la pointe Turnagain, sur une distance de 550 milles. A ce point, les provisions commencèrent à manquer : il fallait retourner au fort Entreprise à travers une immense contrée complétement déserte, abandonnée et couverte de neige. Au bout de plusieurs jours, le peu de *pem-*

mican [1] qui restait encore était épuisé, et il fallut se contenter pour nourriture d'une mousse nommée *tripe de roche*. L'expédition se composait de Franklin, du docteur Richardson, de deux jeunes officiers, MM. Hood et Back, d'un matelot anglais, Hepburn, de dix Canadiens et de deux Indiens. Ils réussirent à tuer quelques animaux qui calmèrent un peu les tortures de la faim; mais ils n'avancèrent que lentement et péniblement dans ce grand désert de neige, entrecoupé fréquemment par des ravins profonds. Franklin se trouva bientôt tellement affaibli, qu'il perdit une fois complétement connaissance. M. Back prit l'avance avec trois hommes pour aller chercher du secours dans le fort Entreprise. Franklin continua de s'avancer lentement avec le reste de la troupe; il ne pouvait plus faire que 5 ou 6 milles dans un jour. Deux Canadiens périrent dans la neige, et l'on se partagea les semelles de leurs souliers. Richardson, le matelot anglais, et un des Iroquois furent obligés de s'arrêter sous une tente; Franklin continua sa marche désespérée et perdit encore trois Canadiens. Enfin on aperçut le fort Entreprise. Hélas! il était désert, et on ne put y trouver aucune provision : ainsi toute espérance était perdue au moment même où les infortunés se croyaient sauvés. Après cette fatale découverte, ils se regardèrent les uns les autres, et, sans prononcer une parole, fondirent tous en larmes.

---

1. Le *pemmican* est une préparation de viandes très-nutritive ous un faible volume.

Franklin demeura dans le fort avec trois hommes et
fit de la soupe avec des os abandonnés dans un tas
d'ordures. Deux jours après, il vit arriver Richardson
et le matelot anglais Hepburn, qui lui apprirent que
l'Iroquois Michel avait assassiné M. Hood. Pour punir
l'assassin, le docteur Richardson l'avait tué d'un coup
de pistolet. Ainsi le crime même venait mêler ses hor-
reurs à celles de la faim, du froid et de l'abandon. Le
1er novembre, deux Canadiens périrent encore dans
le fort. Enfin le 7, quand Franklin essayait déjà de
s'habituer à la pensée d'une si horrible fin, arrivèrent des Indiens envoyés par M. Back et chargés de
nombreuses provisions. Il faut lire dans la relation
du voyage de Franklin le récit simple et émouvant
de cette lamentable expédition : on admire ce courage, cette grandeur d'âme, cette douleur qui s'oublie elle-même pour ne songer qu'à celle des autres.

Comment ceux qui ont subi de pareilles tortures
peuvent-ils volontairement s'engager dans les mêmes
aventures et courir au-devant des mêmes dangers?
On est presque effrayé d'un tel mépris de la vie et
de l'audace de ces défis répétés de l'homme à la nature. Dès 1825, Franklin retourna dans l'Amérique
septentrionale. Il avait ordre d'explorer les côtes de
l'Amérique depuis l'embouchure du Mackenzie jusqu'au détroit de Behring; mais il ne put remplir
cette mission, et dut revenir sans avoir obtenu de
résultats. C'est à son retour qu'il épousa sa seconde
femme, Jane Griffin, devenue, sous le nom de lady
Franklin, célèbre par les infatigables efforts qu'elle

tenta pour retrouver son infortuné mari, perdu dans les mers arctiques. Ce n'est qu'en 1845 que Franklin partit pour sa troisième expédition arctique, avec *l'Érèbe* et *la Terreur*, noms de funeste augure. Son équipage se composait de 138 hommes et il emmenait avec lui le capitaine Fitz-James et le capitaine Crozier. Les instructions qu'il reçut de l'amirauté lui enjoignirent de chercher à atteindre le détroit de Behring, en prenant dans la direction du nord-ouest, à partir du cap Walker, situé à l'extrémité du détroit de Barrow. Dans le cas où il ne pourrait s'avancer dans cette direction, il devait essayer de passer par le canal de Wellington. Le capitaine Martin, baleinier, le rencontra dans les eaux de Baffin le 20 juin 1845. Franklin lui dit qu'il avait à bord des provisions pour cinq ans, et, si cela devenait nécessaire, qu'il pourrait les faire durer pendant sept ans. Le 26 juin, il rencontra encore le capitaine baleinier Dennett, et depuis on ne reçut plus de lui aucune nouvelle.

III

Voyages à la recherche de Franklin. — Découverte du passage du Nord.

La disparition de Franklin marque le début de ce que nous avons appelé la *troisième époque* des expéditions arctiques. Les voyages de recherche, en se multipliant, imprimèrent aux études sur les régions du pôle une activité nouvelle, que devaient bientôt signaler d'importants résultats [1].

C'est en 1848 que l'on commença à s'émouvoir de la longue absence de Franklin; à partir de cette année l'on vit se succéder sans interruption les expéditions de recherche au pôle. Quelques-unes passèrent par le détroit de Behring; mais leur grande route en quelque sorte fut la baie de Baffin, le détroit de Lancastre et celui de Barrow. Les navires qui prennent ce chemin suivent, le long de la côte occidentale du Groënland, le canal ouvert qui reste libre entre la côte et les grands radeaux de glace qui occupent le centre de la baie. C'est d'Uppernavik, le dernier établissement danois de la côte, sous 72°, que les officiers anglais datent leur dernier rapport : c'est leur adieu au monde. Désormais les seuls êtres humains qu'ils peuvent encore rencontrer sont quelques pêcheurs de baleine ou des familles errantes d'Esquimaux.

Les trains de glace encombrent complétement la grande indentation en fer·à cheval qui forme le fond de la baie de Baffin, et que les marins appellent la baie de Melville. Le canal qui reste libre entre cette grande barrière et la côte du Groënland devient de

---

1. Nous avons consulté, pour raconter ces dernières expéditions, les documents de l'amirauté anglaise et les documents présentés à la chambre des communes.

plus en plus étroit, et il faut trouver un passage pour pénétrer dans le détroit de Lancastre, qui s'ouvre de l'autre côté de la baie. L'accumulation des glaces dans la baie de Melville vient de sa position très-septentrionale, du changement de direction des glaces au moment où elles sortent du détroit de Lancastre, des montagnes de glaces qui descendent en masse de la côte, et qui souvent s'avancent presque en sens contraire des grands radeaux superficiels. Une fois engagé dans un canal interrompu par des langues de glace, il faut souvent faire avancer le navire mécaniquement, le traîner à la remorque dans un passage laborieusement ouvert avec la hache et le cabestan. Sa marche ne se mesure plus dès lors par milles, mais par mètres. C'est là qu'ont eu lieu tous ces désastres qui, parmi les pêcheurs de baleine, ont donné à la baie Melville une si terrible réputation. Les baleines se réfugient aujourd'hui à l'ouest de la baie Melville, dans les détroits de Lancastre et de Barrow et dans le canal du Prince-Régent, et les navires qui traversent le passage de bonne heure sont sûrs d'une excellente pêche; mais depuis 1819 deux cent dix ont été brisés en tentant ce passage redouté.

Il est bien difficile de jeter quelque ordre dans le récit des nombreuses expéditions qui furent envoyées à la découverte de Franklin. Il vaut peut-être mieux, pour éviter la confusion, rendre compte d'abord de celles qui ont pu obtenir quelques nouvelles de l'infortuné navigateur, et revenir ensuite sur celles qui tout en échouant dans l'entreprise principale qui leur était confiée, réussirent à ajouter des résultats nouveaux à la géographie arctique.

Ce fut au mois d'août 1850 que le capitaine Ommaney, et quelques jours après le capitaine Penny, trouvèrent les premières traces de l'expédition de Franklin, dans l'île Beechy, à l'entrée du canal de Wellington ; ils découvrirent un poteau indicateur destiné à montrer le chemin des navires, des restes de cordes et d'habits, plusieurs centaines de caisses à provisions en fer-blanc, et les tombes de trois hommes de l'équipage. Les inscriptions placées sur ces tombes apprenaient que Franklin avait hiverné dans cette île pendant l'hiver de 1845 à 1846. On adopta généralement l'opinion qu'il s'était engagé ensuite dans le canal de Wellington pour arriver jusqu'à la mer polaire et redescendre de là vers le détroit de Behring. Presque tous les efforts furent obstinément dirigés vers le nord et vers l'ouest de l'île Beechy. Par une malheureuse fatalité, on s'écarta ainsi complétement de la bonne voie : c'était au sud qu'il fallait aller. On persista à croire qu'après cinq ou six ans passés dans les glaces arctiques, Franklin se serait encore obstiné à chercher la mer polaire ou le passage du Nord plutôt que de revenir vers les parages plus fréquentés du détroit de Lancastre, ou de descendre le canal du Prince-Régent jusque dans les eaux de la Baie d'Hudson. L'erreur a été reconnue depuis que, dans son exploration de la côte occidentale de Boothia, le docteur Rae recueillit d'une tribu d'Esquimaux le récit suivant. — Dans le printemps de 1850, des Esquimaux aperçurent une troupe de soixante hommes blancs qui voyageaient lentement avec un canot le long de la côte de la Terre du roi Guillaume, au sud de Boothia. (Pour y arriver, il faut descendre jusqu'à une très-grande profondeur le canal du Prince-Régent.) Les hommes blancs étaient tous fort amaigris; ils firent comprendre par signes aux Esquimaux que leurs vaisseaux avaient été détruits par les glaces, et qu'ils s'occupaient à chasser. Plus tard, on n'en trouva plus que trente, et tous étaient morts. Quelques-uns, sans doute les premières victimes, avaient été enterrés, les autres étaient couchés sous des tentes ou sous le bateau renversé, quelques-uns isolément. Parmi eux était un officier de haute taille, avec une lunette et une carabine près de lui. L'état de ces corps montrait que les infortunés avaient été réduits à l'horrible ressource du cannibalisme, — *the last resource*, comme l'appelle le docteur Rae dans son rapport.

Ce récit rencontra en Angleterre beaucoup d'incrédules, et souleva par ses derniers détails une véritable indignation. On se refusait à croire que les souffrances de la faim pussent transformer en cannibales des hommes civilisés, des marins anglais, choisis parmi l'élite de la marine royale. On fit remarquer, et avec raison, que les Esquimaux qui avaient transmis cette histoire lamentable à Rae ne la tenaient que de seconde main. On rappela que ces peuplades craintives et misérables n'ont aucun respect pour la vérité, qu'elles se plaisent à forger les fables les plus invrai-

semblables et les plus grossières. On accusa enfin les
Esquimaux eux-mêmes d'avoir assassiné les hommes
blancs pour s'emparer de la poudre, des armes, des
instruments de toute sorte qu'ils possédaient. Pour
l'honneur des nations civilisées, on doit refuser de
croire la dernière partie du récit des Esquimaux ;
mais on ne peut pas le rejeter tout entier. Les objets
que Rae racheta des Esquimaux, et qui avaient ap-
partenu sans aucun doute à la troupe de Franklin,
compas, boutons, couverts d'argent, etc., donnent la
preuve à peu près certaine qu'il s'était dirigé vers ces
régions après l'hiver passé dans l'île de Beechy.
Pourquoi fut-il obligé de descendre vers la Terre du
roi Guillaume plutôt que de suivre les rivages du détroit de Barrow, si fréquenté par les baleiniers ? C'est
ce qui reste encore inexplicable.

Toutes les expéditions qui se dirigèrent vers le
nord et l'ouest du détroit de Barrow firent donc
fausse route. Les seules qui avaient quelque chance
de sauver Franklin étaient celles de sir James C. Ross,
du capitaine Bird, et plus tard de Forsyth et de
Kennedy, qui seuls explorèrent le canal du Prince-
Régent.

Sir James Ross devait visiter le détroit de Barrow
jusque vers le cap Walker et les rives occidentales
du canal du Prince-Régent, le long du Sommerset
du nord et de Boothia jusqu'aux environs du pôle
magnétique. La troupe de Franklin suivit les mêmes
rivages dans l'intervalle des années 1846 et 1850. Or
c'est précisément en 1848 et 1849 que Ross fit son ex-

pédition : malheureusement il n'alla pas assez vers le sud ; il s'arrêta au 71e degré de latitude. Quelques lieues seulement le séparaient peut-être à ce moment de Franklin.

En 1851, le capitaine Kennedy alla explorer à son tour le canal du Prince-Régent. Il emmena avec lui un jeune officier français, M. Bellot ; ils établirent que le Sommerset du nord, qu'on avait toujours cru lié au continent, est une île séparée de Boothia par un passage qui fut depuis nommé passage Bellot. Leur voyage fut semé de nombreuses péripéties : ils furent séparés un moment de leur vaisseau et ne durent la vie qu'à un miracle. Ils hivernèrent dans le passage du Prince-Régent, partirent ensuite en traîneau et firent un voyage d'exploration qui dura deux mois.

C'est lady Franklin elle-même qui avait envoyé le capitaine Kennedy dans le passage du Prince-Régent : déjà auparavant, par son ordre, le capitaine Forsyth l'avait parcouru sur *le Prince-Albert ;* malheureusement aucune de ces expéditions n'y entra assez avant. L'insistance de lady Franklin ne pouvait tenir qu'à un de ces pressentiments secrets qui, dit-on, ne trompent jamais et qui ne sont des raisons que pour ceux qui les éprouvent, car, pendant le même temps, les hommes expérimentés qui composent l'amirauté anglaise persistaient à diriger les expéditions vers le canal de Wellington, le détroit de Behring et la mer polaire.

Après avoir raconté les campagnes qui ont donné

quelques indices sur le sort de Franklin, il nous
reste à examiner les expéditions qui, sans avoir
pu se diriger exactement sur les traces de l'infortuné
navigateur, ont pourtant contribué à étendre ou à
rectifier les notions obtenues sur les contrées du
Nord. Ce qu'il faut surtout admirer dans ces dernières campagnes, c'est le soin remarquable qu'on
apporta dans les préparatifs. L'expérience des premières expéditions fut mise à profit : jamais navires
ne furent mieux pourvus et mieux approvisionnés ;
l'emploi de bateaux à vapeur remorqueurs rendit la
navigation beaucoup plus rapide et plus aisée dans
ces difficiles passages, et les expéditions en traîneaux,
en emportant des provisions et en établissant des
dépôts faciles à retrouver, permirent d'étudier ces
contrées désertes dans tous les détails et dans
toutes les directions. Rien ne fut oublié, depuis les
voiles que l'on déploie sur les traîneaux quand le
vent est favorable jusqu'au canot en caoutchouc (dit
canot Halkett) qui sert à traverser les passages ouverts
entre deux bancs de glace.

L'escadre envoyée en 1850 était commandée par
le capitaine Austin, et se composait de deux vaisseaux à voiles et de deux *steamers*. La campagne du
printemps suivant s'ouvrit sous les plus heureux
auspices.

En même temps que l'escadre principale, on
comptait encore deux vaisseaux du capitaine Penny,
deux navires américains, le yacht de sir John Ross,
et *le Prince-Albert*, équipé par lady Franklin elle-

même. Austin et Penny concertèrent leurs opérations. Ommaney, l'un des lieutenants d'Austin, alla explorer les côtes solitaires et désolées d'une grande terre parallèle au Sommerset du nord, et qui fait partie de cette île énorme, encore sans nom, dont les diverses côtes portent le nom de terre Victoria, terre Wollaston, etc., et qui dans ses autres parties a été explorée par Rae, Mac Clure et Collinson. Un autre des officiers d'Austin, Mac Clintock, que nous retrouverons encore dans l'escadre de sir Édouard Belcher, explora les alentours de l'archipel Parry, où il devait plus tard faire d'importantes découvertes.

Quant à Penny, il alla reconnaître le canal de la Reine, qu'un de ses lieutenants avait entrevu au delà de l'île de Baillie-Hamilton : il s'avança en traîneau jusqu'au 77e degré de latitude, dans ce grand estuaire entrecoupé de nombreux îlots et toujours hérissé de glaces; mais l'épuisement de ses provisions le força à revenir sans avoir pu dépasser ce point et arriver à la grande mer polaire, qu'il espérait atteindre. Ce fut en souvenir de cette excursion hardie que le passage qui sépare le pays de Grinnell, extrémité la plus avancée du Devonshire du nord, de l'île Cornwallis, et qui termine le canal de la Reine, fut depuis nommé passage de Penny. Sur ses côtes opposées s'avancent les deux caps auxquels Penny donna le nom de sir John et de lady Franklin, monuments lointains et éternels, dont la sauvage majesté s'accorde si bien avec le souvenir d'un si grand malheur et d'une si héroïque constance.

L'Amérique voulut, à cette époque, prendre sa part dans les expéditions arctiques : une expédition fut envoyée dans les parages du nord, par un simple particulier, M. Grinnell de New-York. Les deux navires américains, commandés par le docteur Kane, furent emprisonnés par un train de glaces dans le détroit de Lancastre : le courant les entraîna ensuite dans le canal de Wellington ; plus tard heureusement il changea de direction et les ramena par les détroits jusque dans la baie de Baffin : ils parcoururent, dans cette position critique, 1,060 milles en deux cent soixante-sept jours. Avant son voyage arctique, le docteur Kane avait été successivement attaché à la légation de Chine, il avait remonté le Nil, parcouru la Nubie, le royaume de Dahomey, visité l'Europe, et pris part à la guerre du Mexique.

La libéralité de M. Grinnell et des sociétés savantes des États-Unis permit au docteur Kane de repartir, dès le mois de décembre 1852, pour les régions désolées où l'attirait, avec l'espoir déjà bien affaibli de trouver quelques traces de sir John Franklin et de ses compagnons, l'ambition d'étendre les découvertes géographiques des marins anglais et de pénétrer jusqu'à la mer, libre de glaces, dont le pôle boréal est supposé le centre. Cette espérance a été en grande partie trompée : le docteur Kane ne parvint point à sortir du détroit de Smith, qui longe la côte occidentale du Groënland, et que le capitaine anglais Inglefield avait peu de temps auparavant visité. Le commandant américain choisit pour lieu d'hivernage,

sous le 78ᵉ degré de latitude environ, une baie
profonde creusée dans les côtes dentelées du Groënland : excepté au Spitzberg, qui jouit d'un climat
insulaire tempéré par des courants marins, aucun
navigateur n'avait encore hiverné à une aussi haute
latitude. Pendant cent quarante jours, le soleil
resta sous l'horizon, et l'on enregistra des températures qui descendirent jusqu'à 56 degrés au-dessous
de zéro dans un petit observatoire établi près du
navire, où l'on continua, même pendant les froids
les plus cruels de la longue nuit arctique, une suite
non interrompue d'observations magnétiques, astronomiques et météorologiques. En partant du point
où il était arrivé avec son navire, le docteur Kane
avait compté faire de longues expéditions en traîneau ; il avait emmené avec lui neuf magnifiques
chiens de Terre-Neuve et trente-quatre chiens esquimaux qu'il eut beaucoup de peine à dresser ; mais
l'extrême rigueur de l'hiver les fit presque tous périr,
et il ne lui en restait plus que six au moment où la
saison permit de commencer les explorations. Pour
n'être ni très-nombreux ni très-étendus, les résultats n'en furent pas moins des plus intéressants.
Dans une de ses expéditions, le docteur Kane découvrit sur la côte occidentale du Groënland un glacier
qui, par ses proportions colossales, laisse bien loin
derrière lui tous ceux que l'on connaît dans le monde
entier. Il donna au glacier lui-même le nom de Humboldt, et aux promontoires qui le terminent ceux
d'Agassiz et de Forbes, deux savants dont les études

sur les phénomènes glaciaires sont si justement célèbres. Entre ces deux points, sur une longueur de
plus de vingt lieues, le glacier se termine par une
haute muraille élevée de cent mètres au-dessus de la
mer. Le docteur Kane ne put gravir cette formidable
barrière, ni contempler l'immense *mer de glace* qui
la domine, plus digne de ce nom que celle que tant
de voyageurs vont admirer au-dessus de la vallée de
Chamounix, sur les hautes pentes du Mont-Blanc. On
ne doit pas s'étonner qu'à des latitudes aussi élevées
un glacier puisse atteindre une pareille extension,
quand on réfléchit que de là jusqu'au cap Farewell,
sur cinq cents lieues de longueur, le Groënland est
recouvert en entier par un manteau de neiges éternelles dont personne ne pourra jamais mesurer la
profondeur.

Le docteur Kane traça ensuite les contours du canal de Kennedy, prolongement septentrional du canal de Smith. Une petite troupe, dont il faut regretter que le chef de l'expédition n'ait point fait partie,
atteignit un point où la glace commençait à céder :
les chiens attelés au traîneau, prévenus par leur instinct, refusèrent d'avancer. Il fallut gagner la côte
voisine. Les voyageurs ne tardèrent pas à voir s'ouvrir devant eux un canal où une flotte entière aurait
pu manœuvrer à l'aise, et qui s'élargit de plus en
plus à mesure qu'ils avancèrent vers le nord. Le bruit
inaccoutumé des vagues, la rencontre de nombreux
oiseaux marins, tout leur fit espérer qu'ils étaient arrivés enfin à la véritable mer polaire ; malheureuse-

ment un cap élevé vint arrêter leurs progrès. Du point extrême où ils étaient parvenus, ils apercevaient du côté de l'est un horizon libre et sans glaces; à l'ouest s'élevaient les pitons bleuâtres dont la chaîne domine la terre de Grinnell, qui fait face au Groënland. La cime la plus lointaine, peu éloignée du 83ᵉ degré de latitude, que personne n'a jamais atteint, reçut le nom illustre de sir Edward Parry.

Les influences qui dégagent les détroits du grand labyrinthe arctique, obstrués par les glaces l'hiver, agissent d'une manière si irrégulière et si incertaine, que l'explorateur américain attendit vainement pendant tout l'été le moment qui lui permettrait de redescendre vers la baie de Baffin. Les jours se succédaient sans amener aucun changement. L'impatience et le découragement des malheureux voyageurs se changèrent en un morne désespoir, quand il fallut se résoudre à affronter les rigueurs d'un nouvel hiver, cette fois sans charbon, sans vivres, sans provisions suffisantes. Ils réussirent heureusement à conclure un traité avec quelques Esquimaux, qui habitent ces frontières reculées du Groënland : ils s'engagèrent à les aider à la chasse; les Esquimaux promirent en retour de prêter aux Américains leurs chiens et de partager avec eux les produits de leur pêche. Ils ne violèrent le traité dans aucune occasion, et ne songèrent point à profiter de leur supériorité numérique pour s'emparer du navire et de tous les objets précieux et nouveaux qu'il contenait. L'on est vraiment touché de trouver des sentiments si humains et si généreux dans une peuplade misérable, qui n'avait jamais eu aucun contact avec des hommes civilisés.

Cependant la longue nuit arctique interrompit bientôt ces communications. Enfermés dans une étroite cabine entourée de mousse, à peine défendus contre le froid, obligés de brûler chaque jour quelque partie du navire, atteints du scorbut, osant à peine interroger l'avenir dans léurs sinistres réflexions, le docteur Kane et ses compagnons atteignirent sans doute la limite des souffrances que la nature humaine peut endurer. Quand le printemps revint, ils n'hésitèrent pas à prendre le parti désesperé d'abandonner le vaisseau et de retourner vers les établissements danois du Groënland. Cette tentative hasardeuse réussit, et après quatre-vingt-trois jours de voyage ils arrivèrent à Uppernavik. Ils montèrent sur un brick danois qui partait pour les îles Shetland ; mais en relâchant à Disco, ils furent recueillis par un vaisseau américain qu'on venait d'envoyer à leur recherche, et où le docteur Kane eut la joie de rencontrer son frère, qui avait voulu se joindre à l'expédition.

Après avoir publié le récit de son périlleux voyage, le docteur Kane partit pour La Havane, où il essaya en vain de rétablir une santé que l'excès des privations et des fatigues avait profondément ébranlée. La mort vint l'y frapper, à l'âge de trente-quatre ans, et tous les amis des sciences apprirent avec regret qu'une carrière, déjà si dignement remplie, avait été si brusquement terminée.

Mais il faut revenir aux expéditions anglaises, qui pendant tout ce temps ne furent pas un moment interrompues : dès 1851, une nouvelle expédition à la recherche de Franklin avait été préparée en Angleterre, et le commandement en avait été confié à sir Edward Belcher. Il emmena avec lui les trois vaisseaux à voiles, *l'Assistance*, *la Resolute* et *l'Étoile du Nord*, et deux *steamers*, *le Pionnier* et *l'Intrépide*. On se dirigea directement vers l'île Beechy, où *l'Étoile du Nord* resta comme vaisseau de dépôt, sous le commandement du capitaine Pullen. Belcher lui-même s'engagea dans le canal de Wellington, et envoya le capitaine Kellett vers l'île Melville, dans la direction de l'ouest. Belcher visita les îles Dundas et Baillie-Hamilton, les côtes orientales du canal de la Reine; puis il alla jeter l'ancre à Northumberland Sund, dans le passage de Penny. Avant le commencement de l'hiver, il fit une excursion avec ses lieutenants Richards et Osborn, et arriva en traîneau jusqu'à la partie septentrionale du pays de Grinnell. De là il se dirigea en canot vers le nord, jusqu'à une grande terre inconnue, qu'il nomma la Cornouaille du nord. La traversée ne fut pas sans danger : le canot était beaucoup trop chargé, et dans toute la largeur du passage qu'il fallait franchir, la mer roulait d'énormes glaçons, dont quelques-uns avaient jusqu'à quarante pieds d'épaisseur. La puissance et la régularité du flux dans ce détroit firent croire à Belcher qu'il est lié aux passages de Smith et de Jones, qui s'ouvrent dans le fond de la baie de Baffin, et qu'il forme avec eux une communication aboutissant à la grande mer polaire. Il fallut revenir aux quartiers d'hiver; mais aussitôt que les mois fastidieux de la nuit arctique furent écoulés, on se prépara à de nouvelles excursions. Pour multiplier les recherches, chacun des officiers se mit à la tête d'une expédition.

Cette fois Belcher se dirigea vers l'est pour retrouver, s'il était possible, le passage de Jones. Il dépassa les hautes falaises qui forment l'extrémité orientale du pays de Grinnell, franchit le golfe qui le séparait du Devonshire du nord proprement dit, et découvrit bientôt une mer dont les flots se déroulaient librement devant lui; il y aperçut une île, la plus méridionale d'un archipel qui reçut le nom de Victoria. On ne pouvait aller plus loin en traîneau, et Belcher dut revenir sans avoir atteint le passage Jones, de crainte qu'il ne lui fût plus possible de repasser les glaces, et qu'il ne se trouvât séparé de ses communications dans ces horribles solitudes. Pendant ce temps, un de ses lieutenants, Richards, allait explorer la partie septentrionale de l'île Cornwallis et visiter le capitaine Kellett à la petite île Dealy, où il avait établi ses quartiers d'hiver. Le lieutenant Osborn entreprenait l'exploration des côtes occidentales du canal de la Reine, et faisait plus de 1200 milles de long de falaises sauvages et abruptes.

Mais c'est aux officiers emmenés par le capitaine Kellett qu'il était réservé de faire les plus importantes découvertes de cette campagne. Avant même le commencement du premier hiver, le lieutenant Mac Clintock était déjà allé établir ses premiers dépôts et visiter les alentours de la grande baie, ouverte dans la partie septentrionale de l'île Melville, et qui porte le nom des deux vaisseaux que Parry commandait dans son célèbre voyage de découverte, *l'Hécla* et *le Griper*. Dès le printemps, il traversa de nouveau le grand plateau qui forme le centre de l'île Melville et en suivit les côtes septentrionales dans la direction de l'ouest. Il aperçut de ses derniers promontoires, vers le nord, une île qu'il nomma Émeraude, et vers l'occident une grande terre inconnue qu'il appela l'île du Prince-Patrick. Il redescendit ensuite la côte occidentale de Melville, et donna à l'un des caps — d'où l'on découvrait le mieux les lignes de l'île encore inconnue — le nom de M. de Bray, jeune officier français qui l'accompagnait dans son expédition. Mac Clintock découvrit bientôt une autre île située au milieu du détroit qui sépare les îles de Melville et du Prince-Patrick. Il franchit en traîneau ce passage, et alla examiner la pointe avancée de cette île nouvelle (nommée Eglinton) et toute la partie septentrionale de la grande île du Prince-Patrick. Il suivit sur une grande longueur des côtes unies, si basses que sous le manteau des neiges il devenait souvent difficile de tracer la ligne qui les sépare de leur ceinture de glace. L'île du Prince-Patrick est sans doute la dernière du grand archipel Parry, et si Mac Clintock avait pu dépasser la dangereuse barrière des glaces, il lui eût peut-être été donné de

voir en face cette mer polaire inconnue, qu'aucun
vaisseau n'a jamais sillonnée, et où nul bruit humain
ne s'est jamais mêlé au gémissement monotone des
vagues et des vents.

Les pluies et la fonte des neiges rendirent le retour extrêmement pénible : il fallait franchir des
torrents grossis, avancer lentement, souvent avec de
l'eau jusqu'à mi-corps, à travers d'immenses marécages entrecoupés par de profonds ravins ; Mac Clintock revint heureusement auprès des vaisseaux dont
il avait été séparé pendant cent cinq jours. Les résultats de cette expédition furent complétés par le
lieutenant Mecham, qui découvrit de son côté, quelques jours après Mac Clintock, les îles du Prince-
Patrick et Eglinton, mais qui en visita seulement les
côtes méridionales.

Cette campagne, si heureusement conduite et si
féconde en renseignements précieux sur la géographie
de la vaste zone arctique comprise entre le 89e et le
125e de longitude se termina malheureusement par des
désastres. Belcher fut contraint d'abandonner deux
de ses navires dans les glaces du canal de Wellington ; deux autres restèrent à l'entrée occidentale du
canal de Barrow. Il fallut laisser à la mer arctique
cette proie, au risque de ne jamais revenir et d'être
anéantis, corps et biens, sous le formidable assaut
des glaces dont il n'était plus possible de se dégager.

J'arrive aux expéditions qui furent envoyées par
le détroit de Behring. Dès 1848, le capitaine Kellett
et le commandant Moore, sur le *Herald* et le *Plover*,

partirent dans cette direction. Le capitaine Kellett trouva au delà du détroit de Behring une terre très-escarpée et très-étendue, où les tempêtes l'empêchèrent constamment d'aborder. Cette découverte importante doit être rapprochée du récit déjà ancien d'un navigateur russe, Andreyev, qui fit une expédition le long des côtes de la Sibérie en 1762. Andreyev affirme qu'il atteignit une contrée dont la côte était presque parallèle à celle du continent et habitée par une race encore inconnue.

Les capitaines Collinson et Mac Clure furent envoyés au détroit de Behring en 1851. Collinson revint après trois ans de dangers et d'infatigables explorations. C'est à Mac Clure qu'était réservé l'honneur de se frayer un chemin au delà du détroit de Behring jusqu'aux parages parcourus auparavant par les navires venus de la baie de Baffin, et de découvrir ainsi le fameux passage du Nord, cherché inutilement depuis des siècles. Il franchit heureusement la barrière dangereuse de l'archipel aleutien, passa le détroit de Behring, et suivit un passage demeuré libre tout le long de la côte américaine : il arriva ainsi jusqu'à l'embouchure du Mackensie, aux caps Bathurst et Parry, et devant une grande île encore inconnue, qui porte aujourd'hui le nom d'île Baring, et dont le pays de Banks, autrefois aperçu par Parry, forme seulement la côte septentrionale. Mac Clure entra dans un long détroit qui suit la côte orientale de cette île et la sépare de la terre du Prince-Albert; il y pénétra très-profondément, et n'était plus très-loin des eaux des îles Parry, quand les glaces vinrent l'arrêter. Il hiverna en ce point : au printemps, il revint sur ses pas et tourna le long des côtes de l'île Baring jusqu'à sa partie septentrionale. Là encore il fut emprisonné par les glaces; mais de ce point il put communiquer avec un officier de l'escadre de Belcher. On envoya ses dépêches par traîneau jusqu'à l'île Beechy, d'où elles furent emportées par le capitaine Inglefield. Mac Clure passa trois hivers dans ces régions, et fit de nombreuses expéditions dans l'île Melville et dans tous ses alentours.

Inglefield, qui rapporta les dépêches de Mac Clure, venait lui-même de faire une exploration très-heureuse dans les deux grands canaux qui s'ouvrent au fond de la baie de Baffin, et qu'on nomme les détroits de Jones et de Smith. Il pénétra dans ce dernier jusqu'au 77e degré de latitude; mais une furieuse tempête le ramena au sud. Les plateaux élevés qui bordent ce large passage, et qui s'ouvrent çà et là pour laisser descendre des glaciers, étaient recouverts de belles mousses; des herbes marines flottaient en abondance sur les eaux, où l'on observait un courant très-marqué. Inglefield rapporta de cette course la conviction que le canal de Smith établit une communication avec la mer polaire, et que le Groënland est par conséquent une île complétement isolée et non pas une péninsule, comme on l'avait cru pendant longtemps.

Le canal de Jones, qui s'ouvre à l'ouest de la baie de Baffin, n'est sans doute aussi qu'un détroit;

comme ceux de Wellington et de la Reine, et l'on voit que dans leur ensemble la masse des terres situées au nord du long détroit de Barrow, depuis l'île de Melville jusqu'à la baie de Baffin, ne forme qu'un immense archipel. Le capitaine Inglefield avait emmené avec lui le lieutenant français Bellot, qui se rendait pour la seconde fois dans les mers arctiques, et dont la fin fut si malheureuse. Bellot s'était offert volontairement pour porter des dépêches importantes aux environs du cap Becher. Parti en traîneau avec quatre hommes seulement, il se trouva séparé de la côte avec deux d'entre eux, sur les glaces qui s'étaient subitement détachées. Il alla le premier reconnaître la fissure qui s'était produite; quand les matelots qui le suivaient et l'avaient perdu de vue derrière des monceaux de glace arrivèrent à leur tour, il avait disparu, et ils ne retrouvèrent que son long bâton ferré, avec lequel il avait essayé de franchir la crevasse béante. On pleura en Angleterre comme en France cet homme si jeune, si vaillant, qui, pressé par les seuls besoins de l'activité généreuse qui tourmente les grands cœurs, s'était deux fois offert volontairement à partager les souffrances et les dangers des expéditions arctiques.

Les principaux objets de ces voyages sont aujourd'hui atteints; le problème du passage du Nord est en effet résolu. Depuis longtemps il n'avait plus qu'un intérêt purement scientifique. Un passage difficile et constamment encombré par des radeaux de glace inextricables ne peut jamais devenir une des grandes

routes commerciales du monde, et il faut renoncer à
pénétrer dans les eaux du Pacifique en franchissant
le labyrinthe polaire. Quant au sort de John Franklin
et de ses compagnons, aucun doute ne reste permis.
Enfin la géographie de ces contrées est aujourd'hui
fixée dans ses détails les plus importants. Sur la plupart des cartes ordinaires, les contours du labyrinthe arctique étaient jusqu'à ce jour à peine ébau-
chés ; on a pu, sur les cartes les plus récentes, les
tracer enfin avec exactitude. Que reste-t-il donc à
étudier dans les régions polaires? Les physiciens savent aujourd'hui qu'il n'est pas besoin de se rapprocher beaucoup du pôle magnétique, si l'on veut
étudier le phénomène des aurores boréales. Pour
voir se déployer dans toute leur magnificence ces
grandes arches radieuses d'où jaillissent des colonnes
de lumière agitée et nuancée des teintes les plus magnifiques, il faut aller dans le nord de l'Europe, en
Laponie, en Islande, à Terre-Neuve, au Groënland,
dans le Haut-Canada, où Franklin, Richardson, Thie-
neman, Gieseke, Bravais, Lottin, Wrangel et Anjou
firent leurs remarquables observations. L'on connaît
aujourd'hui l'explication du mirage et de tous ces
jeux de lumière si fréquents dans la zone arctique :
halos, couronnes, cercles tangents, parhélies, an-
thélies, parasélènes. Enfin l'on a peu de choses à apprendre sur la formation des glaces, leurs mouvements, et l'on a tracé les grandes routes de leur
migration annuelle.

Il est cependant encore un problème dont les ré-

gions polaires disputent la solution aux efforts des
navigateurs : c'est l'existence d'une grande mer polaire intérieure libre de glaces. Il y a longtemps qu'on
l'a soupçonnée, et les Russes donnent à cette méditerranée arctique encore inconnue le nom de *Poly-
nie.* Les peuples du Nord ont conservé la tradition
d'une expédition faite autrefois par des pêcheurs hollandais, qui, dit-on, purent s'avancer sur la mer mys-
térieuse jusqu'à un degré du pôle ; mais de nos jours
on peut invoquer des témoignages plus positifs.
Wrangell et Anjou, dans leur expédition sur les
glaces de la Sibérie, trouvèrent partout devant eux
un océan sans limites au delà de la grande barrière
qui emprisonnait les rivages. Tous les navigateurs
qui ont exploré les passages de Wellington, de la
Reine, de Smith et de Jones, ont admis que ces vastes
canaux sont des détroits qui conduisent à la haute
mer. On sait que Parry rapporta la même opinion de
sa célèbre et aventureuse expédition au nord du
Spitzberg. Une mer très-profonde et traversée par
des courants très-puissants ne peut sans doute jamais
être prise, quelque soit la rigueur du froid. Nous
avons déjà fait remarquer que l'excessive accumulation des glaces dans le labyrinthe polaire s'explique
par la configuration des terres, par ce large développement des côtes qu'entrecoupent des détroits tortueux et de grands estuaires semés d'îlots. On conçoit
aussi aisément qu'une immense plaine de glace puisse
s'étendre tout le long du continent asiatique, car il
vient en quelque sorte mourir insensiblement sous

la mer, dont le fond ne s'abaisse que très-lentement
à mesure qu'on s'éloigne du rivage ; mais tout semble faire croire au contraire qu'il y a au pôle une mer
profonde, où de grands courants entretiennent une
constante circulation.

L'Océan polaire reçoit le tribut de trois continents :
dans le nord de l'Europe ou de l'Asie, 1 200 000 lieues
carrées y déchargent leurs eaux par ces fleuves immenses qui tous descendent du sud vers le nord. En
Amérique, le Mackensie seul, avec les lacs qu'il traverse, sert de réservoir aux eaux de 200 000 lieues
carrées. Cette immense invasion d'eau douce ne peut
se faire que pendant la saison où les embouchures
sont débarrassées de glace. Le bassin polaire, ainsi
surchargé pendant une partie de l'année, n'a que trois
déversoirs : le détroit de Behring, les passages du labyrinthe arctique qui communiquent avec la baie de
Baffin et d'Hudson, et le plus important de tous, entre le Groënland et la Norvége, qui se trouve encore
divisé par l'Islande et le Spitzberg, et qui sert en
même temps d'entrée au grand courant du *gulfstream*.
Pendant l'été, le courant principal y a la direction du
nord au sud, et pendant l'hiver du sud au nord.
Wrangell a aussi remarqué le long des côtes de la
Russie et de la Sibérie que le courant va de l'est à
l'ouest pendant l'été, et que pendant l'hiver un courant opposé va des îles Færoë au nord-est vers le
détroit de Behring. Il est donc hors de doute que la
zone polaire est le siége d'une vaste circulation qui
doit s'opérer dans un grand bassin intérieur.

L'étude des températures et de leur distribution dans la zone arctique confirme également l'existence d'une mer polaire. Le pôle de la terre en effet n'est pas le point où le froid est le plus grand, pas plus qu'il n'est le pôle magnétique. Il existe dans la zone glaciale deux pôles de froid maximum autour desquels viennent tourner ces courbes que l'on nomme isothermes, parce qu'elles représentent la suite des points de la terre où les températures moyennes sont les mêmes. Ces deux pôles se déplacent dans le courant de l'année, par suite du mouvement des glaces pendant l'été, mais ils restent toujours assez éloignés du pôle même de la terre. On comprendrait difficilement ce fait, si ce pôle était le centre d'un vaste continent recouvert d'un linceul glacé ; il faut donc admettre qu'il se trouve dans une vaste mer, traversée par de puissants courants compensateurs. Il ne serait donc pas impossible peut-être, comme l'a soutenu avec beaucoup de talent un géographe allemand, M. Petermann, en dépassant la Nouvelle-Zemble dans une saison convenable, de se diriger directement vers le pôle, et pourtant l'on a constamment négligé cette route si naturelle pour s'obstiner à fouiller péniblement les détours du labyrinthe polaire.

Tout fait croire désormais qu'il se passera de longues années avant que de nouveaux explorateurs aillent s'aventurer dans les parties les plus reculées des régions du Nord. La voix de l'homme ne troublera plus chaque année le silence des hauts déserts arctiques, et ses pas n'y fouleront plus souvent le manteau vierge des neiges. Les pêcheurs iront encore s'aventurer l'été à l'entrée des détroits, à la poursuite des phoques et des baleines : les passages redoutés seront encore sillonnés par les frêles *kayaks* où l'Esquimau s'emprisonne, flèches vivantes qui fendent les vagues, et volent comme les mouettes dans la tempête ; mais l'on ne verra probablement plus de longtemps de véritables escadres pénétrer dans ces canaux longs et tortueux, où la navigation est un continuel danger. L'homme fait ainsi, comme pour attester sa puissance, des invasions hardies dans les régions d'où il semblait à jamais exclu ; mais quand il a surpris le secret de la solitude, il rentre dans son domaine habituel, comme ces tribus conquérantes qui envahissent subitement une contrée, répandent autour d'elles l'étonnement et la terreur, puis se retirent avec leur butin pour ne plus jamais revenir.

LE PÔLE AUSTRAL

ET LES EXPÉDITIONS ANTARCTIQUES.

Lorsqu'on jette les yeux sur un globe terrestre, on est frappé par la grandeur du vide qui remplit la zone antarctique ou australe, ainsi que tous ses alentours. Buffon avait remarqué, dès longtemps, que les grands continents de l'Afrique et de l'Amérique méridionale se terminent en pointe vers le sud, et laissent ainsi aux mers une place de plus en plus étendue. L'Amérique ne dépasse point le cinquante-deuxième cercle de latitude, ni l'Afrique le trente-troisième. Le continent de l'Australie diffère complétement des deux précédents par l'ensemble de sa configuration, mais ne s'étend pas à de très-grandes distances de l'équateur. Aux latitudes inférieures à celles de la nouvelle Zélande et dans l'immensité des mers australes, qui servent en quelque sorte de confluent au grand océan Pacifique, à l'océan Indien et à l'océan

Atlantique, on ne trouve plus que des points isolés, de rares îles, quelques côtes peu connues, quelques petits archipels, qui se dessinent sur nos cartes comme des constellations dans le ciel. Ainsi, considérée dans son ensemble, cette portion de notre planète est essentiellement océanique, et si les saillies des continents dominent presque tout l'hémisphère boréal, l'hémisphère austral est au contraire, dans sa partie la plus étendue, recouvert par l'immense et monotone plaine des eaux.

Nulle région de la terre n'est demeurée aussi inconnue que la zone antarctique proprement dite, comprise à l'intérieur du cercle polaire austral. Aucune des raisons pour un temps si puissantes, aucuns des entraînements qui, à différentes reprises, poussèrent les navigateurs vers les côtes du nord, n'ont jamais dirigé, sur ce point, leurs tentatives et leurs recherches. Pourtant après la grande découverte de Magellan les nations commerçantes commencèrent à se préoccuper de ces parties de la terre, qui jusque-là n'avaient jamais attiré l'attention publique, et avaient seulement exercé les spéculations de quelques géographes; mais les régions qui, à de courts intervalles, avaient été successivement ouvertes aux entreprises des peuples de l'ancien continent étaient, si nouvelles et si immenses, que l'activité même la plus aventureuse eut pour longtemps de quoi s'y satisfaire, et il se passa de longues années avant qu'on résolût d'aller explorer les parages mystérieux du Sud, si entièrement inconnus, pour y reconnaître le grand continent austral, que les géographes, guidés par des inductions vagues et théoriques sur l'équilibre de la planète, s'accordaient généralement à y placer.

La croyance à ce continent semble avoir été assez accréditée parmi les navigateurs. En 1772, un lieutenant de la marine française, M. de Kerguelen, avait aperçu l'île qui porte encore aujourd'hui son nom; les vents et les tempêtes l'avaient empêché d'y aborder, mais il se crut autorisé, à son retour, à annoncer qu'il avait entrevu les côtes d'une grande terre qui devait recouvrir la zone australe. Il était si enthousiasmé de sa découverte, qu'il retourna au même point dès l'année suivante; mais il ne fut pas plus heureux cette fois : il nomma seulement le cap Français et fut obligé de revenir. En 1774, cependant, un autre officier français, M. de Resnevet, réussit à toucher terre et prit possession au nom du roi de France. C'est vers la même époque que le fameux capitaine Cook explora les mers du sud et réussit à pénétrer aux plus hautes latitudes qu'on eût jamais atteintes dans l'hémisphère austral; il parcourut cent quatre-vingts lieues entre le 50ᵉ et le 60ᵉ degré de latitude, et s'engagea jusqu'à la latitude de 71° 15′ sous 109° de longitude ouest. Dans le cours de ses explorations, il rechercha vainement des terres que prétendait avoir aperçues Bouvet dans le voyage de découvertes qu'il avait fait pour la compagnie française des Indes. Cook supposa, sans doute avec raison, que Bouvet avait été trompé de loin par quelque immense mon-

tagne de glace. Il eut aussi la curiosité d'aller vérifier
l'existence du prétendu continent de M. de Kerguelen :
il fit un examen détaillé des côtes orientales depuis
le cap Français jusqu'au cap George, et le capitaine
Furneaux, qui faisait partie de la même expédition,
coupa plus tard le méridien à soixante-dix milles
géographiques au-dessous du cap George, et établit
que la terre découverte par Kerguelen n'était qu'une
île.

L'horreur des solitudes australes, jusque-là si
inconnues, la rigueur excessive du climat, les montagnes de glace aux formes et aux dimensions colossales, les hautes et longues falaises recouvertes d'un
épais manteau de neige, la mer semée de débris qui
s'agitent et se heurtent sans repos, frappèrent fortement la vive imagination de Cook. Le grand navigateur décrivit parfaitement, dans la relation de son
voyage, la formation des glaces et leurs puissantes
actions ; il distingua nettement les montagnes formées
par les ruines des glaciers des plaines de glaces
superficielles que Dumont-d'Urville désignait plus
tard sous le nom de *banquises;* il pressentit l'existence des terres qui, après lui, furent découvertes en
différents points de la vaste zone antarctique. «Je
crois fermement, dit-il dans son *Journal* de voyage,
qu'il y a près du pôle une étendue de terres où se
forment la plupart des glaces répandues dans ce vaste
océan méridional ; je crois que les glaces ne se pro-
longeraient pas si loin vers la mer de l'Inde et l'océan
Atlantique, s'il n'y avait point au sud une terre, je

veux dire une terre d'une étendue considérable.
J'avoue cependant que la plus grande partie de ce
continent austral (en supposant qu'il y en ait un) doit
être en dedans du cercle polaire, où la mer est si
remplie de glaces, qu'elle est inabordable. Le danger
qu'on court à reconnaître une côte dans ces mers
inconnues et glacées est si grand, que j'ose dire que
personne ne se hasardera à aller plus loin que moi,
et que les terres qui peuvent être au sud ne seront
jamais reconnues ; il faut affronter les brumes épaisses, les ondées de neige, le froid aigu, et tout ce qui
peut rendre la navigation dangereuse; l'aspect des
côtes est plus horrible qu'on ne peut l'imaginer. Ce
pays est condamné par la nature à rester enseveli
dans des neiges et des glaces éternelles. »

Ailleurs, il écrit encore : « J'avais cependant grande
envie d'approcher davantage du pôle; mais il aurait
été imprudent de faire perdre au public toutes les
découvertes de cette expédition, en découvrant et
reconnaissant une côte dont les relèvements ne
seraient d'aucune utilité ni à la navigation, ni à la
géographie, ni à aucune autre science. Je crois
qu'après cette relation, on ne parlera plus du continent austral. »

Aujourd'hui, même après les découvertes des dernières expéditions française, anglaise et américaine,
on ne se sent guère disposé à adoucir la sévérité de
ce jugement. L'on a reconnu « les terres qui peuvent
être au sud, et qui ne devaient jamais être reconnues ; » il s'est trouvé des marins assez hardis pour

dépasser la trace de celui qui « osait dire que personne ne se hasarderait à aller plus loin que lui ; »
mais en lisant leurs récits, on éprouve encore ce sentiment de répulsion et d'horreur qui inspirait à Cook
ces lignes, où il faut moins voir de l'orgueil que le
désir de préserver les navigateurs de dangers aussi
inutiles qu'affreux. Sa relation n'était pas faite pour
échauffer le zèle des explorateurs ; on oublia cette
région condamnée à laquelle il appliquait les paroles
de Pline l'Ancien : *Pars mundi a natura damnata et
densa mersa caligine.* Aussi jusqu'à ces dernières
années, la plupart des découvertes faites dans la zone
australe furent-elles en quelque sorte accidentelles,
et dues presque toujours à des pêcheurs de baleine
égarés dans ces latitudes éloignées.

C'est ainsi que le groupe des îles Auckland, situées
au sud de la terre de Van-Diémen, un peu au delà
du cinquantième cercle de latitude, fut découvert en
1806 par un baleinier nommé Abraham Bristol. Cet
archipel présente d'assez bons ports, et dans ces dernières années le gouvernement anglais songea un
instant à en faire un lieu de transportation après la
grande agitation de l'*anticonvict movement*, résistance
légitime contre l'introduction de nouveaux condamnés dans les colonies, devenues si prospères, de
l'Australie ; mais le climat des îles Auckland fut jugé
trop rigoureux, et l'on ne voulut point courir le
risque de convertir l'exil en une condamnation à
mort.

En 1810, l'île Campbell, située un peu au sud de

l'archipel des Auckland, fut découverte par Frédérick
Hazlebourg; en 1821, le Russe Bellinghausen s'a-
vança jusqu'à une latitude presque aussi élevée que
celle où était parvenu Cook, jusqu'à 70 degrés; il vit
et nomma deux petites îles Alexandre Ier et Pierre Ier,
qui sans doute se rattachent à ce vaste groupe d'îles
et de terres qui portent les noms de terre de Graham,
de terre de la Trinité, de terre Louis-Philippe, etc.,
et furent depuis explorées par James Ross et par
Dumont-d'Urville, au sud de la Terre-de-Feu, entre
le 60e et le 70e cercle de latitude. Deux pêcheurs de
phoque, Palmer et Powell, découvrirent, le premier
la terre de Palmer, le second celle de Powell, qui
porte plus souvent le nom d'Orkney du sud.

Ce fut encore un capitaine marchand, James Weddell, qui le premier dépassa la latitude extrême que
Cook avait atteinte; son voyage, exécuté en 1823, fit
à cette époque un grand bruit. Il visita les îles Orkneys
du sud, les Nouvelles-Shetlands, la terre de Sandwich,
autrefois reconnue par Cook, et s'engagea résolûment
vers le sud à travers les glaces. A sa grande joie et
sa grande surprise, il les vit graduellement dispa-
raître; le temps, d'abord très-rude, devint assez doux,
et Weddell se trouva sur une mer entièrement libre,
où, selon son expression, il ne pouvait apercevoir
jusqu'à l'horizon aucune particule de glace; il arriva
ainsi sous la longitude de 34° 17' jusqu'à la latitude
de 74° 15', et ne revint sur ses pas que parce que la
saison était trop avancée; il déclara à son retour qu'il
lui paraissait beaucoup plus aisé d'aborder le pôle

sud que le pôle nord, sur lequel les célèbres expéditions de Parry et de Franklin attiraient à cette époque l'attention de l'Europe entière. Son récit exerça une sorte de réaction contre les idées du capitaine Cook; mais elle ne fut que momentanée : il a été bien prouvé depuis que les glaces antarctiques sont loin d'avoir, dans leurs mouvements et leurs migrations, la régularité de celles du nord, et les navigateurs qui ont voulu suivre la trace de Weddell ne l'ont jamais trouvée aussi dégagée. Les glaces australes ne circulent pas en effet dans des passages tout formés, pareils à ceux du grand labyrinthe arctique ou aux ouvertures que le *gulfstream* laisse libre entre le Groënland, l'Islande et la Laponie; les glaces qui s'accumulent autour des terres antarctiques, une fois détachées, peuvent remonter vers les régions tempérées, librement et dans tous les sens, au gré des courants variables et nombreux, qui se dirigent vers le nord, le nord-est ou le nord-ouest. Ainsi d'une année à l'autre les glaces qui voyagent vers l'équateur peuvent s'accumuler en plus grande quantité en des régions assez différentes, et par un hasard il peut s'ouvrir entre elles un de ces chemins éphémères comme celui que Weddell avait suivi.

C'est aussi parce que les glaces antarctiques ne sont pas emprisonnées dans des détroits sinueux, et se meuvent avec une plus grande liberté que celles du Nord, qu'on les rencontre voyageant à de beaucoup plus grandes distances dans les mers de la zone tempérée. Il n'y a rien d'extraordinaire à trouver de puissantes

montagnes de glaces sous le 47ᵉ et le 46ᵉ degré de latitude, et au mois d'avril, en 1838, on en a aperçu
une à la latitude de 35 degrés; plusieurs navigateurs,
entre autres le capitaine Basil Hall, ont eu acciden-
tellement à lutter contre les glaces en tournant le
cap Horn. Souvent on a pris de grands blocs errants
pour de véritables îles : c'est ainsi que les deux îles
Dénia et Marseveen, marquées sur d'anciennes cartes, n'existent réellement pas ; on peut en dire autant de l'Islande du sud, et Weddell lui-même s'assura qu'une pareille erreur avait fait placer près des
îles Falkland les îles Aurores, aperçues en 1796 par
l'Astravida, vaisseau de guerre espagnol.

En janvier 1831, Biscoë sur le brick *Tula* découvrit la terre d'Enderby, au sud de l'océan Indien,
sous le méridien de 50 degrés, entre le 60ᵉ et 70ᵉ
cercle de latitude ; il reconnut aussi l'île Adélaïde,
placée en avant de la terre de Graham, et, deux ans
après, la terre de Kemp, qui semble être le prolongement de celle d'Enderby. Enfin en 1839, Balleny
découvrit cinq îles qui portent aujourd'hui son nom,
et qui sont comme les sentinelles avancées des terres
qui furent depuis reconnues par Ross, Dumont-d'Urville et Wilkes; il suivit, comme ces deux derniers,
sur une très-grande distance l'énorme falaise des
glaces, aperçut les hauteurs neigeuses auxquelles
Dumont-d'Urville donna le nom de côte Clarie, mais
il ne les prit que pour de gigantesques montagnes de
glaces; il crut plusieurs fois apercevoir la terre, et
vit entre autres la côte Sabrina, située sous le

120e degré méridien. Il importe de tenir un compte
exact des remarquables découvertes de Biscoë et de
Balleny, qui n'ont malheureusement publié aucune
relation de leur voyage, pour faire une juste part à
tous les explorateurs dans la découverte du prétendu
continent austral, dans le cas où elle se vérifierait
jamais complétement. Je me hâte d'arriver aux trois
expéditions, française, anglaise et américaine, qui
explorèrent en même temps la zone australe sous le
commandement de Dumont-d'Urville, de sir James
C. Ross, le vétéran des mers arctiques, et du capitaine
Wilkes.

Ce ne fut pas un commun accord qui rassembla
ces navigateurs à la même époque dans les parages
antarctiques, et ils semblent n'avoir pas compris
les avantages qui auraient sans doute pu résulter
d'une action combinée. Quand Ross, arrivé à Hobart-
Town, apprit, au moment de partir pour le sud, les
premières découvertes de Dumont-d'Urville et celles
de Wilkes, il ne put s'empêcher de manifester un
peu de dépit et se plaignit d'avoir été prévenu.
Pourtant si un champ doit être libre, c'est sans doute
la mer et une mer inconnue, où on ne se risque qu'en
affrontant de cruelles souffrances et la plus affreuse
de toutes les morts. C'est d'ailleurs parce qu'il fut
obligé de changer la route qu'il comptait suivre, que
Ross découvrit la fameuse terre Victoria, se rappro-
cha beaucoup plus du pôle que ses rivaux, et fit incontestablement la plus riche moisson de découvertes.
La géographie n'eut qu'à gagner à ces compétitions :

les résultats furent soumis à un contrôle sévère mais, comme on le verra, les discussions qui s'élevèrent sur la priorité et l'importance des découvertes firent bien voir que les commandants ne s'étaient guère pardonné une rencontre où ils voyaient moins l'effet du hasard que d'une jalouse rivalité.

C'est seulement pendant les mois qui nous amènent l'hiver que les marins peuvent aller visiter la zone antarctique, et chaque année, à cette époque, de nombreux baleiniers, presque tous américains, vont en explorer les abords. Les températures de l'hémisphère austral sont en effet, si on pouvait le dire, les antipodes de celles de l'hémisphère opposé, et dans les colonies de l'Australie les Anglais célèbrent à l'époque des fleurs et du soleil les fêtes de Noël, qui dans leurs souvenirs sont associées au froid humide et aux brumes les plus épaisses de la patrie éloignée. C'est pendant que les navigateurs engagés dans les solitudes du nord hivernent dans leurs navires enveloppés de neige, que Dumont-d'Urville et Wilkes, profitant des meilleurs mois de l'année, se dirigeaient vers le sud.

Les deux corvettes françaises, *la Zélée* et *l'Astrolabe*, quittèrent les eaux du détroit de Magellan le 9 janvier 1838. Dumont-d'Urville se proposait de suivre les traces de Weddell, et crut un instant qu'en dépassant la première barrière des glaces, il arriverait comme lui dans une mer ouverte; mais les blocs errants devenaient au contraire de plus en plus nombreux, et il finit par arriver devant une haute falaise dont le front continu, taillé à pic, formait un rempart complétement infranchissable : çà et là, quelque canal étroit s'ouvrait sur cette longue et uniforme ligne, mais une petite embarcation aurait à peine pu s'engager dans ces gorges de glaces. Il fallut se résigner à longer la banquise, dans le canal qui reste presque toûjours libre à sa base, jusqu'aux Orkneys, dont les pics sombres et menaçants s'élèvent au-dessus de vastes glaciers, dont les ruines colossales sont échouées tout autour des côtes.

Reprenant sa route vers le sud, Dumont-d'Urville parvint, avec de grands efforts, à se frayer un chemin à travers une nouvelle banquise; mais il se trouva bientôt prisonnier dans les glaces, et pendant trois jours sa position fut extrêmement périlleuse. Quand les vents soufflent du nord, ils ramènent toutes les glaces vers les terres antarctiques, d'où elles s'étaient détachées, et changent bientôt la surface de la mer en un champ solide et continu, formé de blocs ressoudés, de toute grandeur et de toute nature ; au contraire, quand les vents soufflent du sud, ces vastes mosaïques se divisent, les fragments se détachent et reprennent le chemin du nord. C'est ainsi que Dumont d'Urville se trouva heureusement dégagé et put continuer sa route.

Ces péripéties impriment une grande incertitude à la navigation dans ces parages; elles tiennent à la distribution particulière des glaces dans la zone antarctique. Les blocs, détachés des énormes champs de glaces qui entourent les terres ou reposent quelque-

fois seulement sur des bas-fonds, forment toujours
des zones parallèles au front des falaises, dont les
faces étincelantes portent encore la trace des dernières ruptures; ces immenses ceintures de débris
sont souvent séparées, et l'on peut juger approximativement, par la grandeur, la forme, les contours des
blocs qui les composent, de la distance dont on est
séparé des banquises. Ces fragments, qui forment
d'abord d'énormes prismes, parfaitement réguliers,
d'une mate blancheur, se brisent, se divisent; le flot
de mer en use et en arrondit les arètes, les mine et
les dégrade; leur couleur devient de plus en plus
transparente et bleuàtre. Toutes ces variétés, dont
nous pouvons à peine nous faire une idée, deviennent des indications très-précieuses pour le navigateur. Les paysages polaires n'ont d'ailleurs pas d'autres traits : l'œil, déshabitué des couleurs riantes et
vives, n'a plus à étudier que les nuances infinies de
la mer, des glaces, et d'un ciel toujours gris; cette
nature froide et voilée ne s'anime que rarement,
quand les rayons d'un soleil oblique parviennent à
percer les brumes éternelles, dont le manteau épais
recouvre les plaines de glace et d'eau.

  C'est au sud des îles Orkneys que Dumont-d'Urville
découvrit environ cinquante lieues de côtes auxquelles
il donna le nom de terre Louis-Philippe et terre Joinville, et un grand nombre d'îlots qui forment une
chaîne qui leur est parallèle, et font partie de l'archipel des Nouvelles-Shetlands. Les terres de Louis-
Philippe et de Joinville sont recouvertes par d'im-

menses glaciers qui descendent de cimes élevées à
six ou huit cents mètres au-dessus de la mer, et sont
sur le prolongement de la terre de la Trinité et de
celle de Graham. Ross, qui a visité depuis les mêmes
régions, découvrit dans la partie méridionale de la
terre de Louis-Philippe des pitons extrêmement élevés, entre autres le mont Penny et le mont Haddington, qui atteint la hauteur de 2150 mètres; il les
contourna entièrement et vérifia que cette terre est
seulement une grande île. On ignore encore aujour-
d'hui si cet archipel, le plus grand de toute la zone
antarctique, est isolé ou forme la portion avancée
d'un continent dont peut-être la terre de la Trinité et
la côte allongée qui porte le nom de terre de Graham
feraient déjà partie.

Ici s'arrête la première campagne de Dumont-
d'Urville. Son équipage était malade et extrêmement
fatigué, et il fallut reprendre le chemin du nord.
L'année suivante, les corvettes françaises quittèrent
Hobart-Town dès le commencement de janvier. Dumont-d'Urville chercha à pénétrer cette fois dans la
zone antarctique par un point diamétralement opposé au premier. Il se retrouva bientôt au milieu des
glaces, mais sous la latitude même du cercle antarctique il découvrit la terre. De hautes montagnes de
glaces étaient accumulées, comme des défenses naturelles, devant la longue falaise d'une terre élevée à 4
ou 600 mètres. Les officiers purent s'avancer sur un
canot, à travers l'effrayant labyrinthe de glaces, jusqu'à un petit îlot placé en face de la côte. Ils tou-

chèrent la terre, plantèrent le pavillon aux trois couleurs, prirent possession au nom du roi de France,
ils emportèrent même quelques échantillons de roches, quartzites et gneiss granitiques, qui formaient
la terre nouvelle.

Dumont-d'Urville en traça la côte sur une trentaine
de lieues entre la longitude de 136 et 142 degrés;
elle ne sort pas, dans cette limite, des environs du
cercle polaire. Cette terre, que le commandant français nomma terre Adélie, est morte et désolée; elle
ne porte aucune trace de végétation. Derrière la ligne
hérissée des· glaces des côtes, l'œil n'aperçoit que
l'horizon monotone des glaces éternelles, et, sous
leur blanche enveloppe, ne devine les formes du sol
que par des ombres légères.

Obligé de redescendre un peu vers le nord, Dumont-d'Urville retrouva, sous le méridien de 130 degrés, une banquise impénétrable, étendue sur une
très-grande longueur, et qu'il jugea devoir s'appuyer
contre une côte; il crut même reconnaître la terre
dans les lignes blanches de l'horizon, et la nomma
côte Clarie. Il faut ajouter que quelques-uns des
officiers français ne partagèrent point l'opinion de
leur commandant. On peut être très-facilement déçu
dans les régions polaires, par des apparences pareilles; et très-souvent l'on est tenté de prendre pour
la terre des bancs de brouillards immobiles qui reposent sur la mer. D'ailleurs, quand même on vient
se heurter contre l'escarpement d'un immense champ
de glaces, si élevé, si compacte, si uniforme qu'il

soit, on ne peut pas être absolument certain qu'il se trouve appuyé contre une terre. Il est bien vrai, et les marins le disent proverbialement, qu'une mer profonde ne gèle point. Ainsi que Scoresby et Parry l'ont observé, aussitôt qu'une couche mince de glace se forme à la surface, le moindre coup de vent la brise et en emporte les débris jusqu'aux côtes les plus voisines, où ils s'attachent et se soudent. Les terres sont donc les centres de formation des glaces. Si faible que soit leur profondeur, il ne semble pas que des bas-fonds puissent naturellement le devenir; mais on conçoit très-bien qu'une de ces montagnes de glaces, si fréquentes dans la zone polaire, vienne s'y échouer. Les glaces peuvent dès lors s'étendre et s'affermir autour de ce gigantesque noyau. Les neiges, qui tombent en abondance dans ces régions antarctiques, où l'air est presque constamment saturé de vapeur d'eau, augmentent peu à peu l'épaisseur de l'immense banquise, suspendue sur une mer où elle ne peut fondre. Quelquefois cette masse, rattachée en quelque sorte par un seul point au fond de la mer, finit par vaincre l'obstacle qui la retient prisonnière, et se met tout entière en mouvement. Quelquefois aussi sa base peut s'étendre, et le champ de glaces, qui s'accroît lentement et avec les années, finit par atteindre la hauteur et l'étendue de ceux qui enveloppent le continent.

Il faut ajouter cependant que de pareils bas-fonds ne se trouvent le plus ordinairement qu'à d'assez faibles distances des terres. D'ailleurs, en ce qui con-

cerné la côte Clarie, Dumont-d'Urville eut raison
contre ses officiers, et l'expédition américaine paraît
avoir confirmé ses résultats. Il n'était pourtant pas
inutile de présenter les observations précédentes, car
nous verrons plus tard que le capitaine Wilkes fut
abusé lui-même, sur un autre point, par de fausses
apparences de terre, et qu'il ne fut pas toujours in-
faillible dans ses jugements.

Le capitaine Wilkes partit de Sidney et parvint rapidement, avec des vents très-favorables, à une haute
latitude. Il rencontra les premières montagnes de
glaces, au commencement de janvier, à 61 degrés
de latitude ; elles devinrent bientôt de plus en plus
nombreuses et plus grandes, et à la latitude de
64 degrés il rencontra l'immense plaine de glaces
dont les escarpements élevés forment, sur de longues
étendues, des murs droits et continus. Dans la relation de son voyage, magnifiquement publiée par ordre du congrès des États-Unis d'Amérique, Wilkes affirme avoir vu les premières apparences de terre dès
le 16 janvier ; il se croit ainsi, et c'est là une prétention que j'examinerai en son lieu, autorisé à réclamer la priorité de la découverte de ce qu'il nomme
le continent antarctique, parce que le pavillon français n'y fut planté que le 21 janvier. Il longea la
grande banquise entre les montagnes de glaces, et
un de ses navires y fut tellement endommagé, que le
commandant dut le renvoyer à Sidney : il continua sa
route avec *le Vincennes* et *le Porpoise*. Voyant la mer
assez ouverte vers le sud sous le 147ᵉ degré de longi-

tude, il s'avança dans cette direction jusqu'au 67ᵉ de
latitude ; mais au lieu d'un passage il ne trouva qu'un
golfe : des deux côtés, à l'est, à l'ouest, il apercevait
la terre derrière la ceinture de glace des côtes. Il
sortit bientôt de cette large baie, arriva en face de la
côte Adélie, ayant toujours la terre en vue, et bientôt après une effroyable tempête vint l'y surprendre.
La neige tombait avec une telle abondance qu'il devenait impossible de voir plus loin que la longueur
du vaisseau : de temps à autre, on voyait passer,
comme de blancs fantômes, les montagnes de glaces
soulevées par la mer en furie. Wilkes se crut un moment perdu ; mais peu à peu la tempête s'apaisa, le
vent retomba par degrés, et un soleil radieux vint
éclairer la scène de la tourmente : les blocs gigantesques se balançaient encore lentement, et l'on ne
put juger qu'alors, en voyant leur nombre, l'étendue
du péril auquel on avait échappé.

Wilkes chercha un abri dans un étroit passage ouvert tout le long des glaces de la côte ; il n'en était
plus éloigné que d'un mille ; il voyait le pays, recouvert de neige, qui s'élevait en pente jusqu'à une hauteur de 1000 mètres. Il fallut sortir du canal par où
on était arrivé si près de la terre, de peur qu'il ne se
refermât derrière les navires : Wilkes continua à
suivre vers l'ouest la longue barrière qui semblait
attachée à une ligne de côtes non interrompue. Il
rencontra bientôt et contourna un cap qu'il nomma
Caër, et qui n'était autre que la côte Clarie de Dumont-d'Urville : au delà de ce vaste promontoire,

entouré d'une multitude de montagnes de glaces, il retrouva la banquise dirigée de l'est à l'ouest, et la suivit sur une très-grande longueur : il apercevait partout derrière elle le haut pays, formé par une chaîne de montagnes moyennement élevées de 1000 mètres et recouvertes par des neiges éternelles. Sur une montagne de glaces où l'on put aborder, on trouva des fragments des roches de la terre qui fermait l'horizon, et qui furent reconnues pour du grès rouge et du basalte. Wilkes s'avança ainsi jusqu'à la longitude de 100 degrés, mais à ce point la côte change de direction; au lieu de continuer à l'ouest, elle s'infléchit rapidement vers le nord. Wilkes se trouva ainsi arrêté : la saison d'ailleurs était trop avancée pour qu'il pût espérer atteindre la terre d'Enderby, qu'il croyait sur le prolongement des côtes qu'il avait explorées. Dans sa campagne, il avait suivi à peu près le cercle polaire antarctique sur 70 degrés, c'est-à-dire sur près du quart de sa longueur.

Les mers du sud furent visitées sur d'autres points par l'expédition anglaise commandée par sir James Clark Ross : il apprit, à son arrivée à Van-Diémen, la découverte de la terre Adélie et de la côte Clarie, et Wilkes lui envoya une carte de celles qu'il avait faites. Il se décida à entrer dans la zone antarctique sous le méridien de 170 degrés est, parce que Balleny, en 1839, y avait trouvé la mer dégagée jusqu'à 69 degrés de latitude. La connaissance que possédait Ross des mers arctiques lui permettait de bien saisir les caractères particuliers à chacune des deux régions polaires; il fut frappé de la simplicité de formes des montagnes de glaces australes, masses tabulaires co-lossales coupées par des pans verticaux et presque toujours parfaitement régulières; formées de fragments des énormes banquises qui suivent les côtes, elles sont beaucoup plus nombreuses que les blocs irréguliers descendus des glaciers. Les champs de glaces ne présentent plus comme dans la zone boréale de grandes plaines unies, divisées par des murailles de débris qui marquent le contour des différentes pièces de ces vastes mosaïques. Ceux des mers antarctiques sont beaucoup plus incohérents en quelque sorte ; formés dans des mers agitées, ils ne sont composés que par une multitude de débris ressoudés, et de loin ces surfaces éphémères ressemblent, suivant une expression de Wilkes, à un champ labouré,

Ross se fraya un chemin à travers ces glaces superficielles, et dépassa le cercle polaire antarctique le 1er janvier 1841. Il arriva bientôt dans une mer encombrée de montagnes de glaces très-puissantes. Ses navires subissaient parfois des chocs terribles, mais ils avaient été construits pour les glaces : ils pouvaient résister à de très-fortes pressions et avancer là où les corvettes de Dumont-d'Urville et les vaisseaux de Wilkes n'auraient sans doute jamais pu se risquer. Bientôt, comme autrefois Weddell, Ross vit la mer de plus en plus dégagée et enfin complétement libre; le 11 janvier, il aperçut la terre, formée par des pics entièrement recouverts de neige, et qu'une banquise très-haute rendait complétement inabordable. A mesure qu'il avança, il vit se développer à l'horizon deux chaînes montagneuses élevées. Il apercevait les grands glaciers qui remplissent les vallées et descendent jusqu'aux falaises grandioses qui en forment le pied. En quelques points, les rochers perçaient le blanc manteau de la neige; les pics qui se profilaient les uns derrière les autres atteignaient la hauteur de 2500 à 3000 mètres. Ross donna à cette suite de pitons alignés le nom de *chaîne de l'Amirauté*, et à la nouvelle terre celui de *terre Victoria*. Il prit possession sur un petit îlot où il put arriver en bateau, et où il ne trouva aucune trace de végétation, pas même le plus maigre lichen. Pénétrant toujours plus avant vers le sud, il continua à voir à sa droite de hautes collines auxquelles il distribua les noms de Herschel, Whewell, Wheatstone, Murchison et Melbourne; mais bientôt, la banquise s'élargissant de plus en plus, il se trouva trop éloigné pour apercevoir nettement la ligne des côtes. On dépassa rapidement la latitude de 74 degrés, la plus haute qu'on eût jamais atteinte du côté du pôle sud. On aborda dans une petite île qui reçut le nom de Franklin, et peu après l'on aperçut à l'horizon une montagne colossale qui s'élevait en pentes régulières à plus de 4000 mètres, et qui dominait une terre très-étendue. On était arrivé à un moment de l'année où le soleil, incliné à deux degrés sur l'horizon, n'envoie plus à la surface de la mer et des glaces qu'une lumière presque rasante; le ciel était d'un bleu magnifique et sombre,

et sur son fond presque opaque se détachaient les
lignes blanches et pures de cette cime, entièrement
recouverte de neige : on reconnut bientôt que c'était
un volcan, et qu'il était en éruption. D'heure en heure,
des jets violents d'une fumée épaisse sortaient du cône
gigantesque ; elle retombait en nuages suspendus qui
peu à peu s'éclaircissaient et se coloraient des reflets
rouges du cratère en feu. La colonne de fumée, au
moment où elle s'échappait du cratère, n'avait pas
moins de 100 mètres de diamètre. Tout le monde
sait que l'activité volcanique est indépendante des latitudes et des températures qui règnent à la surface
du sol ; il semble pourtant qu'un pareil spectacle, en
de pareils lieux, emprunte encore quelque chose de
plus étrange et de plus grandiose au contraste entre
le calme d'une nature glacée et les violences du feu
souterrain. On donna le nom de l'un des deux navires, *l'Érèbe*, à ce colosse volcanique, plus élevé que
l'Etna et le pic de Ténériffe, et dont, parmi les volcans actifs les plus importants, la hauteur ne le cède
qu'au mont Loa de Hawaii, à l'Agua et à l'Antisana
dans les Andes, au grand volcan de Luzon, et au
Kliutchew dans le Kamtchatka. A peu de distance
de l'Érèbe s'élevait le cône presque aussi élevé d'un
autre volcan éteint ou du moins endormi, qui reçut le nom du second vaisseau, *la Terreur*. Ces
noms semblent bien donnés à ces deux montagnes
voisines, dont les éruptions seules troublent les solitudes polaires ; ils rendent à la fois le sentiment qui
s'attache à ces régions désolées, et perpétuent le

souvenir de l'expédition qui avait osé s'aventurer dans des lieux où aucun homme n'avait encore pénétré.

C'est peut-être ici le lieu de remarquer qu'on rencontre dans la zone antarctique beaucoup plus de traces d'activité volcanique que dans la zone boréale ; on ne trouve dans celle-ci, au delà du cercle polaire, que la petite île volcanique de Jean-Mayen, située au nord de l'Islande. Avant d'arriver au puissant mont Érèbe, situé au milieu des glaces du 76e degré de latitude, Ross avait déjà trouvé des traces d'éruptions dans les îles Auckland, les îles Campbell, dans la terre Victoria ; dans la petite île Possession, où il aborda en face de cette côte montueuse, il avait vu le sol formé de conglomérat trachytique, de basalte et de lave. Wilkes avait aussi aperçu des débris de basalte dans une montagne de glace échouée en face de son continent antarctique. L'île Astrolabe, découverte par Dumont-d'Urville, près de la terre Louis-Philippe, a un cratère annulaire tout à fait pareil à celui de Santorin. L'île Déception présente la même forme, et on y a trouvé des couches superposées de cendres et de neige convertie en glace, qui alternent à plusieurs reprises. Cette observation remarquable prouve avec quelle rapidité les cendres volcaniques se refroidissent dans les hauteurs glacées de l'atmosphère des régions polaires, puisqu'elles n'ont point fondu la neige sur laquelle elles tombaient. On en a un autre exemple dans le cône même du mont Érèbe, qui reste recouvert de neige jusqu'au bord de son cratère.

Tous les îlots qui forment une chaîne parallèle à la terre Louis-Philippe sont cratériformes. Dans l'île Déception, il s'échappe encore du gaz par plus de cent cinquante ouvertures, et des sources d'eau chaude y sortant de la neige vont se verser dans une mer toujours glacée. Enfin, dans les Shetlands du sud, on trouve le petit volcan Bridgeman, complètement isolé dans la mer, élevé à 160 mètres seulement et encore fumant.

Après la découverte du mont Érèbe et du mont Terreur, Ross ne put franchir la haute barrière de glaces qui l'empêchait d'examiner si ces volcans faisaient partie d'une île, ou s'élevaient sur la côte d'une terre continentale. La falaise de glace ne reposait pas sur la terre, car on ne pouvait trouver le fond de la mer à 410 brasses ; cette masse immense et compacte était ainsi seulement attachée à la terre par un de ses côtés : elle s'élevait à une hauteur de 60 mètres environ et n'avait pas, d'après le capitaine anglais, moins de 300 mètres de profondeur au-dessous du niveau de la mer : au-dessus de la ligne horizontale qui formait la crête de cette effrayante muraille, on apercevait, outre les deux volcans, une haute rangée de montagnes qui se dirigeait vers le sud jusqu'au 79e degré de latitude, et que Ross nomma les monts Parry. Ross suivit sur une longue distance vers l'est cette grande banquise : il ne rencontrait que très-peu de montagnes de glaces, et la mer était à peu près dégagée le long du mur solide qu'il était obligé de longer. Il en aperçut pourtant quelques-unes vers la fin du mois de janvier : elles présentaient des faces verticales de 60 mètres de hauteur, et étaient évidemment des débris de la longue banquise de la côte ; elles reposaient sur des bas-fonds où on atteignait le fond de la mer à 260 brasses. Du haut de l'une d'elles, on put apercevoir la crête de l'immense barrière de glaces, semblable à une plaine d'argent fondu. On entra bientôt dans les champs de glaces superficielles ; Ross aperçut des apparences de terre sous le 150e méridien et vers le 79e de latitude, mais il fallut abandonner l'idée d'avancer davantage vers l'est, et on retourna vers l'ouest afin de chercher un endroit pour hiverner. Il fut malheureusement impossible d'aborder dans la terre Victoria à cause des glaces qui en remplissaient toutes les indentations. Partout on apercevait des falaises d'une hauteur vraiment effrayante, qui coupaient l'extrémité des glaciers au point où ils descendaient dans la mer. Ross fut contraint de revenir vers le nord ; il aperçut sur sa route les cinq îlots que Balleny avait découverts. On approchait d'un point où, sur la carte que Wilkes avait communiquée au commandant anglais, étaient dessinées une ligne de côtes et une chaîne de montagnes ; mais Ross, à son grand étonnement, n'apercevait aucune terre à l'horizon. Après une terrible rafale qui vint l'assaillir au milieu de glaces formidables, et qui fit courir aux navires anglais un véritable danger, il alla rechercher le continent de Wilkes, et courut la mer en tous sens et sur de grandes distances autour du point où étaient mar-

quées les montagnes. Il emporta la conviction que
Wilkes avait été la victime d'une illusion pareille à
celle qui avait, bien longtemps auparavant, fait voir
à son propre oncle, sir John Ross, les chimériques
monts Croker dans le détroit de Lancastre.

Les deux autres campagnes de Ross ne furent pas
aussi heureuses que la première; il ne trouva aucune
terre nouvelle dans la seconde, et resta prisonnier
pendant plusieurs semaines dans les glaces. L'année
suivante, il alla des îles Falkland visiter les nouvelles
Shetlands, et compléta l'étude que Dumont-d'Urville
avait faite des terres Louis-Philippe et Joinville; c'est
lui qui aperçut et nomma le mont Haddington, dont
le cône s'élève à plus de 2000 mètres, et le mont
Penny; il s'assura que la terre Louis-Philippe n'était
qu'une grande île, parcourut tout le détroit de Brans-
field, qui la sépare de l'archipel des Shetlands du sud,
et visita cet archipel.

Ross avait, dans ses campagnes à la zone arctique,
déterminé et atteint le pôle magnétique boréal; il
avait aussi espéré arriver au pôle magnétique austral,
et il aurait eu ainsi la gloire d'avoir reconnu ces deux
points remarquables, placés dans les régions antipodes du globe; mais le pôle magnétique austral
est placé à une très-grande distance dans l'intérieur
de l'inabordable terre Victoria, ou plutôt, si cette
terre s'unit en continent avec les terres découvertes
par d'Urville et Wilkes, vers la partie centrale de cette
portion du continent. Gauss avait été conduit, par sa
grande et belle théorie du magnétisme terrestre, à

déterminer la position de ce point, et il était arrivé à un résultat qui ne diffère pas d'une manière très-sensible de celui que Ross a indiqué comme résultat des observations nombreuses qu'il fit dans son voyage. Je dois ajouter que ses déterminations ont été attaquées en France par M. Duperrey, et que le pôle de Wilkes diffère à la fois très-notablement de ceux de Gauss, de Ross et de M. Duperréy.

Quand Ross eut annoncé qu'il avait passé avec son vaisseau au milieu d'une région où Wilkes avait marqué des montagnes, cette déclaration excita une grande surprise, et souleva entre les deux marins anglais et américain une polémique fort vive. A moins d'imaginer que ces montagnes étaient descendues sous la mer, il semble qu'il n'y eût rien à répondre à l'affirmation énergique, indubitable du capitaine Ross. Wilkes se tira pourtant d'embarras : il déclara que, dans la carte qu'il avait complaisamment envoyée à Ross, il avait marqué non-seulement ses propres découvertes, qui occupent plus de 70 degrés sur le cercle polaire antarctique, mais qu'il avait aussi indiqué vers l'une des extrémités de cette longue ligne les découvertes que l'Anglais Balleny avait faites quelque temps auparavant; les côtes qu'à son retour de la terre Victoria Ross avait en vain recherchées étaient précisément ces dernières, qui se trouvaient mal indiquées sur la carte, parce que Wilkes ne connaissait qu'approximativement leur forme et leur position. On avait omis, comme c'était son intention, d'écrire à côté de cette partie de la carte « découverte anglaise. » Il n'y avait donc dans tout cela qu'une erreur de dessin et un oubli. L'explication assurément était fort ingénieuse; Ross fut pourtant assez difficile pour ne pas s'en contenter. Il répliqua qu'il lui paraissait inexplicable que le commandant américain eût si mal indiqué les découvertes de Balleny, dont il avait eu connaissance, et n'eût pas pris plus de soin de distinguer nettement les siennes. Wilkes, de son côté, répondait que Ross aurait très-facilement pu faire cette distinction lui-même, puisqu'il connaissait aussi, et dans le détail, les découvertes de Balleny, et, par les journaux de l'Australie, celle de l'expédition américaine. Il faut avouer pourtant qu'il n'était pas si facile à Ross de reconnaître les îles de Balleny, sur la carte de Wilkes, dans une ligne de côtes non interrompue, bordée par une chaîne de montagnes, et placée à une latitude sensiblement différente de ces îles. Au milieu de ce débat, un des officiers américains intervint et déclara que le lieutenant Ringgolds avait en effet cru apercevoir la terre et des montagnes précisément dans la région où Ross en avait inutilement cherché. Dans la carte de ses découvertes, Wilkes a complétement effacé cette partie extrême de la côte du continent antarctique, et dans sa relation il note simplement que le lieutenant Ringgolds *crut* apercevoir des montagnes dans l'éloignement ; seulement il prétendit jusqu'à la fin, que ce n'est pas sur ces fausses apparences qu'il marqua la terre sur cette partie de la carte envoyée à Ross, mais uniquement pour représenter la découverte de Balleny.

Il y a cependant un point que M. Wilkes pourrait difficilement contester, c'est l'extrême envie qu'il avait de découvrir un continent. Il n'a pas plutôt aperçu une ligne des côtes, qu'il la baptise pompeusement de continent antarctique. Biscoë, en découvrant la terre d'Enderby, Dumont-d'Urville la côte Adélie, Ross la terre Victoria, n'ont pas montré un si grand empressement. Cette impatience de Wilkes a peut-être contribué à l'égarer en quelques circonstances, et lui a fait voir plus aisément qu'à un autre la terre où elle n'était pas. On connaît le trait de la fable : « Je vois bien quelque chose, mais je ne distingue pas bien. » M. Wilkes prétend avoir vu le continent antarctique avant que Dumont-d'Urville ait pris possession de la terre Adélie; mais comme il ne nous paraît rien moins qu'évident qu'il l'eût parfaitement distingué, nous continuerons à croire que la priorité de cette découverte revient au capitaine français. Puisqu'il est démontré par maints exemples que les fausses apparences de terre égarent fréquemment les navigateurs dans les régions polaires, ce n'est pas sur de telles apparences seulement qu'on peut établir des droits à une découverte.

Sir James Ross a poussé la sévérité envers le capitaine Wilkes, jusqu'à envelopper d'une suspicion commune tous ses travaux, et à ne rien marquer des découvertes américaines dans la carte de la zone polaire qui accompagne son excellent livre intitulé *les Mers du Sud*. La défiance du navigateur anglais est allée jusqu'à l'injustice, et je n'en

voudrais d'autre preuve que la coïncidence parfaite
entre les contours de la terre Adélie de Dumont-
d'Urville et des mêmes côtes tracées par Wilkes.
Sir James Ross n'a pu manquer d'être frappé par
cette harmonie. Toutes les indications de Wilkes
entre le 150e et le 100e degré ont un tel caractère de
précision, qu'elles ne semblent pouvoir prêter à aucune
incertitude, et même, en tenant compte des erreurs
étranges qui marquèrent le début de son voyage, on
laisse encore à Wilkes une part assez belle. Si l'on
voulait, en résumé, faire celle qui revient à chacune
des trois expéditions française, américaine et anglaise,
on dirait que, dans ces campagnes, Dumont-d'Urville
a reconnu le premier le continent antarctique, que
Wilkes l'a exploré sur la plus grande étendue, et que
Ross a visité la partie de ces côtes la plus rapprochée
du pôle.

Mais l'existence même de ce continent n'est pas
encore hors de toute discussion : Dumont-d'Urville
y croyait sans vouloir prématurément lui donner un
nom; Wilkes le lui donna avant presque de l'avoir
bien vu; mais, est-il besoin de l'ajouter? Ross est
demeuré incrédule. Les terres découvertes par Biscoë,
par Balleny, et même celles de Dumont-d'Urville,
n'ont pas, suivant lui, été explorées sur d'assez longues étendues.pour qu'on puisse en déduire l'existence d'un continent. Quant à la ligne de côtes non
interrompue tracée par le commandant américain,
nous savons qu'il ne veut en tenir aucun compte; il
paraîtra pourtant à tous ceux dont l'esprit est, je ne

dis pas un peu plus complaisant, mais un peu moins difficile, que toutes les terres, à partir de la terre Victoria de Ross jusqu'à la terre d'Enderby, semblent présenter une continuité assez naturelle, et paraissent former plutôt les diverses parties d'un même continent que de grandes îles détachées..

On peut achever grossièrement les côtes de ce continent antarctique en reliant sur une carte la terre Victoria aux côtes de Dumont-d'Urville et de Wilkes, et ces dernières à la terre d'Enderby; sur les autres méridiens, entre 150 degrés de longitude occidentale et 40 degrés de longitude orientale, on n'a presque aucun point de repère. C'est faire une pure hypothèse que d'admettre la continuité des côtes précédentes avec les terres de la Trinité et de Graham; mais on peut l'admettre un instant pour rechercher quelle est la plus grande étendue qu'on puisse concevoir pour ce continent polaire. Pour l'apprécier approximativement; il faut tenir compte des deux données, en quelque sorte négatives, qui sont fournies par les latitudes extrêmes auxquelles Cook et Weddell sont parvenus sans apercevoir la terre, le premier entre 100 et 110 degrés ouest et le second entre 30 et 40 degrés ouest. En reculant au delà de ces deux points la ligne de côtes qui unirait la terre de Palmer et de la Trinité, d'une part à la terre d'Enderby, de l'autre au prolongement de la terre Victoria, on ne peut manquer d'être frappé de la coïncidence que présente dans ses traits généraux ce continent supposé avec le continent de l'Amérique du

Sud, qui lui fait face, et dont il est en quelque sorte
le symétrique un peu amoindri. Ces continents forment deux grands triangles qui sont opposés par leur
angle le plus aigu. Le cap allongé qui forme la terre
de Palmer et de la Trinité est à peu près en regard
de la pointe inférieure de l'Amérique méridionale,
et les terres de Louis-Philippe et de Joinville pourraient être regardées comme les symétriques de la
Terre-de-Feu. Le continent antarctique s'élargit jusqu'à la hauteur de la terre d'Enderby et de la terre
de Victoria comme le continent américain jusqu'au
cap Saint-Roque et aux Andes de Quito : il n'est pas
jusqu'à la grande inflexion des Andes de Bolivie qui
n'ait son correspondant exact dans le golfe profond
que ferme la terre Victoria jusqu'au mont Érèbe.
Les dimensions du continent antarctique dans les
limites que je lui ai ainsi assignées sont un peu supérieures à celles de l'Australie : il y a une distance de
1200 lieues environ entre la terre de Palmer et la côte
Adélie, et plus de 900 lieues en ligne directe entre la
terre Victoria et la terre d'Enderby.

L'existence d'un continent antarctique est liée d'une
manière très-intime à l'une des questions les plus
obscures de la météorologie du globe, je veux parler
de la température de l'hémisphère austral comparée
à celle du pôle boréal. Jusqu'au 50ᵉ degré de latitude,
la distribution des températures est à peu près iden-
tique dans les deux hémisphères ; mais la température des régions plus éloignées de l'équateur paraît
être plus basse vers le pôle sud que vers le pôle nord.

Les rapports des premiers navigateurs qui doublèrent le cap Horn, et plus tard de Cook et de Forster, contribuèrent à répandre à cet égard des idées fort exagérées, contre lesquelles Weddell essaya de réagir. Les observations de Fitz Roy, de Byron, de Bancks, de Barrow et de Dumont-d'Urville, dans le détroit de Magellan et la Terre-de-Feu, ont prouvé que ces régions, que Forster avait décrites sous de si sévères couleurs, jouissent à peu près du climat de la Norvége occidentale; il faut remarquer d'ailleurs que tous les navigateurs n'ont jamais exploré les abords de la zone antarctique que pendant la saison d'été. Or il semble assez probable, en vertu de la prédominance de la mer sur les terres entre les pointes méridionales de l'Amérique et de l'Afrique, que si les étés y sont plus froids que dans la zone arctique, en revanche les hivers y sont beaucoup moins rigoureux. Les météorologistes se sont mis bien souvent l'esprit à la torture pour trouver les causes de la différence des températures moyennes dans les deux hémisphères, avant qu'elle ne fût incontestablement démontrée. Pour faire voir le degré de confiance qu'il faut accorder à ces raisonnements, il suffira de dire qu'on a cherché d'abord à démontrer que la zone australe était la plus froide, parce qu'elle contenait le moins de terres, et depuis les dernières découvertes on essaye de démontrer la même chose, par la raison que le pôle sud est le centre d'un immense continent, siége d'un rayonnement constant. Il serait trop long de faire la critique des arguments de toute espèce

qu'on a mis en avant dans l'examen de cette question
si complexe, depuis l'excentricité de l'orbite de la
terre jusqu'à l'hypothèse •d'un rayonnement inégal
vers les diverses parties de la sphère céleste : il vaut
sans doute mieux attendre que l'on possède des indications plus nombreuses, et des observations plus
suivies sur les températures de l'hémisphère austral.
Il est malheureusement à craindre qu'on n'en re-
cueille jamais beaucoup dans la zone antarctique
proprement dite. Si elle est le siége d'un véritable
continent, on peut dire qu'il n'y a sur aucun autre
point du globe une aussi vaste région entièrement
fermée à l'homme. Des caravanes traversent les déserts brûlants de l'Afrique centrale; l'Australie s'entoure d'une ceinture de riches colonies qui envahi-
ront un jour l'intérieur des terres. Les Anglo-Saxons
s'établissent d'année en année plus avant dans les
prairies de l'Amérique, que les dernières tribus d'Indiens ne peuvent plus songer à leur disputer; mais
il y a sans doute autour du pôle sud des solitudes
immenses où l'homme ne pénétrera jamais, des déserts de neige assez grands peut-être pour qu'un
œil perdu dans les profondeurs du ciel aperçoive à
leur place une tache blanchâtre pareille à celles que
nous découvrons sur les pôles de Mars.

LE CHEMIN DE FER DU PACIFIQUE

ET LES EXPÉDITIONS AMÉRICAINES DANS L'OUEST.

L'attention générale des peuples civilisés est aujourd'hui vivement attirée par toutes les entreprises qui ont pour but d'ouvrir au commerce du monde des routes nouvelles et plus rapides. Anglais, Français, Américains, ont exploré à l'envi, depuis vingt ans, l'isthme de Panama et les provinces de l'Amérique centrale. Les tracés de chemins de fer ou de canaux se multiplient; n'est-on pas à la veille d'entreprendre le percement de l'isthme de Suez, rêve que depuis si longtemps un siècle avait transmis à l'autre, et que le nôtre verra peut-être se transformer en réalité? Les merveilles de l'industrie moderne ont rempli toutes les imaginations d'une audace si confiante, que les projets les plus gigantesques rencontrent peu de sceptiques ou d'incrédules. La plupart des esprits sont beaucoup plus frappés de la grandeur de telles entreprises et des magnifiques résultats que l'avenir semble leur promettre que des difficultés qui en compliquent l'exécution. Au reste, pour avoir la véritable mesure d'une époque aussi bien que d'un homme, il faut la juger non-seulement sur ce qu'elle a pu accomplir, mais sur ce qu'elle a osé concevoir et espérer. Cette ambition, d'une espèce particulière, qui veut asservir à l'homme les éléments, le temps, l'espace, qui cherche partout et impatiemment de nouvelles conquêtes, qui aspire en quelque sorte à renouveler la face de la terre, est un des traits qui sans doute serviront un jour à caractériser notre siècle. C'est à ce titre que les conceptions les plus hasardeuses méritent d'être notées, lors même que le succès ne viendrait pas les couronner, ou que la réalisation n'en pourrait jamais être tentée.

Parmi les entreprises de cette nature, la plus hardie que nous connaissions est un projet de communication par chemin de fer entre l'océan Atlantique et l'océan Pacifique, à travers l'immense étendue du continent américain. Le chemin projeté franchirait les Montagnes-Rocheuses pour aboutir à l'Orégon ou à la Californie. Il ne s'agit plus seulement, comme à Suez ou à Panama, de creuser un court sillon sur l'étroite langue de terre qui sépare deux mers ; le *chemin de fer du Pacifique*, comme on l'appelle déjà aux États-Unis, n'est pas un simple expédient destiné à abréger une distance, c'est la conquête d'un continent tout entier, un champ sans limites ouvert à l'émigration, la civilisation pénétrant dans d'immenses régions inoccupées. C'est la première artère d'un empire baigné par les deux océans, et dont nul ne peut prévoir les futures destinées. Les chemins de fer actuellement construits dans les États-Unis ne dépassent pas encore le Mississipi, et il suffit de jeter les yeux sur une carte pour juger de l'énorme distance qui sépare ce fleuve des côtes de la Californie. Traverser, sur une longueur de sept ou huit cents lieues, des contrées à peine connues, franchir des prairies, des fleuves, des chaînes de montagnes, des déserts, il y a là de quoi effrayer les plus osés. Si ce projet n'était qu'un rêve éclos dans une imagination oisive, on ne serait guère tenté de s'en occuper; mais il a été adopté par le gouvernement des États-Unis. De nombreuses expéditions ont été organisées pour étudier les meilleurs tracés; des sommes très-considérables ont été dépensées pour explorer l'intérieur du continent. Le chemin de fer sera-t-il exécuté par le gouvernement ou par des compagnies particulières? passera-t-il sur tel ou tel parallèle? sera-t-il au nord? sera-t-il au sud ? Voilà les questions qui se traitent partout, qui occupent le congrès, la presse américaine, et qui fournissent déjà un aliment irritant aux ambitions et aux rivalités des partis.

L'audace d'une pareille entreprise est en partie justifiée par l'histoire même du développement des États-Unis. L'accroissement inouï de la confédération est bien fait pour inspirer à ceux qui en sont les témoins, et se sentent eux-mêmes entraînés sur ce grand courant de fortune et de prospérité générales, une confiance qui devient facilement excessive. Les premiers colons qui descendirent sur les rochers de Plymouth et s'établirent sur les rives de l'Atlantique ne prévoyaient pas sans doute avec quelle rapidité tout le territoire compris entre la mer et les Alleghanys serait un jour envahi. Plus tard, les pionniers aventureux qui, du sommet des dernières crêtes de cette longue chaîne, aperçurent à leurs pieds la plaine sans limites qui, avec de douces ondulations, se déroule jusqu'au Mississipi, ne soupçonnaient pas que ces prairies, parcourues seulement par les tribus indiennes ou les troupes errantes des bisons, se couvriraient si vite de fermes, de villages, de villes, — que des routes et des chemins de fer sillonneraient en tous sens ces tranquilles et vierges solitudes.

L'immense bassin géographique du Mississipi, le plus grand qui existe dans le monde entier, commence seulement à se peupler. Quand les bouches de ce fleuve furent découvertes, en 1527, par l'Espagnol Narvaez, et aperçues plus tard par l'Espagnol de Soto dans l'expédition où il aborda en Floride, qui aurait pu prévoir le rôle que lui réservait l'avenir? Bien longtemps cette fertile vallée, qui n'a pas moins de mille lieues de long, demeura presque inconnue. Les Français établis au Canada en explorèrent seulement la partie supérieure. Au commencement même de ce siècle, le cours du Mississipi n'avait pas encore été exploré sur toute son étendue. Le gouvernement des États-Unis envoya à plusieurs reprises des expéditions pour en faire la reconnaissance complète, et il y a peu d'années seulement que Schoolcraft en découvrait la source. Aujourd'hui, le fleuve est constamment sillonné par les bateaux à vapeur ; les rives sont bordées de villes déjà populeuses. Les eaux du Mississipi et de l'Ohio baignent treize États, sans compter les territoires. Toutes ces provinces sont d'une admirable fertilité. Les immenses États du Missouri, d'Illinois, d'Iowa, de Wisconsin, le territoire de Minnesota, aussi grand à lui seul que la France et l'Angleterre réunies, envoient tous les ans d'énormes quantités de grains à Chicago, qui n'était, il y a trente ans, qu'un village, et qui, grâce à sa position sur le lac Michigan, est devenu un centre où rayonnent les chemins de fer, et le plus grand marché à céréales du monde entier, sans en excepter Odessa.

Saint-Louis est sans doute destiné à un avenir encore plus brillant. De même que New-York est la capitale des États-Unis littoraux, Saint-Louis sera sans doute un jour la grande capitale des États-Unis du continent. Les jésuites, repoussés de Baltimore par une population catholique où l'on retrouve encore les traits bien prononcés de l'esprit janséniste, ont fait de Saint-Louis leur quartier général et le centre de leurs opérations, qui ne sont pas d'une nature exclusivement religieuse. Pour qui sait combien la fameuse compagnie s'est toujours montrée habile à étudier les ressources d'une contrée, ce choix a quelque chose de significatif. Dominant tout le cours du Mississipi, placé au centre d'un immense bassin houiller, Saint-Louis est lié à la Nouvelle-Orléans par le fleuve lui-même, à New-York et à Philadelphie par des chemins de fer. C'est de Saint-Louis que part le seul tronçon qui dépasse actuellement le cours du Mississipi, et qui aujourd'hui s'étend, dans la direction de l'ouest, jusqu'à la ville de Jefferson. C'est Saint-Louis qui sera peut-être la tête du chemin du Pacifique, s'il est jamais construit.

Le mouvement d'expansion des États-Unis obéit-il à une loi manifeste ? Qu'il y ait une impulsion très-vive vers l'ouest et une tendance à pénétrer de plus en plus dans le continent, c'est ce qui est incontestable : la limite du *far west* recule rapidement vers l'intérieur. Comme l'incendie allumé dans la prairie déroule au loin ses vagues fumeuses, ainsi l'émigration s'aventure toujours plus avant : elle dépasse déjà l'État du Missouri pour envahir les riches provinces du Kansas. L'opinion accréditée est que pour fonder des établissements nouveaux, on ne saurait aller assez loin vers l'occident. Puisque cette extension sans limites semble être une loi même du développement des États-Unis, il est désirable qu'elle s'opère plutôt dans cette direction que dans celle du sud : les Allemands patients et robustes qui vont défricher les prairies reculées travaillent plus sûrement et plus honorablement à la prospérité de l'Union que les flibustiers qui, au mépris du droit des gens, organisent des expéditions contre Cuba et les provinces de l'Amérique centrale. L'annexion des provinces méridionales a toujours eu lieu bien moins afin d'agrandir

l'étendue de l'Union que pour fortifier l'odieuse
institution de l'esclavage par l'introduction de nouveaux États où il fût possible de l'établir, et tout le
monde sait que ces adjonctions ont été souvent opé-
rées par des moyens aussi honteux que l'espérance
qui les inspirait. On ne peut prévoir jusqu'où peut
s'étendre la plaie qui ronge l'Union, si l'ouest ne finit
par saisir une part d'influence considérable, et ne
fait pencher la balance en faveur du nord dans cette
vitale question de l'esclavage, à laquelle toutes les
autres sont depuis longtemps subordonnées aux États-
Unis.

Dans l'immense portion de l'Amérique du Nord
que le chemin de fer du Pacifique contribuerait à
vivifier, on peut distinguer cinq grandes régions
principales, en allant de l'est à l'ouest. La première
est l'immense bassin dont le Mississipi est le centre :
elle comprend, sur la rive droite de ce fleuve, les
États d'Iowa, du Missouri, d'Arkansas, du Texas, —
les territoires de Minnesota, de Kansas, de Nebraska,
— les territoires indiens, vastes régions arrosées par
les longs et nombreux affluents du Mississipi, et qui
s'élèvent en pentes insensibles jusqu'aux premiers
gradins des montagnes Rocheuses.

La région suivante est formée par l'énorme bourre-
let montagneux qu'on désigne sous le nom général
de montagnes Rocheuses, et qui comprend une multitude de chaînons particuliers.

Au delà de cette limite montagneuse, qui est pour
ainsi dire l'arête centrale du continent, s'étendent,

jusqu'aux montagnes de la Californie et de l'Orégon, les terres qui forment la troisième région, la moins connue de toute l'Amérique. Cette large ceinture comprend au nord la plus grande partie des territoires d'Orégon et de Washington, au sud les déserts du Nouveau-Mexique et de la Californie, et, dans la partie intermédiaire, cet immense bassin hydrographique intérieur qu'on nomme aujourd'hui aux États-Unis *le Grand-Bassin*. Les eaux qui descendent des montagnes dont il est ceint de toutes parts ne peuvent en sortir, et s'y amassent dans de grands lacs. La plus considérable de ces mers intérieures du territoire d'Utah a acquis une grande célébrité depuis que les Mormons en habitent les bords.

La quatrième région est formée par la haute muraille de la Sierra-Nevada californienne et par la *chaîne Cascade* qui est le représentant géographique de cette sierra dans l'Orégon.

Enfin au delà de ces montagnes s'étend la contrée qui borde l'océan Pacifique, et qui comprend toutes les parties peuplées de la Californie et de l'Orégon.

Cet aperçu rapide doit suffire pour donner une première idée de la configuration physique d'une grande partie du continent de l'Amérique du Nord, et l'on ne peut s'empêcher d'y reconnaître une grande simplicité de lignes. Partout les fleuves ont d'immenses bassins à parcourir, les chaînes de montagnes se poursuivent sur des distances véritablement énormes, les traits naturels sont larges et faciles à saisir.

A tous les égards, il devient très-important d'étudier les grands territoires dont nous venons de marquer la physionomie générale. L'importance de ces provinces, qu'elles soient ou non reliées un jour directement avec la Californie et l'Orégon, ne peut aller qu'en augmentant. Jusqu'où reculera cette limite flottante qui sépare en quelque sorte, aux confins de l'ouest, la vie sauvage de la vie civilisée? Quelles sont les ressources des contrées situées sur les deux versants des montagnes Rocheuses? Quelle voie naturelle l'émigration doit-elle suivre en se répandant dans ces solitudes ignorées? Toutes ces questions intéressent au plus haut point l'avenir du nouveau monde, elles ne sont malheureusement pas près d'être résolues. L'immense rectangle compris entre le Mississipi, la limite méridionale des possessions anglaises, le Mexique et l'océan Pacifique, était encore, il y a peu d'années, une *terra incognita*, et l'on commence à peine à recueillir sur ces régions les premières notions rigoureuses. De la Californie, on a étudié la région des *placers* et la côte du Pacifique, mais l'on connaît encore fort peu certaines parties de cette contrée, et notamment toute la partie méridionale. L'Orégon a été visité surtout à l'époque où ce territoire était devenu un sujet de vives contestations entre les gouvernements anglais et américain. L'hydrographie des côtes y fut faite alors presque en même temps par le capitaine Belcher, de la marine anglaise, et le capitaine américain Wilkes, qui fit aussi reconnaître le cours de la Colombie, les montagnes Bleues et l'intérieur des terres jusqu'à la baie de San-Francisco. En même temps le gouvernement des États-Unis envoyait dans l'Orégon des expéditions par terre à travers les montagnes Rocheuses, et favorisait de tout son pouvoir le développement des établissements américains de la vallée de Willammette.

Quoi qu'il en soit de ces recherches, dirigées plus ou moins heureusement au delà des montagnes Rocheuses, on ne connaît avec quelque détail que la région qui borde l'océan Pacifique : la géographie des contrées intermédiaires entre cette ceinture littorale et les États de l'ouest reste encore à faire. Les expéditions américaines n'ont tracé que d'étroits sillons dans cet immense champ de découvertes ; mais ces lignes commencent à être assez rapprochées pour qu'on puisse dès aujourd'hui se rendre compte avec assez d'exactitude des traits et des caractères généraux des grandes provinces de l'intérieur. Pour en connaître la constitution physique, et en même temps pour apprécier les difficultés qu'y présente l'établissement d'un chemin de fer, le seul moyen est de suivre les routes des principales expéditions américaines qui ont dépassé les prairies de l'ouest et franchi les montagnes Rocheuses.

Le plus célèbre de tous les officiers américains qui qui ont attaché leur nom à ces longues et pénibles reconnaissances est le colonel Frémont. Voyageur infatigable, M. Frémont a traversé à plusieurs reprises, dans toutes les saisons, à toutes les latitudes, les parties avant lui si mal connues de l'Amérique du Nord; il a enrichi plus qu'aucun autre, depuis vingt ans, la géographie du nouveau monde, et, à ne parler que de la longueur du chemin, nous ne croyons pas qu'aucun voyageur ait jamais parcouru par terre d'aussi énormes distances. Le récit de ses hardies et émouvantes campagnes forme une introduction naturelle et nécessaire à l'histoire des explorations faites par ordre du gouvernement central des États-Unis, et qui avaient pour but de déterminer la route la plus commode pour l'établissement du chemin de fer du Pacifique. Frémont prit d'ailleurs lui-même une part directe à ces grands travaux, et il n'est aucun des autres officiers américains qui n'ait fait son profit des importantes découvertes de l'intrépide colonel, et des précieuses indications qu'il avait rassemblées dans ses premiers voyages.

Les expéditions qui ont succédé aux voyages de Frémont, et qui nous occuperont dans la dernière partie de cette étude, remontent au mois de mars 1853. C'est alors que le congrès ordonna de commencer les études du chemin de fer du Pacifique, et vota la somme de 150000 dollars pour en payer les frais. Six expéditions furent chargées d'explorer les routes qui traversent le continent à diverses latitudes, depuis le 32ᵉ jusqu'au 41ᵉ degré. Les rapports des commandants américains ont déjà été soumis au congrès, et dès aujourd'hui on peut tirer de ces documents quelques conclusions relativement à l'établissement du chemin de fer du Pacifique, à la route qu'il doit suivre et aux obstacles de toute nature qui peuvent en retarder ou peut-être en empêcher la réalisation.

I

Expéditions de Frémont de 1842 à 1845.

Les premiers et pendant longtemps les seuls géographes des contrées lointaines de l'ouest ont été ces chasseurs, désignés communément sous le nom de *trappeurs*, dont l'existence aventureuse a été dépeinte par Cooper avec tant de charme. Obligés de parcourir sans cesse les vastes solitudes de l'ouest, ils en ont visité dès longtemps les parties les plus reculées, ils en connaissent les ressources, les fleuves, les rivières, les arbres, les plantes, les animaux. Plus d'un, la carabine sur l'épaule, est allé s'aventurer dans les plus hautes vallées des montagnes Rocheuses et aux alentours du grand Lac Salé, avant que personne eût songé à s'y établir. Seulement la géographie toute pratique des trappeurs n'a jamais été formulée dans des livres : la puissante compagnie de la baie d'Hudson, qui pendant si longtemps les employa exclusivement, n'a jamais jugé à propos de livrer au public les renseignements que depuis de si longues années elle a pu rassembler sur ces régions inconnues. De nos jours, il s'est formé plusieurs compagnies américaines qui font le commerce des fourrures dans le territoire des États-Unis, mais elles ont dû recruter la plupart de leurs agents dans le Canada. On le devine en jetant les yeux sur une carte de ces territoires vagues, compris encore souvent sous le nom de *territoire indien*, car on voit que les noms y sont pour la plupart d'origine française. Les chasseurs canadiens sont depuis longtemps habitués à la vie des prairies; mais il n'est pas rare de voir que des Américains, quelquefois assez instruits et bien élevés, adoptent cette existence hasardeuse par ennui, par dépit ou par simple amour des aventures. Il s'en faut de beaucoup d'ailleurs que les trappeurs ordinaires soient des hommes tout à fait grossiers. L'habitude du danger, la nécessité de ne jamais compter que sur soi-même, une activité sans trêve, une communication constante avec une nature qui a conservé la grandeur et le charme mystérieux de la solitude, semblent faites pour relever et ennoblir les natures les plus vulgaires. .

Frémont, dont nous voulons raconter les voyages, était un simple trappeur avant de devenir un officier du gouvernement américain et l'un des hommes les plus considérables de l'Union. Il y avait bien longtemps que l'exploration des terres comprises entre les États-Unis et l'océan Pacifique avait fixé l'attention du cabinet de Washington. Dès 1804, Jefferson avait envoyé les capitaines Lewis et Clarke à la recherche d'une voie de communication directe à travers le continent américain, soit par la Colombie, soit par le Rio-Colorado. Ces officiers remontèrent le Missouri, dépassèrent les montagnes Rocheuses, et sui-

virent les eaux de la Colombie jusqu'à l'embouchure
de ce fleuve. En 1810, le major Pike fut chargé d'étudier le versant oriental des montagnes Rocheuses, et
toutes les expéditions postérieures se bornèrent à
reconnaître les vallées du Missouri et du Mississipi.
Ce n'est que de 1833 à 1838 que Nicollet visita la contrée située au delà des branches septentrionales du
Mississipi. Le gouvernement américain lui adjoignit
plus tard Frémont, et pendant deux ans les deux explorateurs réunis parcoururent de nouveau les régions
reconnues de 1833 à 1838. Frémont seul fut ensuite
chargé d'aller, à une latitude plus méridionale, examiner toute la contrée qui s'étend jusqu'aux montagnes Rocheuses, en suivant la vallée de la rivière qu'on
appelle indifféremment la Platte ou la Nebraska, et
qui, coulant à peu près sur toute sa longueur dans la
direction de l'est à l'ouest, va se jeter dans le Missouri. La Nebraska est aussi longue qu'un de nos
grands fleuves d'Europe, et pourtant elle n'est que
l'affluent d'un affluent du Mississipi.

Frémont fit son premier voyage en 1842 : il partit
de Saint-Louis avec vingt-trois hommes, tous armés
et montés, sauf huit d'entre eux qui conduisaient les
chariots chargés des provisions, des bagages, des
instruments, et traînés chacun par deux mulets. Quelques chevaux de rechange et des bœufs complétaient
la caravane. C'est ordinairement en troupes assez nombreuses qu'on parcourt le territoire indien pour se
défendre contre les attaques des nomades, et encore
empêche-t-on difficilement les Indiens de venir la nuit

se glisser jusque dans le camp pour voler les chevaux.
Les caravanes qui traversent la prairie américaine sont
bien différentes de celles qui parcourent les déserts
sablonneux de l'Arabie : au lieu d'une longue file de
chameaux, on ne voit qu'une suite monotone de voitures traînées par des mulets et recouvertes d'un ber-
ceau en toile, puis la troupe des cavaliers qui dirigent la marche. On campe deux heures avant le
coucher du soleil : les voitures sont disposées en
cercle pour former une sorte de barricade ; on plante
les tentes à l'intérieur de cette enceinte ; les bœufs,
les chevaux sont mis en liberté, et l'on prépare la
cuisine du soir. A la tombée de la nuit, on attache
les animaux. Quand il y a des Indiens hostiles dans le
voisinage, quelques hommes qui se relayent montent
la garde toute la nuit. Au retour du soleil, on lève le
camp et on laisse paître les animaux. On déjeune ordinairement entre cinq et six heures, puis l'on reprend la marche pour toute la journée, sauf une halte
d'une ou deux heures vers midi.

Les incidents de cette vie régulière ne sont pas nombreux ; tantôt c'est le spectacle lointain d'un incendie
dans la prairie qui couvre l'horizon d'un nuage de
fumée, tantôt la rencontre de quelque trappeur ou
la vue d'un cavalier indien qui passe au loin, rapide
comme un trait, quelquefois la traversée d'un bras
de rivière. Quand le cours d'eau n'est pas guéable,
les animaux passent à la nage, mais il faut démem-
brer les voitures : on les charge dans un canot de
caoutchouc ; un bon nageur prend dans ses dents la

corde attachée au canot, et en plusieurs voyages il a
tout passé de l'autre côté.

Quand on arrive dans les régions habitées par les
bisons, la chasse devient une des principales occupations des voyageurs. « L'Indien et le bison, dit Frémont, sont la poésie de la prairie. » Laissons-le raconter lui-même l'impression qu'on éprouve pour la
première fois à la rencontre de ces immenses troupeaux : « A la vue de cette mer animée, le voyageur
ressent une étrange impression de grandeur. Nous
avions entendu de loin un murmure sourd et confus, et quand nous arrivâmes devant cette sombre
masse, il n'y eut pas un seul de nous qui ne sentît
son cœur battre plus vite. C'était le matin : les bisons
prenaient leur nourriture, et tout était en mouvement. Çà et là, l'un d'eux se roulait dans l'herbe, et
des nuages de poussière se soulevaient en divers
points, chacun théâtre d'une lutte obstinée. »

Après avoir quitté Saint-Louis, Frémont avait passé
la rivière Kansas, un des affluents de la Nebraska ;
il suivit d'abord la route ordinaire des émigrants qui
se dirigent vers l'Orégon, si l'on peut donner le nom
de route à une ligne qui traverse les prairies, seulement reconnaissable parce que les herbes y sont
moins touffues, et à peine tracées dans les sables
rouges aux approches des montagnes Rocheuses.
Plusieurs familles se réunissent ordinairement en
caravane pour traverser ces territoires indiens, sous
la conduite d'un agent de l'émigration ou du gouvernement : elles emmènent leurs bestiaux, leurs

instruments de labour et de travail ; mais souvent les
retards et les difficultés du voyage les obligent à tuer
les animaux, à abandonner les instruments et.les
voitures. La route est semée çà et là d'ossements et
de débris de toute espèce. Arrivé dans la vallée de
la Nebraska, Frémont l'explora jusqu'au point où la
rivière se bifurque : il envoya de là un de ses compagnons sur la branche septentrionale, et remonta
lui-même la branche méridionale jusqu'à la source,
qu'il trouva à la hauteur de 5400 au-dessus du niveau de la mer. Le niveau du sol s'élève très-gra-
duellement et très-régulièrement depuis le Missouri
jusqu'aux montagnes Rocheuses, en face desquelles
Frémont était arrivé. La branche du fleuve qu'il avait
suivie y prend naissance, non loin de l'un des pics les
plus hauts de cette chaîne, le pic de Long, que les
Canadiens nomment ordinairement le pic des Deux-
Oreilles.

Frémont remonta vers le nord, en suivant le pied
oriental des montagnes Rocheuses dans la partie où
les articulations de la chaîne forment trois hautes
vallées ou plutôt trois bassins, que leur magnifique
verdure a fait surnommer *les Parcs*, il alla rejoindre
le reste de sa troupe au fort Laramie, où il séjourna
quelque temps. Ce fort est un bâtiment quadrangulaire bâti en argile non cuite, à la façon mexicaine ;
les murs ont cinq mètres de haut, et les habitations
s'ouvrent sur une grande cour intérieure. Le fort
Laramie était, au moment du passage de Frémont,
un des postes principaux de la *compagnie américaine*

des fourrures ; toutes les tribus indiennes voisines venaient deux ou trois fois par an faire l'échange de leurs peaux de buffle et de leurs fourrures contre des articles de toute espèce, couvertures, calicot, fusils, poudre, plomb, verroteries, vermillon, tabac et liqueurs. Frémont signale en passant les terribles ravages que fait l'ivrógnerie parmi les Indiens. Il est officiellement interdit de leur vendre des boissons spiritueuses, mais cette défense est complétement illusoire ; l'Indien donne le produit de sa chasse et tout ce qu'il possède pour avoir de l'eau-de-vie. Les grandes compagnies qui font le commerce de fourrures sont trop intéressées à ce que les Indiens conservent leurs armes et leurs chevaux pour se prêter à de pareils marchés ; mais les aventuriers qui font le commerce avec les tribus, et qu'on nomme les *coureurs des bois,* n'ont pas le même scrupule. Ce n'était pas assez d'expulser les hommes rouges des territoires, dont pendant des siècles ils avaient été les souverains incontestés, de les exterminer comme des bêtes sauvages : il fallait encore faire périr ce qui reste d'une noble race dans la misère et l'abjection.

Au delà du fort Laramie, la contrée change complétement d'aspect. Le pays devient sablonneux et en apparence stérile ; la terre est partout couverte d'artémises et d'autres plantes odoriférantes, auxquelles le sol froid et l'air sec de ces régions élevées paraissent particulièrement favorables ; l'atmosphère est imprégnée de l'odeur de camphre et de térébenthine particulière aux artémises ; les racines puissantes de cette plante rendent souvent la marche difficile aussitôt qu'on quitte le chemin battu, et elles croissent même sur la route ordinaire, où les voitures ne passent qu'une ou deux fois l'an.

L'explorateur américain traversa ces plaines ondulées en suivant la vallée de la *rivière d'Eau-Douce*, et arriva bientôt à ce fameux rocher isolé, relais bien connu des voyageurs, et qu'ils appellent pompeusement le Roc de l'Indépendance. Au delà de ce point, la rivière d'Eau-Douce se resserre et coule entre des rochers à pic de plus de 100 mètres de hauteur. En remontant la rivière d'Eau-Douce jusqu'à sa source, Frémont arriva au *col du Sud*, qui forme une forte dépression dans les montagnes Rocheuses, et par où on les franchit à cette latitude. Ce passage a été découvert par un parti de trappeurs engagés au service d'un négociant de Saint-Louis ; il ne mérite pas véritablement le nom de col, et sa forme ne rappelle en rien, par exemple, les fameux cols des Alpes. Une longue plaine de quarante lieues d'étendue s'élève lentement jusqu'à l'altitude de 7000 pieds au-dessus du niveau de la mer. Arrivé au sommet de ce plan incliné, le voyageur domine tout à coup le versant occidental des montagnes Rocheuses et la partie du continent dont les eaux vont se verser dans le Pacifique ; il n'a que quelques pas à faire pour rencontrer les premiers tributaires du Colorado, qui va se jeter dans le golfe de Californie.

Frémont visita la chaîne des montagnes Rocheuses qui domine du côté septentrional la grande dépression du col du Sud, et qui porte le nom de *chaine du Vent*. Les immenses pics de cette région, toujours couronnés de neige, passent pour les plus élevés de l'énorme barrière qu'on comprend sous le nom général de montagnes Rocheuses : la chaîne du Vent y forme une sorte de nœud ou point remarquable d'où descendent quatre grands fleuves, le Colorado, ou Rivière-Verte des Américains, et la Colombie, qui se jettent dans le Pacifique, — le Missouri et la Nebraska, qui, de l'autre côté, vont se réunir au Mississipi.

Avec quelques-uns de ses compagnons, l'officier américain gravit, au prix de mille fatigues et presque sans provisions, les cimes les plus élevées de la chaîne; il réussit à monter sur l'immense muraille qui en forme la charpente centrale. Le nom de *pic de Frémont* a depuis été donné à bon droit au point le plus élevé auquel il soit parvenu, situé à 13 570 pieds au-dessus du niveau de la mer. On apercevait de là comme un amoncellement de cimes neigeuses et de crêtes fuyant les unes derrière les autres, des vallées sauvages, des lacs enfermés dans des bassins élevés, une multitude de torrents dont les filets d'argent se dessinaient dans la sombre masse des rochers. Frémont, pressé par la faim, quitta pourtant à regret ce magnifique spectacle; il alla retrouver le gros de l'expédition, et retourna vers la Nebraska. Cette fois il descendit le fleuve en canot, et réussit à franchir heureusement trois rapides, grâce à l'élasticité de son embarcation faite en caoutchouc ; ces rapides sont encaissés entre des précipices élevés. On les désigne communément aux États-Unis sous le nom mexicain de *canon*. Ils embarrassent le cours de tous les fleuves de cette partie occidentale de l'Amérique et du Mexique, souvent ils sont très-longs et très-dangereux à franchir à cause de la rapidité du courant et des rochers qui encombrent le lit.

La fin de ce premier voyage de Frémont ne fut signalé par aucun incident remarquable ; il descendit le cours de la Nebraska, et revint à Saint-Louis par le Missouri.

Dès l'année suivante, en 1843, le hardi lieutenant fut chargé d'explorer l'Orégon et la Californie ; il partit avec trente hommes, remonta le Kansas et la rivière qu'on nomme *Républicaine ;* il traversa rapidement la fertile et belle contrée qu'arrose cette rivière. Comme dans la vallée de la Nebraska, il vit le sol, d'abord fertile, devenir sablonneux et se couvrir de plantes aromatiques ; on ne rencontra bientôt plus d'autres arbres que quelques cotonniers, qui suivent la ligne des vallons. Le cotonnier est l'arbre du désert américain ; il est précieux pour le voyageur, à qui il sert de combustible et indique de loin la place où il trouvera de l'eau. Le premier échelon par où, sur la route suivie par Frémont en 1843, l'on gravit les montagnes Rocheuses est une immense prairie élevée, coupée par des torrents profonds ; à l'horizon, on aperçoit la bordure sombre des forêts qui couvrent les flancs de la chaîne, et au-dessus la ligne blanche des neiges. Frémont dépassa bientôt la rivière Républicaine, visita les branches supérieures de l'Arkansas, et remonta vers le col du Sud, en suivant des plateaux montagneux, déchirés, découpés en tout sens et couverts de petits lacs. Dans ce voyage, il franchit le célèbre col, et se dirigea vers le bassin du grand Lac Salé. A l'époque où il les visitait pour la première fois, ces régions aujourd'hui peuplées et devenues le refuge écarté d'une colonie religieuse, n'étaient connus que de quelques vieux trappeurs, qui avaient propagé les contes les plus étranges sur les merveilles de la mer intérieure. Frémont, en s'en rapprochant, subissait malgré lui la vague influence de ces récits populaires. Partout la contrée qu'on traversait présentait des traces d'une ancienne activité volcanique, nappes de basalte, sources d'eau chaude, sources gazeuses, que les voyageurs baptisèrent du nom de *sources de bière*. Frémont trouva même au haut d'une colline un petit cratère circulaire parfaitement régulier. Il entra dans la pittoresque vallée de la rivière de l'Ours, qui forme le principal tributaire du grand Lac Salé, et la descendit sur son canot de caoutchouc jusque vers l'embouchure, dont il trouva les bords ainsi que ceux du lac, tout couverts d'efflorescences salines. Il ne craignit pas d'aventurer son frêle canot sur les flots agités de cette mer intérieure, bien qu'il eût entendu raconter par les trappeurs que les eaux vont s'y engloutir en tourbillonnant dans un gouffre souterrain, et qu'on ne peut s'y confier sans danger. Le premier de tous les voyageurs, il visita les îles qui sont semées sur le lac, et forment comme les sentinelles des âpres montagnes qui le dominent de toutes parts. Frémont devina du premier coup que le bassin du grand Lac Salé deviendrait un jour un centre de population : des bois magnifiques, de l'eau pure, un sol extrêmement fertile, d'excellents pâturages, l'abondance du sel, font de cette région une véritable oasis au delà des montagnes Rocheuses. C'est aussi Frémont qui devait plus tard exalter le plus vivement la merveilleuse fertilité et les richesses naturelles de la Californie, et deviner l'avenir magnifique qui attend cette partie du continent américain. Il est assez singulier qu'il ait été réservé au même voyageur de pressentir les destinées futures du bassin des lacs salés et celles de la Californie, qui sont aujourd'hui les points les plus curieux de l'Amérique du Nord. Bien entendu, son don de prophétie ne pouvait aller jusqu'à prévoir quelle étrange population irait bientôt se grouper près de ce grand lac qu'il avait le premier parcouru, ni quel puissant stimulant viendrait, en dehors des ressources du sol, activer l'émigration californienne.

Après avoir quitté les bords du grand Lac Salé, Frémont entra dans les plaines de l'Orégon, et remonta la branche méridionale de la Colombie, ou rivière Lewis, à laquelle l'absence de bois et la sécheresse du sol donnent l'apparence d'un désert. Arrivé au confluent de la Rivière-aux-Malheurs, il quitta les bords de la rivière Lewis, qui plus loin s'engage dans d'impraticables *canons*, et entra dans une contrée montagneuse, couverte d'herbes et de

forêts épaisses, où la végétation est d'une vigueur
qu'on ne retrouve pas dans les régions occidentales de l'Amérique et dans celles de l'Europe situées à la même latitude. Ce groupe de montagnes,
qui portent le nom de montagnes Bleues, forme la
limite des régions fertiles et boisées du côté des
déserts du Grand-Bassin. Nous appellerons désormais avec Frémont de ce nom de *Grand-Bassin* la
contrée comprise entre les montagnes Rocheuses et
la chaîne de la Sierra-Nevada californienne. Ce bassin
intérieur et d'une immense étendue a, comme nous,
l'avons dit, un système hydrographique propre, des
fleuves qui ne vont se verser dans aucune mer, mais
qui aboutissent à des lacs intérieurs, dont le grand
Lac Salé est le plus fameux.

Au sortir des montagnes Bleues, Frémont descendit dans les riches prairies qui s'étendent jusqu'à
la Colombie. En débouchant des bois, il aperçut
à soixante lieues de distance la masse neigeuse du
mont Hood, élevée au-dessus de la plaine au bord de
l'horizon. Cette montagne est une des cimes les plus
élevées de la chaîne Cascade qui s'étend à peu près
parallèlement aux côtes de l'Orégon, et que la Colombie franchit à angle droit. Frémont arriva bientôt sur
les bords de ce fleuve ; avec quelques-uns de ses
compagnons, il franchit la série des rapides qu'on
nomme les *Cascades*, nom qui a été aussi donné à la
chaîne de montagnes volcaniques que la Colombie
traverse en ce point.

De la chaîne Cascade, Frémont alla se diriger vers

la limite méridionale du Grand-Bassin. Les anciens géographes avaient marqué sur les cartes un fleuve Buenaventura, qui devait couler depuis les montagnes Rocheuses jusqu'au Pacifique : Frémont se proposait d'en aller vérifier l'existence et de visiter les lacs qui sont situés aux abords de la Sierra-Nevada. C'était une sérieuse et difficile entreprise que de s'engager, au commencement de l'hiver, au nombre de vingt-cinq seulement, dans des régions complétement inconnues. Frémont emmena avec lui cent quatre mulets et chevaux, et, pour tenir en respect les Indiens, un petit canon de montagne, pareil à ceux que les troupes françaises emploient dans les guerres d'Afrique. On se mit en marche en suivant les belles prairies qui longent sur une vaste étendue cette interminable chaîne Cascade, couverte de sombres forêts et çà et là tachée de neige. Le chef de l'expédition américaine se sentit vivement tenté de monter sur ces belles cimes, que les Indiens eux-mêmes n'ont jamais gravies, et que leur imagination a peuplées de mauvais esprits ; mais le temps pressait. Il arriva, en traversant de magnifiques forêts, à une savane qui porte le nom de *lac Klamath*, parce qu'elle forme un lac de fraîche verdure au milieu de montagnes couvertes de noirs sapins. Frémont campa dans cette belle prairie, fit tirer le canon pour intimider les Indiens, qui, dans cette contrée, passent pour être très-dangereux, et alla lui-même les visiter dans leur village ; mais il essaya en vain d'en obtenir quelque information sur les chemins qu'il devait suivre. Il fallut donc

cheminer presque au hasard, à travers d'épaisses forêts,
dans une région montagneuse qui semblait s'élever
de plus en plus. On était dans les premiers jours de
décembre, la neige rendait la marche déjà pénible et
dangereuse, et tombait constamment à gros flocons.
Les voyageurs avançaient tristement à travers les bois,
quand tout à coup ils arrivèrent sur la crête d'une
immense muraille presque verticale ; à leurs pieds
s'étendait un lac dont les bords étaient couverts d'une
herbe verte ; on n'y apercevait point de glace. Ils lais-
saient derrière eux l'hiver, le vent froid, les pins
sombres, la neige, pour entrer dans le printemps.
La plaine qui se déroulait devant eux est une partie
du Grand-Bassin, et les montagnes qu'ils venaient de
venaient de traverser en forment de ce côté la ceinture. Une fois descendu dans le Grand-Bassin, Frémont en suivit le limite occidentale en se dirigeant vers
le sud, et découvrit une suite de lacs rangés au pied
de la Sierra-Nevada californienne, comme, du côté
des montagnes Rocheuses, le grand Lac Salé, les lacs
Utah, Nicollet et Preuss sont situés le long de la chaîne
des montagnes qu'on nomme *Wahsatch*. Cette singulière région, que Frémont appelle le Grand-Bassin, ne
mérite donc pas, à proprement parler, ce nom, puisque
les eaux ne descendent point vers une mer intérieure
centrale, mais vont du centre vers les bords, où elles
sont arrêtées par de hautes barrières montagneuses,
et s'amassent dans des lacs où elles deviennent saumâ-
tres ou salées.

Le plus grand de tous les lacs aperçus par Frémont est celui auquel il donna le nom de *lac de la Pyramide* à cause de la forme d'un rocher qui s'y élève, à 200 mètres au-dessus du niveau de l'eau. Ce lac est situé à 4890 pieds d'altitude, par conséquent à 700 pieds plus haut que le grand Lac Salé lui-même. Dominé par les âpres escarpements de la sierra californienne, il forme en quelque sorte le pendant naturel de la mer Morte des mormons, qui s'étend au pied d'une chaîne des montagnes Rocheuses, et ces deux lacs, les plus grands de tout le bassin, occupent les deux extrémités du diamètre qui le traverse dans la direction de l'est à l'ouest.

Frémont, continuant de longer la Sierra-Nevada, dont il apercevait les cimes aiguës et couronnées de neige, cherchait toujours le fleuve Buenaventura, qu'il se proposait de descendre jusqu'à l'océan Pacifique; mais tous les Indiens qu'il rencontra lui firent comprendre par signes qu'aucun des cours d'eau du Grand-Bassin ne franchissait les montagnes. La position de Frémont devenait critique : il ne pouvait rester plus longtemps avec sa petite troupe dans cette région inconnue, dépourvue à peu près de toutes ressources, ni traverser avec le peu de provisions qui lui restaient l'immense étendue qui le séparait des montagnes Rocheuses et du col du Sud. Il prit le parti héroïque et presque désespéré de franchir, au cœur de l'hiver, la haute chaîne de la Sierra-Nevada pour descendre dans la Californie. Quand il demanda un guide aux Indiens, ils ne répondirent à ses offres et à ses présents qu'en montrant du doigt la neige sur les montagnes, et lui firent comprendre par signes qu'il fallait descendre beaucoup plus loin vers le sud pour trouver un passage dans la sierra. Frémont savait lui-même qu'un hardi trappeur, du nom de Walker, avait découvert le col que les Indiens voulaient indiquer au point où la chaîne de la Sierra-Nevada va s'unir à une chaîne plus basse qui suit la côte de la Californie. Il se détermina pourtant à chercher un passage lui-même et à entrer directement dans la sierra, au lieu d'aller, comme Walker, le tourner par le sud. Il traversa à marches forcées les premiers échelons de l'immense barrière montagneuse, et se trouva bientôt en face de la chaîne centrale. Les Indiens vinrent le soir à son bivouac, lui expliquèrent par signes qu'il ne pourrait réussir, et le conjurèrent de renoncer à son projet. Un jeune homme qui avait déjà franchi les montagnes et vu les blancs consentit enfin à lui servir de guide.

Au moment de tenter la périlleuse ascension de la sierra, Frémont rassembla tous ses hommes et leur demanda de faire un grand effort ; il leur parla du Sacramento, des beaux pâturages, du climat délicieux de la Californie, de l'abondance du gibier qu'ils y trouveraient : il les anima tous de son courage et de sa confiance. On commença aussitôt l'ascension des montagnes ; la neige était extrêmement profonde, et il fallait y creuser une route. Pour faire ce service on formait un *parti* de dix hommes, à qui l'on donnait les chevaux les plus forts. L'un d'eux ouvrait la route à pied ou à cheval ; quand la fatigue l'arrêtait, il se

plaçait derrière la file, et d'autres prenaient la tête.
On n'avançait ainsi qu'avec une extrême lenteur.
Chaque soir on faisait un grand feu, et l'on formait un
camp en fondant la neige, qui presque partout atteignait les branches élancées des pins, et au-dessous
de laquelle on trouvait quelquefois un peu d'herbe pour
les chevaux. Quelques Indiens vinrent encore rejoindre
les voyageurs et essayèrent de les empêcher d'aller
plus loin. « Roche sur roche, neige sur neige, » répé-
taient-ils sans cesse dans leur harmonieux langage,
en montrant à Frémont les crêtes qui s'élevaient encore devant lui. Le lendemain le jeune guide indien
déserta; les provisions de la troupe étaient épuisées;
il fallut manger deux chiens et tuer ensuite des mulets : rien ne put décourager Frémont.

Quelle ne fut pas la joie des voyageurs, quand, arrivés au sommet d'un pic élevé, ils aperçurent à l'horizon
la ligne verte qui marquait la vallée du Sacramento !
Mais, pour y parvenir, il fallait encore traverser
d'immenses champs de neige, gravir des cimes sans
nombre. Le col qui amena Frémont sur le versant
occidental de la grande chaîne de la sierra a 9238 pieds
d'altitude, et se trouve par conséquent à 2000 pieds
plus haut que le col du Sud, par où l'on franchit les
montagnes Rocheuses. Sur le côté oriental de la sierra,
les montagnes sont massives et précipiteuses, et l'on
n'y trouve presque ni vallées, ni torrents. Du côté occidental, une multitude de petits ruisseaux descendent
vers le Sacramento. Le climat des deux versants est
aussi très-différent : pendant tout le temps de l'as-

cension, il n'avait cessé de neiger à gros flocons;
mais aussitôt que les voyageurs dépassèrent le sommet de la sierra, ils furent surpris d'apercevoir le
soleil et un beau ciel d'un bleu foncé, pareil à celui
de Syrme ou de Palerme. A mesure qu'ils descendaient les pentes de la chaîne, le froid des hauteurs
faisait place à une brise douce et chaude; des arbres
magnifiques, pleins d'oiseaux, étalaient un feuillage
toujours vert : on entrait dans l'éternel printemps du
Sacramento.

Pour donner une idée des souffrances qu'avaient
endurées Frémont et ses compagnons pendant le passage de la sierra, qui ne dura pas moins d'un mois,
il suffira de dire que la faim, la fatigue, la crainte de
mourir dans les montagnes avaient momentanément
privé quelques hommes de leur raison. « C'était un
rude temps, dit Frémont, que celui où les hommes
robustes perdaient l'esprit par excès de souffrance,
où les chevaux périssaient, où l'on tuait, pour les
manger, les mulets sur le point d'expirer : pourtant
il n'y eut jamais parmi mes compagnons de murmures ou d'hésitation. »

Nous ne suivrons point Frémont dans son voyage
le long de la Californie, où sa troupe se dédommagea
amplement des fatigues d'une si rude campagne. Des
soixant-sept chevaux qu'il avait en quittant l'Orégon,
trente-trois seulement étaient arrivés dans la vallée
du Sacramento; mais c'est avec une immense caravane de cent trente chevaux et mulets que le lieutenant américain remonta la vallée de San-Joaquin pour

aller chercher le *col de Walker*, par où il se proposait de franchir la Sierra-Nevada pour revenir à l'est. La vallée du San-Joaquin, comme celle du Sacramento, est comprise entre la Sierra-Nevada et la chaîne basse qui porte le nom de *chaîne de la Côte*. Il y a peu d'exemples d'une disposition aussi singulière que celle de ces deux fleuves californiens : ils coulent, sur toute leur étendue, dans une direction exactement parallèle à la côte de l'océan Pacifique, et arrivent à la mer en se jetant dans la baie de San-Francisco, qui échancre profondément les terres. Aucun fleuve ne descend vers l'océan Pacifique en traversant la Sierra-Nevada, et le fleuve Buenaventura, que Frémont avait cherché, n'est qu'une mince rivière qui descend de la chaîne de la Côte. Ainsi, dans cette partie de l'Amérique, le seul fleuve qui établisse une communication entre l'intérieur du continent et la mer est la Colombie, dont une des branches descend des montagnes Rocheuses, et dont l'autre est en rapport avec les eaux de la baie d'Hudson.

Après avoir franchi le col de Walker, Frémont descendit dans les grandes plaines ou *llanos* dépourvues d'herbes et d'eau et semées seulement de quelques oasis fertiles ou *vegas;* il quittait les belles vallées alpines de la Sierra-Nevada, parcourues par de nombreux ruisseaux, les forêts magnifiques peuplées d'animaux de toute espèce, pour entrer dans des déserts dont la monotonie décourage le voyageur, et où l'on n'aperçoit plus d'autres arbres que les maigres et disgracieux *yuccas*. Quelques torrents qui descendent des montagnes vont s'y perdre bientôt dans les sables, et la contrée devient complétement aride.

Frémont se proposait de tourner le Grand-Bassin par le sud, comme il l'avait déjà fait par le nord. Il alla donc chercher la route espagnole que suivent tous les ans les caravanes qui vont de Santa-Fé à la Puebla de los Angeles, située près de la côte du Pacifique. Le voyage à travers ces brûlantes solitudes est extrêmement pénible, et les explorateurs y souffrirent presque constamment de la soif. Les Indiens, habitués à lever un tribut tous les ans sur les caravanes, suivaient la troupe de Frémont comme une bande de corbeaux, et assassinèrent un de ses hommes. Frémont quitta la route espagnole au point où elle s'écarte de la limite du Grand-Bassin, et suivit le versant occidental des monts Wahsatch, qui le ferment de ce côté. La contrée qu'il traversa le long de cette chaîne élevée est couverte de riches pâturages et arrosée par de nombreux ruisseaux. Il traversa sur des radeaux la rivière Nicollet, qui se jette dans un des lacs situés sur cette fertile ceinture du Grand-Bassin, et arriva au lac Utah, voisin du grand Lac Salé, avec lequel il communique par une rivière que les mormons ont appelée le Jourdain. L'intrépide voyageur avait ainsi fait le tour entier du Grand-Bassin et complété un immense circuit qui comprend à peu près 12 degrés du nord au sud et de l'est à l'ouest. Il retourna vers les montagnes Rocheuses, en passant par les Trois-Parcs, hautes vallées enfermées entre des chaînes couronnées de neige, et revint, après deux ans d'absence, dans le Missouri en descendant l'Arkansas.

Après avoir étudié tout le pourtour du Grand-Bassin, c'est encore Frémont qui, dès l'année suivante (1844), en parcourut l'intérieur et compléta ainsi la géographie de cette vaste région, la moins connue de toute l'Amérique du Nord. Il suivit sur toute sa longueur la rivière Mary ou Humboldt, qui traverse le Grand-Bassin de l'est à l'ouest sur une très grande étendue, et va se perdre dans un petit lac situé à trente lieues environ du col de la Sierra-Nevada, le plus facile à franchir à ces latitudes. La fertile vallée de cette rivière, qui traverse des plaines de sables et prend sa source dans une chaîne de montagnes très-rapprochée du grand Lac Salé, est devenue aujourd'hui la seule route des émigrants qui vont en Orégon ou en Californie.

L'intérieur du Grand-Bassin est formé par une succession de chaînes dirigées du nord au sud, de vallées et de plateaux. L'altitude moyenne de la contrée est de 4000 à 5000 pieds au-dessus de la mer. Les montagnes et les collines sont couvertes d'herbes, de pins, de cèdres; mais les vallées sont arides et semées seulement d'artémises. Pourtant, suivant Frémont, le Grand-Bassin ne mérite qu'en peu de parties le nom de désert. Les hivers d'ailleurs y sont doux, il y pleut et neige assez rarement. « En fait, dit-il, il n'y a rien dans le climat de cette région, quoiqu'elle soit élevée, qu'elle soit entourée et traversée de montagnes neigeuses, qui empêche les hommes de s'y établir et d'y trouver les moyens d'y vivre heureusement dans les parties arables. »

Ici s'arrête la partie des voyages de Frémont qu'il est absolument nécessaire de connaître, quand on cherche à se rendre compte des traits généraux de la région occidentale du continent américain. Frémont réussit à les marquer avec une grande netteté; il établit les véritables caractères de la contrée qu'il nomma le Grand-Bassin, de l'Orégon, de la grande chaîne de la Sierra-Nevada et des vallées californiennes. L'importance de ces résultats, au point de vue de l'établissement du chemin de fer du Pacifique, n'a pas besoin d'être démontrée. La tâche des officiers qui explorèrent, après Frémont, les latitudes qu'il avait parcourues a été rendue singulièrement facile par ses travaux. Aussi verra-t-on que la plupart des dernières expéditions ont été dirigées vers des latitudes plus méridionales, voisines de la limite actuelle du Mexique. C'est l'examen de ces travaux récents que nous voudrions maintenant entreprendre, en n'insistant que sur ceux qui ont pour but spécial de rechercher la meilleure ligne de chemin de fer entre les États-Unis et le Pacifique.

II

Dernières expéditions et études du chemin de fer du Pacifique.

Après les premiers voyages de Frémont, la guerre du Mexique vint pendant quelque temps donner un intérêt particulier à toutes les expéditions faites dans les provinces du sud que les Américains devaient si facilement arracher à leurs faibles voisins. Le major Emory a laissé des notes très-précieuses sur une reconnaissance militaire qu'il fit, en 1846 et en 1847, depuis le fort Leavenworth, dans le Missouri, jusqu'à San-Diego, l'un des ports de la Californie, avec l'avant-garde de « l'armée de l'Ouest. » Il se rendit à Santa-Fé, la capitale du Nouveau-Mexique, descendit le Rio-del-Norte, entra dans la vallée du Gila, suivit ce fleuve jusqu'au Rio-Colorado, et traversa le désert qui sépare ce fleuve de la chaîne de la Côte et du Pacifique. Un grand nombre d'autres officiers américains publièrent de même le journal de leurs marches et de leurs reconnaissances dans le Nouveau-Mexique, et les nombreux renseignements qu'ils ont rassemblés sur cet immense territoire ont pris une valeur toute nouvelle depuis que les officiers du bureau topographique, chargé d'examiner les divers projets du chemin de fer du Pacifique, donnent une préférence marquée à la ligne du 32e degré de latitude, qui tra-

verse une partie du Texas et le Nouveau-Mexique
tout entier. Quand on réfléchit à l'intérêt qu'auraient
les partisans de l'esclavage à faire adopter ce dernier
tracé, on ne peut s'empêcher de croire que la préférence dont on trouve l'expression dans tous les
rapports officiels n'a pas été uniquement déterminée
par des considérations topographiques et techniques ;
mais comme celles-ci sont les seules qu'on ose mettre
en avant pour agir sur l'opinion publique, il importe
de les apprécier. Dans l'examen de la valeur relative
des traités étudiés, nous aurons donc recours aux
indications précieuses répandues dans les rapports
des divers officiers qui ont visité, à l'occasion de la
guerre, le grand territoire du Nouveau-Mexique et
la Californie.

C'est en 1853 que le congrès américain ordonna
d'étudier plusieurs routes situées à diverses latitudes
et traversant toute l'étendue du continent américain
jusqu'à l'océan Pacifique. Nous suivrons, en les examinant, l'ordre topographique, en commençant par
le nord et finissant par le sud. La première route
s'étend à peu près sur le 47e degré de latitude. Le
parti chargé d'étudier cette route était commandé
par M. Stevens, gouverneur du territoire de Washington[1]. Il visita, avec le concours de plusieurs
officiers américains, le territoire du Minnesota, les

---

1. L'ancien territoire de l'Orégon a été divisé en deux parties :
l'Orégon proprement dit et le territoire de Washington; ces deux
provinces sont séparées sur une assez grande longueur par le cours
même de la Colombie.

vallées du Missouri et de ses tributaires, les points
par où l'on peut franchir les montagnes Rocheuses
et les branches principales de la Colombie.

On comprend aisément quels seraient les avantages
d'une ligne qui suivrait ce parcours. Partant des
grands lacs, qui sont le centre d'une immense navigation intérieure, elle s'appuierait partout sur des
voies navigables. Faire un chemin de fer en quelque
sorte de toutes pièces dans des solitudes, sur une
longueur de sept cents lieues, est une tentative folle,
si les régions où il doit passer ne présentent point
les ressources et les facilités qui attirent ordinairement l'émigration, et parmi lesquelles on peut ranger
en première ligne les grands cours d'eau navigables.
Il est bien nécessaire de comprendre qu'une entreprise semblable ne peut réussir qu'à la condition de
devenir le signal et l'auxiliaire d'une grande œuvre
de colonisation intérieure. Il faut qu'on puisse réussir
à diriger vers les contrées que le chemin de fer du
Pacifique doit traverser cette foule d'émigrants qui
commence à devenir gênante pour les anciens États
de l'Union, et qu'un parti inintelligent voudrait même
repousser entièrement du sol de l'Amérique. Il ne
semble pas bien difficile d'attirer les nouveaux arri-
vants sur des points particuliers du continent, quand
on voit que les mormons eux-mêmes réussissent à en
entraîner un grand nombre dans leurs villes nouvelles, que la haine et le mépris, plus encore que les
montagnes et les déserts, séparent de tout le reste
de l'Union. Pourtant il faut encore que l'émigration

puisse trouver quelques éléments de prospérité dans les nouvelles régions où l'on chercherait à la porter. C'est pour cela que les considérations qui tiennent à la nature même du pays, à la fertilité du sol, au climat, à l'abondance de l'eau et du bois, dominent, dans le choix d'une ligne destinée à joindre les océans, celles qui sont d'un ordre purement technique, et ne se rattachent qu'à la construction même et à l'exploitation du chemin de fer.

M. Stevens, le gouverneur du territoire de Washington, visita d'abord les prairies du Minnesota; il propose de faire partir le chemin de fer de Saint-Paul, qui forme la tête de la navigation du Mississipi. La ligne traverserait la belle et fertile région qui sépare cette ville de la pointe du Lac Supérieur, et suivrait ensuite la grande plaine qui porte le nom de *prairie du bois des Sioux*. Toute la partie orientale du Minnesota, le long du Missouri, est formée par une prairie haute et ondulée qu'on appelle *le coteau du Missouri*. Le chemin de fer doit tourner ce long plateau par le nord, suivre quelque temps la vallée du Missouri, puis remonter sur les prairies, et, coupant les principaux tributaires de ce fleuve, se diriger vers les montagnes Rocheuses. Sur l'immense distance qui les sépare du Lac Supérieur, il n'y a aucune difficulté de construction ; le sol est presque partout uni, les pentes sont régulières et d'une extrême douceur; mais le passage des montagnes présente les plus grands obstacles. Les cols par où on peut les franchir, vers le 47ᵉ degré de latitude, ont en

moyenne 6300 pieds d'altitude, et sont par conséquent à 700 pieds plus bas que le col du Sud. Stevens et ses officiers en examinèrent jusqu'à sept dans
la chaîne des montagnes Rocheuses proprement dites.
Plus à l'ouest, il fallut encore explorer ceux d'une
chaîne secondaire qu'on nomme *chaîne Racine-Amère*
et *chaîne Cœur d'Alène*. Toute la contrée montagneuse
intermédiaire est extrêmement tourmentée, et il faudrait accumuler les travaux d'art pour la traverser.
Les officiers américains mesurèrent la hauteur des
cols par où l'on peut franchir les deux chaînes principales. Les plus favorables ne peuvent être traversés
qu'à l'aide de tunnels. Cette partie de leurs études a
donné des résultats très-peu satisfaisants, mais il faut
ajouter qu'elles sont loin d'être complètes, et qu'il y
a sans doute d'autres passages qu'ils n'ont pas eu le
temps d'examiner.

Au delà des montagnes Rocheuses s'étendent les
plaines de la Colombie, et il ne reste plus, pour arriver au Pacifique, qu'à franchir la chaîne Cascade.
Les officiers américains allèrent y explorer deux passages, mais ils s'assurèrent que le meilleur de tous
était celui que suit la Colombie elle-même. On n'a
pas l'intention de faire aboutir le chemin de fer étudié par M. Stevens jusqu'à l'embouchure du fleuve,
bien que la Colombie soit navigable sur une très-
grande longueur, parce que le banc qui en encombre l'entrée y rend la navigation incertaine et
dangereuse. La ligne proposée part du fort Vancouver, et, à travers de belles et fertiles contrées, va

aboutir à l'excellent port de *Puget's-Sound*, situé tout près de l'île Vancouver.

L'établissement d'un chemin de fer dans les territoires d'Orégon et de Washington ne présente quelques difficultés que sur une très-petite étendue, le long de la Colombie. Le seul obstacle sérieux dans ce trajet est donc le passage du massif des montagnes Rocheuses, et les nouvelles reconnaissances auxquelles on se livre en ce moment même parviendront sans doute à l'atténuer. Sur tout le parcours, il sera possible de se procurer l'eau et le bois nécessaires à la construction de la voie; l'immense bassin houiller du Mississipi, celui de Vancouver, les forêts des montagnes Rocheuses fourniront du combustible en abondance, si même on ne peut utiliser les cotonniers qui croissent encore dans les parties les plus arides de la route. S'il y a de grandes difficultés dans la construction du chemin, on peut dire qu'il n'y en aurait aucune dans l'exploitation même.

En dehors de ces questions techniques, il faut examiner si ce tracé satisfait à d'autres exigences auxquelles il ne faut pas hésiter à donner plus d'importance encore. Est-il possible d'attirer l'émigration sur une partie au moins de ce parcours, et quelques points priviligiés peuvent-ils y devenir des centres de population? A l'une des extrémités du chemin, les belles vallées de l'Orégon, à l'autre les riches prairies du Minnesota et les bords du Lac Supérieur, commencent dès à présent à se peupler; mais l'immense région intermédiaire ne se prêterait sans doute à la culture que le long de quelques vallées. Les montagnes Rocheuses sont bordées, sur les deux versants, par une ceinture fertile ; mais au delà s'étendent, sur le côté oriental, d'immenses plaines qui présentent l'aspect d'un désert. Voici comment les officiers américains le dépeignent : « Le sol n'y est pas absolument mauvais ; mais ce qui manque de ce côté des montagnes Rocheuses est la pluie. La terre se couvre au printemps d'herbes luxuriantes, et le pays n'est plus qu'un immense et magnifique pâturage ; mais la chaleur de l'été brûle les graminées et dessèche le sol. Peut-être que, si la prairie ne brûlait pas chaque année, il y croîtrait des forêts qui attireraient l'eau atmosphérique, et qu'il se formerait ainsi un sol plus fertile. »

Le climat ne rend pas l'établissement d'un chemin de fer impossible sous ces latitudes élevées ; les hivers n'y sont pas beaucoup plus rigoureux que dans les États du nord qui bordent l'Atlantique, et la neige ne bloquerait jamais les cols des montagnes Rocheuses, explorés par les officiers américains, de façon à rendre le passage impraticable. Pourtant, parmi les raisons que les adversaires de ce tracé mettent en avant, ils insistent sur les inconvénients du climat rigoureux des provinces du Nord. A notre avis, ils subordonnent à une question technique une question beaucoup plus considérable : il s'agit plutôt, en effet, de savoir si les difficultés de l'exploitation seront aggravées pendant une partie de l'année, que de rechercher comment les conditions météorologiques s'accommodent aux mœurs et aux habitudes des émigrants. Un climat septentrional convient mieux aux Allemands et aux Anglo-Saxons, qui forment le fond de l'émigration américaine. Le nombre des habitants qui ne sont pas nés en Amérique est aujourd'hui de deux millions, et une statistique récente a fait voir que plus des neuf dixièmes habitent les États du Nord.

Le véritable inconvénient de la route septentrionale, tracée par Stevens, est la grande largeur de la partie incultivable et infertile, qui ne présente en quelque sorte aucun point de ralliement, aucun oasis à des populations agricoles. Sous ce rapport, une autre route, celle du 45ᵉ et du 42ᵉ parallèle, offre un grand avantage : le bassin du grand Lac Salé y forme comme un relais au milieu de la distance qui sépare le Mississipi de l'océan Pacifique. D'après le capitaine Stransbury, la région des lacs, qui n'est aujourd'hui peuplée que par quatre-vingt mille mormons, peut nourrir une population de plus d'un million d'habitants. Il y a quelques années, cet officier fut chargé par le gouvernement américain de faire le levé topographique des alentours du Grand-Lac Salé. L'excellent ouvrage qu'il a publié sur son expédition obtint un très-vif succès à cause des nombreux renseignements qu'il y donne sur les établissements des mormons. Bien que son exploration n'eût pas directement pour but d'étudier le tracé d'un chemin de fer, ce sont pourtant ses résultats, avec les travaux de Frémont, qui ont servi de base au projet du chemin de fer du 42ᵉ degré de latitude.

Le capitaine Stransbury insista très-fortement sur la nécessité de comprendre le bassin du grand Lac Salé dans tout projet de communication à travers le continent. Plus soucieux de colonisation et d'intérêts économiques que de questions religieuses, il proposa même de faire passer le chemin de fer du Pacifique, dont on commençait à se préoccuper, près de la capitale des·mormons. Au delà de ce point, il conseillait de faire deux embranchements, l'un vers l'Orégon, l'autre vers la Californie; le premier devait aller rejoindre la route ordinaire qui suit la rivière Humboldt; le second, longeant les établissements mormons, devait se diriger vers San-Diego en doublant l'extrémité méridionale de la Sierra-Nevada, ou, si c'était possible, entrer dans la vallée du San-Joaquin et rejoindre San-Francisco. A l'époque où Stransbury visita les mormons, ils projetaient eux-mêmes d'exécuter cette dernière ligne pour exporter leurs produits.

Les études de Frémont et de Stransbury ont été complétées par le lieutenant Beckwith, qui a exploré avec soin l'intérieur du Grand-Bassin et les cols de la Sierra-Nevada. A la suite de ces reconnaissances, voici comment l'on a déterminé le tracé du 42e degré latitude : le chemin de fer doit remonter les pentes douces et régulières que descend la Nebraska, et franchir les montagnes Rocheuses par le col du Sud (ou par un passage plus méridional, encore mal exploré, le col des Chéyennes). Pour arriver du col du Sud aux bords du grand Lac Salé, on descend un tributaire de la Rivière-Verte, et l'on traverse, par des défilés

sinueux et étroits, la chaîne des monts Wahsatch,
qui s'étend à l'est du lac. Du côté oriental du lac, la
ligne projetée va rejoindre la vallée de la rivière
Humboldt, en traversant une contrée formée par des
plaines que séparent des chaînes parallèles. Le lieutenant Beckwith décrit cette partie intérieure du
Grand-Bassin sous les mêmes couleurs que Frémont :
les montagnes y sont basses, faciles à franchir, et
parcourues par une multitude de petits torrents ;
l'herbe y croît en abondance, mais les arbres y sont
rares, et on n'y trouve que quelques cèdres épars ;
les vallées sont partout couvertes de sombres artémises. De toutes les chaînes, la plus élevée est celle
qui porte le nom de *Humboldt ;* le chemin de fer doit
la franchir par un col assez bas, et suivre la rivière·
Humboldt, qui se perd dans un lac marécageux situé
au pied de la Sierra-Nevada.

A cette latitude, la sierra forme un grand plateau
élevé, recouvert de crêtes et de pics isolés. Le meilleur
passage que le lieutenant Beckwith y ait trouvé est le
col Madelin ; il est facile à traverser et conduit directement dans la vallée du Sacramento. Malheureusement, sur une étendue de trente lieues, le fleuve, qui
n'est encore qu'un torrent, descend en serpentant
entre des précipices qui ont de 500 à 600 mètres de
hauteur. Le passage de ces immenses *canons* présenterait de graves difficultés, et nécessiterait des travaux extrêmement dispendieux.

Depuis que le lieutenant Beckwith a publié son
rapport, le lieutenant-colonel Steptoe a annoncé la

découverte d'un chemin encore plus direct depuis le grand Lac Salé jusqu'à San-Francisco. La route nouvelle, sur laquelle on ne possède d'ailleurs aucune indication numérique et précise, suivrait la vallée de la rivière Carson, et franchirait la Sierra-Nevada par le col où elle prend sa source. On n'a pas encore étudié le tracé de l'embranchement, qui pourrait se diriger du col du Sud vers l'Orégon; cependant il semble qu'il soit très-facile de le construire en suivant le pied de la chaîne du Vent, en rejoignant, au delà de quelques montagnes très-peu élevées, les sources de la rivière Lewis, et en descendant cette longue vallée jusqu'à la Colombie.

Le chemin de fer du 45e et 42e parallèle présente, au point de vue technique, d'assez notables avantages; l'eau et le bois peuvent être obtenus facilement sur tout le parcours, et l'on a même découvert à proximité du grand Lac Salé un bassin houiller dans la vallée de la Rivière-Verte. Sous le rapport des hauteurs à franchir, ce tracé ne le cède qu'à celui du 32e degré de latitude, parce que les chaînes des Rocheuses et de la Sierra-Nevada, à la hauteur où l'on projette de les traverser, ont un profil simple et présentent de hauts plateaux. Les parties de la route où les obstacles nécessiteraient les travaux d'art les plus nombreux et les plus difficiles sont le col du Sud, les massifs montagneux qui le séparent du grand Lac Salé et la chaîne de la Sierra-Nevada : ces points sont précisément les plus rapprochés des deux centres de population d'Utah et de Californie.

La route du 38e et du 39e degré de latitude fut explorée par le malheureux capitaine Gunnison, qui, dans une rencontre avec des Indiens, périt avec plusieurs de ses compagnons ; sa tâche fut terminée par le lieutenant Beckwith, qui explora l'intérieur du Grand-Bassin, et reconnut ensuite la ligne qui unit le grand Lac Salé à la Sierra-Nevada. La route du 38e degré ne mérite pas de fixer longtemps l'attention au point de vue de l'établissement du chemin de fer du Pacifique ; les passages des montagnes Rocheuses y sont de beaucoup plus élevés que sur les routes septentrionales ou sur celles du 32e degré, et elle ne rachète cette infériorité par aucun avantage particulier.

Nous arrivons enfin aux deux lignes méridionales qui traversent le Nouveau-Mexique, — celle du 35e et celle du 32e degré, — et la préférence que les rapports officiels accordent à ce dernier tracé nous obligera à l'étudier avec quelque détail. La ligne du 35e degré, explorée par le lieutenant Whipple, part du fort Smith, suit la vallée de l'Arkansas, monte sur un plateau élevé adossé aux montagnes Rocheuses, et se dirige vers le Rio-Grande par le col de San-Pedro. Au delà, le chemin projeté va franchir par un tunnel un col de la Sierra-Madre, descend la rivière Zuni, le Colorado, suit la rivière Mohave, et traverse la Sierra-Nevada pour aboutir au port de San-Pedro. Les caractères physiques des contrées placées sous cette latitude ne sont pas très-différents de ceux de la région située sous le 32e degré ; et comme les pentes sont beaucoup plus favorables sur cette dernière ligne, c'est la seule sur laquelle il soit nécessaire de nous arrêter.

Les études de la ligne du 32ᵉ degré ont été faites en trois parties. La première section s'étend depuis la Rivière-Rouge, qui traverse la Louisiane et borde le Texas, jusqu'au Rio-Grande, qui coupe le Nouveau-Mexique à peu près dans la direction du nord au sud. Cette région a été examinée par le capitaine Pope. Dans son projet, la route traverse d'abord, sur une distance de cent vingt lieues, les plaines du Texas, presque partout recouvertes de forêts; elle monte ensuite sur un plateau élevé qui occupe une partie du Texas et du Nouveau-Mexique, et porte le nom de *Llano-Estacado*. On ne saurait mieux dépeindre ce désert américain que ne l'a fait un géologue français, M. Marcou, qui a accompagné le lieutenant Whipple dans son voyage à travers le continent. « Lorsqu'on avance au milieu de ces immenses prairies, dit M. Marcou, on aperçoit de très-loin, vers l'occident, une ligne horizontale formée par un plateau parfaitement uni, dont le nom jouit d'une grande réputation parmi les trappeurs et les traitants de ces régions sauvages. Des légendes de grandes caravanes égarées et entièrement détruites par la soif se racontent le soir autour des feux de bivouac longtemps avant d'arriver à ce terrible plateau, dont le nom de *Llano-Estacado*, c'est-à-dire *plateau à ligne de poteaux*, indique qu'une route y avait été tracée au moyen de longs bâtons placés de distance en distance, exactement comme ces grands poteaux des routes des hautes chaînes du Jura et des Alpes. Seulement, dans les Alpes et le Jura, les lignes des poteaux indicateurs sont destinés à tracer la route lorsque 12 ou 15 pieds de neige recouvrent ces hautes régions de l'Europe centrale, tandis que sur le Llano-Estacado elles y ont été placées par les premiers explorateurs, des missionnaires espagnols, pour empêcher les caravanes de s'égarer dans ces vastes solitudes, où l'horizontalité presque parfaite du sol et le manque absolu d'arbres ou d'arbrisseaux ne présentent aucun signe qui permette de s'y orienter. Ce haut plateau est tellement près de l'horizontalité parfaite, qu'il faut se coucher à terre pour s'apercevoir qu'il incline un peu vers l'est-sud-est, et je ne puis mieux le comparer, comme aspect, qu'à l'Océan un jour de calme. L'horizon est aussi très-limité, de trois à quatre lieues, comme en mer; rien ne vient y briser ni même modifier le cercle parfait dont vous êtes le centre; seulement, au lieu de me promener sur l'arrière d'un *vapeur* océanique, j'étais à cheval sur un mulet; l'eau était remplacée par un gazon vert formé d'une graminée courte et peu touffue; les troupes de marsouins et de souffleurs y font place à des troupeaux d'antilopes et de cerfs; enfin, comme en pleine mer, on n'y rencontre pas d'oiseaux. »

Sous le 32ᵉ degré de latitude, la largeur de ce triste et monotone plateau est d'environ quarante lieues. Après l'avoir traversé, la ligne proposée dépasse la rivière Pécos, et franchit sans difficulté les monts

Guadalupe, qui la séparent du Rio-Grande. Depuis ce fleuve jusqu'au point où le Gila se jette dans le Rio-Colorado, la contrée a été explorée par le lieutenant Parke. Entre le Rio-Grande et les eaux du Gila, elle est formée par une série de bassins de peu de profondeur, reliés par des cols faciles à franchir. Comme le plateau du Llano-Estacado, ces grandes dépressions, presque unies, sont entièrement dépourvues d'eau et de bois. Plus loin, la ligne proposée par le lieutenant Parke suit sur toute sa longueur la vallée du Gila, qui coule de l'est à l'ouest sur une distance de soixante-dix lieues, et forme la limite du Nouveau-Mexique et de Sonora jusqu'au point où il se jette dans le Rio-Colorado. Le lieutenant Parke dépeint cette vallée comme une longue plaine douce, bordée de crêtes montagneuses et de collines peu élevées, présentant de grandes facilités pour la construction d'un chemin de fer.

Au delà du Rio-Colorado, il faut traverser la grande plaine qu'on nomme le désert du Colorado, et franchir la chaîne de la côte par le col de San-Gorgione pour arriver au port de San-Diego. Le petit port de cette ville est trop peu important pour qu'il n'ait pas été nécessaire d'étudier la route qui relie la ligne du 32e degré de latitude à San-Francisco, aujourd'hui devenue la capitale de cette partie du continent américain. Le chemin le plus court serait par le versant occidental de la longue chaîne dont l'arête suit à une faible distance la côte de la Californie sur toute sa longueur; mais on n'a pu encore y déterminer un tracé convenable, et il paraît très-difficile de franchir les chaînons transversaux de cette longue ceinture montagneuse. La route actuellement proposée abandonne la côte de l'océan Pacifique, dépasse la chaîne de la Côte et rentre dans le Grand-Bassin : elle en traverse une partie, franchit la chaîne de la Sierra-Nevada au point où elle se noue à la chaîne côtière ; elle descend ensuite dans la vallée du lac Tulares et de la rivière San-Joaquin, qui se jette dans la baie de San-Francisco. Le lieutenant Williamson, chargé de cette troisième section de la route méridionale, a visité les cols de la Sierra-Nevada et ceux de la chaîne côtière, et en a trouvé plusieurs praticables pour un chemin de fer. On voit néanmoins du premier coup combien la solution proposée est peu satisfaisante, puisqu'elle oblige à franchir deux fois en sens contraire la chaîne côtière avant d'arriver à la sierra californienne. Cet immense et laborieux détour ôte à la route méridionale le privilége qu'elle aurait eu d'être la plus courte, si on avait pu l'arrêter à San-Diego. On a bien songé à suivre une ligne directe qui traverserait la région comprise entre le Rio-Colorado et le col le plus favorable de la Sierra-Nevada. Mais le lieutenant Williamson s'est assuré qu'au nord des déserts du Colorado, la contrée devient très-accidentée et que des chaînes inexplorées y forment une barrière infranchissable entre le Colorado et la Sierra-Nevada. Tout ce pays n'est qu'un vaste désert, aride et montueux, où les Indiens eux-mêmes ne vont jamais s'aventurer. Il n'y tombe de pluie qu'une seule fois pendant toute l'année, vers le mois d'août.

Le simple exposé des travaux de Wiliamson, Parke et Pope rend très-difficile à comprendre la préférence que les officiers du bureau topographique américain accordent à la ligne du 32e degré de latitude. Le seul avantage qu'elle possède sur les autres est que les pentes y sont partout d'une grande douceur, et que, sur de très-longues distances, le sol est si uni, si compacte, qu'on pourrait presque sans aucune préparation y placer les traverses et les rails; mais cet avantage ne peut être mis en balance avec des inconvénients de la nature la plus grave. L'eau et le bois, éléments indispensables à la construction et à l'exploitation d'un chemin de fer, font complétement défaut sur presque tout le parcours, dans la monotone plaine du Llano-Estacado, dans les vastes bassins qui séparent le Rio-Grande du Gila, dans le désert du Colorado. Les progrès qu'on a faits depuis quelques années dans l'établissement des voies ferrées sont tels qu'on ne doit jamais désespérer de venir à bout d'obstacles extérieurs tenant à la configuration ou à la nature du sol; mais rien ne peut suppléer au manque d'eau, de bois et de combustibles. Pour suivre la ligne du 32e degré, il faudrait amener les traverses à des distances énormes, chercher le combustible jusque dans la vallée du Mississipi, et du côté de l'océan Pacifique, jusqu'à l'île Vancouver : le chemin de fer ne pourrait avancer qu'en transportant tout avec lui.

Pour obvier au manque d'eau sur une si grande

partie de la route, on propose, sur là foi du géologue américain qui accompagna les expéditions, de percer des puits artésiens de distance en distance dans les parties les plus arides du chemin. On espère former ainsi des réservoirs où les locomotives pourront s'alimenter. Ce remède coûteux ne nous inspire qu'une médiocre confiance. Lors même d'ailleurs qu'on viendrait à bout de ces difficultés techniques, il n'est pas permis d'espérer qu'on puisse jamais jeter les flots de l'émigration dans ces solitudes du Nouveau-Mexique et de la Californie méridionale, qui forment le véritable Sahara américain. La population espagnole qui depuis longtemps habite cette partie du continent ne s'est jamais étendue en dehors de la vallée du Rio-Grande; elle est si faible et si abâtardie, qu'avant la guerre du Mexique, elle était entièrement tombée sous le joug des tribus-indiennes. Jamais l'on ne verra se couvrir de villes et de champs le plateau monotone et désolé du Llano-Estacado, le désert du Rio-Colorado, les arides solitudes qui s'étendent entre ce fleuve, le Gila et le Rio-Grande. La contrée qui sépare l'Arkansas de Santa-Fé, la capitale du Nouveau-Mexique, est coupée par une ceinture de pays boisé qui s'étend dans le sens du méridien, depuis la Rivière-Canadienne jusqu'au midi du Texas. A l'est de cette limite naturelle, le sol est fertile, coupé par des torrents et des ruisseaux, très-propre à la culture; à l'ouest, il n'y a plus qu'un océan de stériles prairies, çà et là quelque faible torrent et des arbres solitaires dont les formes deviennent de plus en plus étranges à mesure qu'on s'enfonce dans le pays.

Il n'est pas inutile de citer le jugement que porte le major Emory sur les régions du Nouveau-Mexique où l'on propose de faire passer le chemin de fer du Pacifique, parce qu'il a été rendu en dehors de toute préoccupation particulière, à l'époque de la guerre du Mexique. Ce témoignage est d'autant plus précieux, qu'il détruit à l'avance les espérances de ceux qui ne veulent jeter de ce côté l'emploi des capitaux américains et de l'activité anglo-saxonne que pour y faciliter l'introduction de l'esclavage et du travail servile. « La contrée, écrivait en 1846 le major américain, comprise entre l'Arkansas et le Rio-Colorado, sur plus de 400 lieues d'étendue, présente, au point de vue agricole, des particularités qui pèseront toujours sur les populations qui y sont disséminées. Tout le nord du Mexique, en y comprenant le Nouveau-Mexique, Chihuahua, Sonora et les Californies, jusqu'au Sacramento, présente, s'il faut se fier à la plupart des renseignements, à peu près partout les mêmes caractères physiques, le même climat et les mêmes produits naturels. En aucune partie de cette vaste région, l'on ne peut, dans une mesure suffisante, compter sur les pluies pour la culture du sol. La terre est dépouillée d'arbres, et sur de grandes étendues il n'y a aucune sorte de végétation. Quelques faibles rivières descendent en différentes directions des hautes montagnes qui en maints endroits traversent cette région. Ces rivières sont séparées quelquefois par des plaines et quelquefois par des montagnes sans eau ni végétation, véritables déserts, puisqu'on n'y trouve rien de ce qui peut servir à entretenir la vie animale. La culture du sol est donc limitée à ces étroites bandes de terre qui suivent le niveau des eaux, et partout où l'on voit une communauté s'y livrer avec quelque succès et sur une certaine étendue, elle implique un degré de subordination, une obéissance absolue à un maître, qui répugnent aux habitudes de notre peuple..... Les profits sont trop faibles pour que le travail servile puisse y devenir avantageux. L'esclavage, tel que les Mexicains l'ont mis en pratique, sous une forme qui permet au maître d'employer les services de l'homme aussitôt qu'il est adulte, — sans subir l'obligation de l'élever dans l'enfance, de le faire vivre pendant la vieillesse, d'adopter sa famille, — ne peut pas fournir de données exactes pour apprécier quels bénéfices on pourrait attendre du travail servile comme on l'entend aux États-Unis. Une personne qui visiterait ces régions et serait familiarisée avec le caractère et la valeur du travail servile aux États-Unis ne songerait jamais à amener ici des esclaves, encore moins à en acheter pour les y transporter. Leur travail ne remboursemait jamais le prix de transport et moins encore le prix d'achat. »

L'examen impartial de tous les travaux de reconnaissance faits dans ces parties nouvellement explorées de l'Amérique n'est point favorable aux conclusions des rapports officiels soumis au congrès. Au

reste les officiers qui les ont rédigés, et qui con-
cluent en faveur de la ligne du 32e degré de latitude,
ont eux-mêmes compris que jamais on n'attirerait
sur ce parcours une population nombreuse. Ils ont
dû présenter un projet spécial d'organisation des
postes appelés à entretenir et à défendre la ligne
contre les Indiens. Ils semblent avoir renoncé volontairement à l'espérance de diriger sur ces parties
centrales du continent américain un courant d'émigration destiné à relier par une chaîne continue les
États-Unis de l'est aux provinces qui bordent le Pacifique. Il ne s'agit plus dès lors de donner à la pro-
duction et à la population américaines une faculté
d'extension en quelque sorte sans limites : le chemin
de fer du Pacifique n'est plus qu'une ligne servant à
unir deux points séparés par des déserts. Même à ne
le considérer que sous le point de vue technique,
nous croyons que le tracé du 32e degré est inférieur
aux tracés septentrionaux ; mais si, restant fidèle à la
pensée de ceux qui ont les premiers conçu cette
entreprise, on la considère plutôt comme un moyen
que comme un but, si on veut y voir l'instrument de
civilisation le plus puissant qui puisse féconder le
nouveau monde entier dans toutes les parties où la
nature ne repousse pas absolument les efforts de
l'homme, il faut renoncer à donner la préférence à
la ligne du 32e degré. Jamais l'on ne groupera sur
ce parcours une population dense et serrée, jamais
la race anglo-saxonne ou allemande ne s'acclimatera
dans les déserts du Nouveau-Mexique ; elle ne se

transportera naturellement qu'à des latitudes plus
élevées. Les provinces de l'Amérique situées sous les
45° et 42° degrés de latitude présentent à peu près,
au moins dans beaucoup de parties, les mêmes caractères généraux, le même climat, les mêmes ressources naturelles que les États actuels de l'Union où
l'émigration se dirige : l'eau et le bois y sont plus
abondants que dans les latitudes voisines du Mexique
et plus rapprochées du tropique. Les vallées et les
plaines de l'Orégon, dont quelques-unes sont d'une
richesse et d'une fertilité vraiment inouïe, pourraient
nourrir une population égale à la moitié de celle de
l'Europe. La Californie du Nord sert déjà de noyau à
une véritable nation, qui a ses villes, ses vaisseaux,
ses routes, et commence à construire ses chemins de
fer. Cette partie de l'Amérique est devenue le centre
des pêcheries de l'océan Pacifique, dont l'importance
va chaque jour grandissant. Les mormons enfin ont
réussi à fonder, dans le bassin isolé du grand Lac
Salé, sans appui, sans communication avec le dehors,
un établissement qui prospère malgré les éléments
dissolvants qui minent leur étrange communauté.

Sans chercher à préciser le tracé du chemin de fer
du Pacifique, on sent bien que c'est vers les régions
du Nord qu'il faut le diriger ; c'est là que le travail
libre doit trouver, pour des siècles, des terres vierges,
à défricher ; c'est dans cette voie que l'activité américaine doit se porter, au lieu d'aller s'éteindre et
s'énerver dans les solitudes du Mexique, où une forte
et noble race a déjà trouvé son tombeau. Les avan-

tages d'une route septentrionale sont si évidents, que les Anglais du Canada ont songé à l'établir dans leurs possessions, bien que le climat y soit déjà beaucoup plus rigoureux que sous les latitudes de 47 et de 45 degrés. L'établissement d'une communication directe entre les grands lacs et l'océan Pacifique a depuis quelque temps attiré l'attention de plusieurs officiers anglais, et bien qu'aucun de ces projets n'ait été soumis à une étude détaillée, il sera peut-être utile de faire connaître celui du capitaine M. H. Synge. Il est conçu de telle manière que le chemin de fer s'appuie partout sur des voies navigables, et que chaque partie forme un tronçon indépendant assez important en lui-même pour attirer l'émigration. Le chemin de fer dès aujourd'hui peut suivre et côtoyer en quelque sorte, jusqu'à trois cents lieues dans les terres, les grands lacs qui forment le plus magnifique réseau de navigation intérieure qu'on puisse trouver dans le monde entier. Le grand système des rivières qui descendent dans le lac Winnipeg et entrent dans la baie d'Hudson en formerait la continuation naturelle. Ces voies, qu'on pourrait partout rendre navigables, ouvriraient le continent jusqu'au pied des montagnes Rocheuses. Cet immense réseau de lacs et de rivières serait complété, du côté du Pacifique, par le système des rivières qui vont y verser leurs eaux, et dont les sources indiquent les passages les plus faciles de la grande chaîne centrale. A ces hautes latitudes, le massif montagneux est tellement abaissé, qu'à l'époque des

grandes crues lès eaux des deux bassins hydrographiques se rejoignent et se mêlent. Bien que le climat
des contrées qui dominent le Lac Supérieur soit très-
rigoureux, le capitaine, Synge les représente comme
parfaitement propres à la culture. La saison d'été y
est courte, mais très-chaude ; les céréales et les fruits
y arrivent rapidement à pleine maturité. Plus on
avance du côté de l'océan Pacifique, plus l'âpreté du
climat s'efface, et tous les voyageurs s'accordent à
reconnaître qu'à l'île Vancouver il est extrêmement
doux.

Le chemin de fer canadien aurait ainsi l'immense
avantage de s'appuyer partout sur des voies navigables, et de traverser la partie la plus unie du continent américain ; mais il ne paraît pas que ce projet
soit destiné à devenir jamais une réalité. Les Canadiens ne possèdent pas eux-mêmes les ressources
nécessaires pour mener à bout une œuvre de cette
nature, et il est douteux que les capitaux anglais
aillent s'aventurer dans une entreprise aussi hasardeuse, dont le premier effet, si elle pouvait jamais
être couronnée de succès, serait certainement d'a-
mener une perturbation dans les relations commerciales du monde. L'indépendance du Canada est aujourd'hui assez bien établie pour que les intérêts de
de la métropole et de la colonie ne soient plus sur
toutes les questions nécessairement confondus.

Il ne paraît donc pas très-nécessaire, au moins
aujourd'hui, de s'appesantir sur le projet anglais,
bien qu'il soit en lui-même très-digne d'intérêt. Si

nous l'avons mentionné, c'est surtout afin de montrer que le climat des latitudes canadiennes n'avait point semblé un obstacle insurmontable à la construction d'un chemin de fer. Il est donc assez difficile aussi d'invoquer l'argument du climat contre les routes septentrionales tracées dans les provinces américaines vers les latitudes de 47 à 45 degrés. A tous les autres égards, nous avons cherché à faire apprécier la supériorité de ces tracés sur le tracé méridional ; mais il est encore une raison de fait que nous avons laissée hors de la question. Si depuis soixante ans la puissance politique aux États-Unis appartient au Sud, la puissance financière s'est de plus en plus concentrée dans les États de la Nouvelle-Angleterre. Le Nord seul peut fournir l'énorme quantité de capitaux nécessaire pour achever une entreprise telle que le chemin de fer du Pacifique. Suivant les calculs approximatifs des rapports soumis au congrès, — et l'on sait que ce genre d'évaluations est toujours inspiré par un optimisme très-complaisant, — il ne faudrait pas moins de quinze ans pour achever la ligne entière, et les frais de construction monteraient à 5 ou 600 millions. Quiconque connaît la condition des États à esclaves comprendra aisément qu'ils seraient impuissants à faire seuls de tels sacrifices, et, dans l'état actuel de l'opinion en Amérique, il ne paraît guère probable que le Nord consente à épuiser toutes les ressources de son crédit pour investir le Sud d'une puissance nouvelle dont personne ne peut apprécier la portée.

On est ainsi naturellement amené à répondre à une dernière question. Si le chemin de fer du Pacifique est construit, par qui et comment le sera-t-il? Une vive polémique s'est récemment engagée sur ce point aux États-Unis. Les partisans du tracé méridional prétendent que le gouvernement fédéral doit lui-même se mettre à la tête de l'entreprise, et cherchent à en faire peser les frais sur l'Union tout entière. Cette proposition, dont le colonel Benton s'est constitué le principal défenseur, a été attaquée avec les arguments que dans tous les pays on peut invoquer contre la construction des chemins de fer par l'État ; mais en Amérique elle est de plus inconstitutionnelle. Le pouvoir exécutif n'y a été investi que des attributions qui lui sont strictement nécessaires, et il est contraire à l'esprit de la constitution que le gouvernement central exécute des entreprises telles que des chemins de fer ou des canaux. On cesserait d'y être fidèle, si l'on n'évitait pas de mettre aux mains du pouvoir un immense et nouveau patronage, et de faire dominer dans la solution des problèmes économiques des considérations d'un ordre politique qui doivent y rester étrangères. Il est d'ailleurs si bien établi aux États-Unis que les chemins de fer doivent être exécutés par des particuliers, que les défenseurs de la construction par l'État ont parfois été obligés d'avoir recours aux plus étranges raisons. L'honorable M. Davis, secrétaire de la guerre, a été jusqu'à prétendre que le gouvernement avait le droit de faire lui-même le chemin de fer du Pacifique, parce qu'il

pouvait le classer au nombre des routes militaires.
Si l'on ne savait à quel degré l'on arrive à pousser
l'impudeur du sophisme au service d'une mauvaise
politique, on ne comprendrait pas comment un
homme d'État a pu invoquer un pareil argument, qui
ne mérite pas d'être discuté. Au reste, le système de,
M. Davis a obtenu peu de succès, et aujourd'hui il est
admis aux États-Unis que, comme toute entreprise de
cette espèce, le chemin de fer du Pacifique doit être
abandonné à l'initiative privée.

Parmi ceux qui se sont offerts à le construire et
qui ont des premiers prôné cette gigantesque entreprise, il faut citer particulièrement M. Asa Whitney,
de New-York. Le plan financier qu'il avait conçu
pour l'achèvement du chemin de fer du Pacifique est
assez original pour mériter d'être rapporté. Il proposait de le faire partir du lac Michigan et de le diriger
vers l'Orégon, et demandait que, sur la longueur totale de ce parcours, qui n'a pas moins de 2 000 milles,
le gouvernement central lui vendît toutes les terres,
sur une largeur de 60 milles, au prix de 2 cents (à
peu près 10 centimes) par acre. M. Whitney fût devenu ainsi acquéreur de 78 millions d'acres au prix
de 1 600 000 dollars seulement. Sur les 800 premiers
milles au delà de la région des lacs, il comptait reven-
dre aisément les terres, qui y sont presque partout
propres à la culture ; mais il se proposait de n'en
vendre, en commençant, que la moitié, et de garder
le reste comme fonds de réserve pour continuer le
chemin dans les régions infertiles. Il estimait que,

sur une longueur de 430 milles du côté de l'océan Pacifique, les terres eussent aussi facilement trouvé des acheteurs ; le fonds de réserve s'appliquait donc à la partie intermédiaire du chemin. En supposant que le quart seulement de l'émigration annuelle se portât de ce côté, et que chaque famille achetât 160 acres de terre, M. Whitney estimait que la ligne entière pourrait être achevée dans l'espace de quinze ans.

A l'époque où M. Asa Whitney, alors simple commis dans une maison de commerce à New-York, fit sa singulière proposition, elle excita une assez vive sensation, mais il n'y fut pas donné suite. Cependant toutes les demandes qui sont actuellement soumises à la sanction législative sont fondées sur des bases analogues. Il est bien certain qu'en principe le moyen proposé par M. Whitney paraît le plus rationnel. Acheter à bas prix une immense quantité de terres actuellement inhabitées et improductives, subvenir aux dépenses de la construction du chemin de fer en revendant à mesure les terres traversées par les tronçons déjà terminés, est une opération aussi simple que féconde : c'est placer l'entreprise dans les véritables conditions qui peuvent en assurer le succès, en l'entourant d'une chaîne de premiers établissements autour desquels tous les autres viendront plus tard se grouper.

Si l'achèvement du chemin de fer du Pacifique pouvait ainsi concorder avec un plan de colonisation de l'intérieur du continent, les conséquences économiques d'une telle œuvre seraient incalculables. Le commerce entre l'Asie et l'Europe, qui depuis si longtemps reste à peu près stationnaire, prendrait un développement inattendu. Le chemin de fer du Pacifique aurait sur l'extension des rapports entre les races européennes et les populations denses de l'Asie une influence bien autrement directe et profonde que l'ouverture de l'isthme de Suez ou de Panama. Toutes les considérations qu'on a fait valoir à l'appui de ces gigantesques entreprises semblent encore grandir et prendre une portée plus élevée, quand on les applique à celle que nous venons d'étudier. Le chemin de fer du Pacifique ouvre à l'esprit un horizon plus vaste et plus nouveau. Il n'offrirait pas seulement une route plus rapide au commerce, mais produirait un déplacement dans les populations d'une grande partie du globe, et, comme le mouvement de l'émigration chinoise semble l'indiquer, amènerait sans doute une fusion des races asiatique et européenne dans les parties occidentales et centrales de l'Amérique du Nord. Qu'on ne croie point que ce projet, qui a pris, comme les événements les plus récents nous l'apprennent, une place dans le programme des partis aux États-Unis, ne soit qu'une arme électorale, une de ces promesses brillantes et mensongères que l'on jette en pâture à une opinion publique avide et facile à passionner. Il y a des intérêts que les courants passagers des événements ne peuvent ni vaincre ni changer ; le temps, au lieu de les détruire, les fortifie. Des difficultés de plus d'une espèce peuvent retarder pour un temps

indéfini l'exécution du chemin de fer du Pacifique :
il suffit d'indiquer les crises commerciales, les obstacles matériels, les luttes intestines de l'Union, un
ralentissement subit de l'émigration, les complica-
tions de la politique extérieure; mais la nation qui
convoite déjà les îles Sandwich, qui a fait un traité
avec le Japon, qui a construit à Panama un chemin
de fer et une route dans le Nicaragua, aura toujours
intérêt à établir une communication continentale
entre les deux océans. Un projet dont l'exécution
doit rendre l'Amérique maîtresse des marchés de
l'Asie et de l'océan Pacifique tout entier ne peut jamais retomber entièrement dans l'oubli.

COMMUNICATIONS INTEROCÉANIQUES

Parmi les voies de communication projetées entre
les deux océans, l'Atlantique et le Pacifique, il y en
a qu'on pourrait nommer *continentales*, parce qu'elles
traversent l'immense étendue de l'Amérique du Nord.
L'agrandissement rapide du territoire des États-Unis,
le mouvement continu de l'émigration vers l'Ouest,
la découverte des mines d'or de la Californie, la
prospérité croissante des provinces situées sur la
côte du Pacifique, ont fait naître ces projets nouveaux dont nous venons d'apprécier l'importance
relative ; mais les espérances qui se rattachent à
ces ambitieuses entreprises ne sont pas encore sorties du cercle même où elles ont pris naissance. Il y
a bien longtemps, au contraire, que toutes les nations
civilisées se préoccupent des nombreuses tentatives

faites pour unir les deux océans, en traversant dans une partie quelconque l'isthme allongé et en certains points si étroit qui unit les deux Amériques. La disposition singulière de cette région du nouveau monde explique très-bien que les premiers efforts se soient portés de ce côté, et il est naturel qu'on ait tenté à maintes reprises, qu'on cherche encore aujourd'hui à résoudre dans l'Amérique centrale le problème de la jonction des deux mers, qui a tourmenté tant d'esprits élevés et nourri de si brillantes espérances.

Quels progrès cette question a-t-elle faits depuis quelques années? quels résultats définitifs a-t-on obtenus à la suite des reconnaissances multipliées dont les provinces de l'Amérique centrale ont été le théâtre? C'est ce que nous croyons opportun d'examiner. Dans des études si difficiles, l'intérêt, l'engouement, la rareté des renseignements exacts n'ont que trop contribué à propager et à entretenir de fâcheuses illusions. S'il est malaisé de recueillir des données précises sur la partie en quelque sorte purement technique de ces projets, il l'est peut-être encore plus d'apprécier à leur juste valeur les changements que l'ouverture des nouvelles voies de communication amènerait dans le mouvement général du trafic. Les courants commerciaux se déplacent ou se détournent d'après des lois parfaitement rigoureuses, mais sous des influences si complexes que les plus habiles peuvent s'y tromper. Trop souvent on s'est inquiété assez peu d'évaluer avec une rigueur suffisante ces données économiques, et l'on s'est borné à asseoir quelques calculs sur des indications statistiques incomplètes. Heureusement les projets se sont multipliés avec une telle rapidité, qu'il est aujourd'hui devenu possible de formuler un jugement à peu près définitif sur la plupart des travaux commencés ou proposés ; les observations des divers explorateurs ont été soumises au contrôle sévère de leurs rivaux ; les erreurs les plus graves sont dissipées ; enfin les résultats connus de l'exploitation du chemin de fer de Panama permettent de fonder sur une base plus solide les conclusions relatives à l'avenir économique des projets qu'on espère encore réaliser.

Les communications continentales entre l'océan Atlantique et l'océan Pacifique se relient forcément à une œuvre future de colonisation dont il est impossible d'apprécier encore l'étendue : le développement des richesses naturelles de contrées aujourd'hui inhabitées et soustraites à l'activité humaine, jette dans cette solution des éléments tout nouveaux, dont le nombre et l'importance nous échappent. Quel œil assez clairvoyant saurait distinguer dans l'obscurité de l'avenir le point précis qui doit limiter un jour les forces productives et l'expansion envahissante des États-Unis ? Qui pourrait déterminer par combien de liens seront rattachés, à travers le continent même, les États baignés par les deux océans ? L'établissement d'une nouvelle voie de communication dans les provinces de l'Amérique centrale est dégagé de pareilles incertitudes : cette voie n'est destinée qu'à donner des

facilités de plus à un mouvement commercial dont
la nature est parfaitement connue ; comme elle n'a-
mènerait aucun déplacement sensible dans les populations de l'ancien ou du nouveau continent, les
conséquences qui doivent en résulter peuvent être
renfermées dans des limites assez précises, et il n'est
pas impossible dès à présent de les indiquer avec
une exactitude suffisante. Les documents et les matériaux réunis sur les voies de communication projetées dans l'Amérique centrale sont très-nombreux.
On peut en trouver une excellente analyse dans divers
ouvrages, parmi lesquels je dois citer notamment
celui de M. Michel Chevalier. Aussi ne reviendrai-je
que rapidement sur les premières tentatives, et principalement afin de signaler les erreurs qui depuis ont
été rectifiées : je m'étendrai de préférence sur les
dernières explorations et sur la comparaison des
opinions diverses émises au sujet de communications
nouvelles.

Dans la pensée de ceux qui ont les premiers étudié
l'important problème de la jonction des deux océans,
on devait le résoudre par l'établissement d'un canal
qui pût servir de passage aux plus larges bâtiments.
Depuis cette époque, et sans renoncer à l'espoir de
construire ce canal, on s'est attaché à étudier des
tracés de chemin de fer dans l'Amérique centrale, et
l'on a même achevé une ligne ferrée à travers l'isthme
de Panama. Nous commencerons par nous placer
dans chacune des provinces qui ont été explorées
pour examiner les divers projets, soit de canal, soit

de chemin de fer, et nous chercherons à en apprécier les avantages et les inconvénients relatifs. Nous essayerons d'analyser ensuite les conséquences économiques de l'ouverture d'un canal de communication à travers une partie quelconque de l'isthme. Cet examen permettra de décider si l'achèvement du chemin de fer de Panama répond suffisamment aux exigences actuelles du commerce, ou si, pour y satisfaire, il ne convient pas d'établir de nouveaux chemins de fer dans ces contrées plutôt qu'un canal de grande communication maritime.

On s'est quelquefois étonné que les projets multipliés, les reconnaissances nombreuses faites dans l'isthme de Tehuantepec, dans ceux de Panama, de Darien, et dans le Nicaragua, n'aient jamais abouti, et que la question ne soit guère plus avancée aujourd'hui qu'autrefois. En vain les républiques de l'Amérique centrale se sont-elles montrées prodigues de concessions : les unes après les autres, les compagnies ont dû en laisser perdre le fruit, et n'ont jamais pu commencer les travaux ; les capitaux européens et américains sont demeurés sourds aux appels réitérés en faveur d'un canal maritime. A ceux qui n'attribueraient une pareille inertie qu'à l'esprit de routine ou à la timidité, l'exécution du chemin de fer de Panama, accomplie au milieu de difficultés sans nombre, servirait de réponse. Pour expliquer la réserve des capitalistes en présence d'opérations aussi grandioses et qui depuis si longtemps s'annoncent avec d'aussi riches promesses, il n'est pas impossible de trouver des raisons très-fortes, et l'on pourrait presque dire concluantes ; il suffit d'étudier avec attention le genre de trafic dont un canal maritime pourrait devenir l'artère dans l'Amérique centrale, et de chercher à se rendre compte de la condition sociale, des besoins des peuples qui se trouvent engagés dans le commerce du Pacifique, de la nature des échanges qui s'opèrent entre eux. Cet examen a d'ailleurs encore aujourd'hui un autre intérêt, en ce qu'il peut aider à découvrir l'influence qu'exercerait l'ouverture d'un canal maritime américain sur les opérations commerciales de la grande voie qui unira peut-être un jour les eaux de la mer Rouge à celles de la Méditerranée.

I.

L'Amérique centrale présente des contours extrêmement irréguliers ; elle forme dans son ensemble un isthme allongé qui joint les deux parties du nouveau monde, et qui, de Vera-Cruz à Panama, n'a pas moins de cinq cents lieues de long. Le continent de l'Amérique du Nord se resserre de plus en plus à mesure qu'on avance vers les parties méridionales de la province de Mexico : le point où il devient le plus étroit est connu sous le nom d'isthme de Tehuantepec. Au delà, le continent s'élargit de nouveau pour former la vaste province de Guatemala et celle du Yucatan, dont la pointe avancée sépare le golfe du Mexique de la mer des Antilles. Cette région est la partie de l'Amérique centrale qui présente la plus grande largeur, et qui est restée naturellement en dehors des explorations provoquées par les projets de jonction des deux océans. Quand on la dépasse et qu'on se dirige vers l'Amérique du Sud, on traverse successivement les États d'Honduras, de Nicaragua, de Costa-Rica, et la Nouvelle-Grenade. Le continent devient de plus en plus resserré, et cette dernière province, où se trouvent les isthmes fameux de Panama et de Darien, ne forme plus qu'une véritable langue de terre, quand on la compare aux surfaces immenses occupées par le Mexique et les États-Unis.

Les parties de l'Amérique centrale où l'on a étudié les tracés de canaux et de chemins de fer sont au nombre de cinq : l'une met l'océan Pacifique en rapport avec le golfe du Mexique, les quatre autres avec la mer des Antilles. Ces divers points sont, du nord au sud, l'isthme de Tehuantepec, l'État de Honduras, l'État de Nicaragua, l'isthme de Panama, l'isthme de Darien.

Le projet d'un canal à travers l'isthme de Tehuantepec remonte jusqu'à Fernand Cortez. Le célèbre conquérant avait entendu parler des Californies, qu'il prenait pour des provinces asiatiques, et avait songé à établir une ligne de communication avec ces régions privilégiées, que l'imagination des Européens remplissait de fabuleuses richesses. Pendant l'année 1814, avant que les colonies espagnoles eussent proclamé et établi leur indépendance, les cortès avaient décidé qu'un canal serait ouvert dans cette partie de l'Amérique; mais ce projet devait être bien vite oublié, et il ne fut repris qu'en 1842. Don José de Garay publia vers cette époque un rapport étendu sur l'établissement d'une communication interocéanique dans l'isthme de Tehuantepec. D'après les renseignements qu'il avait recueillis, il considérait comme navigable sur une assez grande longueur la rivière Coatzocoalcos, qui se jette dans le golfe du Mexique, et traverse une grande partie de l'isthme. A partir du confluent du Serabia, un canal à point de partage, de 50 kilomètres de long, devait traverser la sierra, descendre le versant du Pacifique et aboutir aux lagunes de Tehuantepec.

Les inconvénients de ce projet sont d'une nature tellement grave, qu'il a dû être complétement abandonné. Bien que le niveau de la contrée soit comparativement assez bas, le passage de la ligne de faîte nécessiterait des travaux extrêmement dispendieux. En outre l'on ne pouvait compter, pour alimenter le canal, que sur l'eau fournie par le Rio-Chicapa et ses affluents, dont le débit est incertain et sans doute insuffisant. Enfin le désavantage le plus signalé de cette ligne consiste dans l'absence de bons ports. Sur l'océan Atlantique, l'isthme de Tehuantepec n'en présente aucun. M. Garay proposait de faire entrer directement les navires dans le fleuve Coatzocoalcos: mais il est à peine nécessaire d'indiquer combien une pareille solution est peu satisfaisante. D'ailleurs, la barre qui

ferme l'embouchure ne laisserait passer que des
vaisseaux de 300 tonnes. La hauteur d'eau, qui, à
marée haute, est de 13 pieds, n'est à marée basse que
de 11 pieds. M. Orbegozo, chargé par M. Garay de
reconnaître l'embouchure du fleuve, avait indiqué
une profondeur de 21 à 23 pieds. C'était là une grave
exagération, qui a depuis été rectifiée par les ingénieurs d'une autre compagnie et par le commodore
américain Perry. Plusieurs autres personnes expéri-
mentées se sont positivement déclarées contre le
projet, entre autres le capitaine Liot, surintendant des
steamers anglais des Indes occidentales. Suivant lui,
les vaisseaux qui chercheraient dans le Coatzocoalcos
un refuge contre les vents du nord, qui descendent la
vallée du Mississipi et viennent s'abattre avec violence
sur l'isthme de Tehuantepec, n'éviteraient un danger
que pour se jeter dans un danger plus grand, à cause de
la faible profondeur de l'entrée. Il n'est pas inutile de
remarquer que les bateaux à vapeur employés dans le
transit californien, destiné à devenir le principal sur
toute la ligne ouverte dans l'Amérique centrale, ont besoin d'avoir un très-puissant tonnage (d'environ 3000
tonnes), et par conséquent un fort tirant d'eau. Pour
les navires à voiles, il se manifeste partout une tendance de plus en plus prononcée à en augmenter les
dimensions : l'expérience a démontré que ceux qui
naviguent avec le plus d'économie ont de 1200 à
1400 tonnes, et de 20 à 24 pieds de tirant d'eau. Du
côté de l'océan Pacifique, le port qui, dans le projet
de M. Garay, devait former la tête du canal est, sui-

vant M. de Humboldt, très-mauvais. M. Michel Chevalier n'en parle pas avec plus de faveur. « Tehuantepec, dit-il, mérite à peine le nom de rade ; la mer
se retire journellement de ses côtes, l'ancrage y devient d'année en année plus mauvais ; le sable que
charrie le Chimapala augmente la hauteur et l'étendue
des bancs sablonneux placés au débouché de la première lagune dans la seconde, et de celle-ci dans la
mer, et déjà Tehuantepec n'est plus accessible qu'à
des goëlettes. » De fait, ce port ne peut servir à rien,
et l'on a depuis songé à en faire un artificiel au moyen
d'un môle de 2000 pieds de long sur un point de la
côte qu'on nomme Ventosa à cause des vents du
nord-ouest qui y soufflent fréquemment. On sait
quelles difficultés l'on rencontre dans l'établissement
des grandes constructions maritimes, et quelles
sommes énormes il faut y consacrer dans des pays
où sont pourtant accumulées toutes les ressources de
l'art : aussi peut-on à peine songer sérieusement à
entreprendre de tels travaux dans des contrées lointaines, où le climat est meurtrier, où la main-d'œuvre
ne peut s'obtenir qu'à grand'peine.

On a renoncé aujourd'hui à faire un canal maritime
dans l'isthme de Tehuantepec ; mais là, comme en
plusieurs autres parties de l'Amérique centrale, les
projets de chemins de fer ont succédé aux projets de
canaux. Il est certain qu'avec Honduras et Panama,
cette partie de l'Amérique centrale se prête le mieux
à la construction d'un chemin de fer. Au point de
vue des distances absolues, l'isthme de Tehuantepec

présente même quelque avantage sur l'État de Honduras ; mais cette supériorité est perdue en réalité, parce que la navigation est mauvaise et difficile dans le golfe du Mexique. D'ailleurs, la compagnie qui est actuellement en possession d'un privilége dans cette partie de l'Amérique centrale, et qui se nomme la *Compana mista*, est tenue par son cahier des charges de prendre Vera-Cruz pour port principal. De là des vaisseaux mexicains pourraient seuls transporter les marchandises et les passagers au point où l'isthme serait franchi. Sans parler de l'insalubrité du port de Vera-Cruz, attestée par M. de Humboldt, il est certain qu'on ferait ainsi un détour aussi long qu'inutile, rendu en outre dangereux par des bancs et des récifs.

L'objection tirée de l'absence de bons ports aux deux extrémités de l'isthme subsiste dans toute sa force contre ce nouveau projet. Il est malheureux que cette région soit si peu favorisée sous ce rapport, car c'est celle où l'on pourrait trouver le plus facilement des ouvriers en nombre suffisant. Elle se rapproche de la portion la plus peuplée du Mexique, et le climat aussi semble y être plus sain que dans les autres parties de l'Amérique centrale. Toutefois, ces avantages ne peuvent point racheter les inconvénients que nous avons signalés, et l'on peut affirmer que l'isthme de Tehuantepec, placé aujourd'hui en dehors du courant commercial de la mer des Antilles, ne deviendra jamais la grande route interocéanique de l'Amérique centrale.

Le second point qui se présente dans l'ordre des

lignes de communication interocéanique est l'État
de Honduras. On n'a jamais songé à y établir un
canal maritime ; mais avec Panama cette province
est une de celles qui se prêteraient le plus facilement
à l'établissement d'un chemin de fer, et tout récemment une compagnie américaine en a fait faire les
études. La ligne proposée part de Puerto-Caballo,
situé sur l'océan Atlantique, et aboutit, du côté du
Pacifique, à la baie de Fonseca : elle suit la vallée de
la rivière Numaya jusque vers sa source, puis franchit la plaine qui forme le point de partage des eaux
ou plateau de Comoyagua, et redescend de l'autre
côté la vallée du Rio-Guascovan, qui se jette dans la
baie de Fonseca. Ces deux vallées, séparées par une
crête peu élevée, forment comme une coupure naturelle
transversale au continent, et dirigée dans le sens du
nord au sud. Le chemin de fer, en la suivant, présenterait de très-faibles inflexions, et joindrait les deux
océans par une ligne presque droite de 160 milles de
long.

Les ports des deux extrémités sont représentés comme excellents. Celui de Puerto-Caballo est très-grand,
d'une entrée et d'une sortie faciles, et présente partout
de 4 à 12 brasses de profondeur. La disposition de la
côte y permettrait l'établissement d'une grande cité.
Il n'y a point aux environs de marécages qui la rendraient tout à fait insalubre : la lagune située au nord
de Puerto-Caballo est formée d'eau salée, et, par une
coupure de peu d'étendue, pourrait même être convertie en bassin intérieur. Ce lieu avait été autrefois

choisi par Cortez pour former le grand et principal entrepôt de l'Amérique espagnole. Il n'a été abandonné que parce que le port était trop grand pour qu'on pût le défendre contre les boucaniers.

Du côté de l'océan Pacifique, la baie de Fonseca forme la rade la plus magnifique de toutes ces côtes. Elle a 50 milles de long, 30 milles de large, et contient trois îles qui offrent d'excellents abris et des situations admirables pour l'établissement de grandes villes. La nature et la disposition du terrain ne présentent pas, suivant le rapport de M. Squier, de difficultés sérieuses à la construction d'un chemin de fer, et partout les inclinaisons des rampes pourraient être renfermées dans les limites ordinaires. Le plus grave inconvénient de ce projet est la longueur de la ligne, comparée à celle de Panama. Ce dernier chemin n'a que 50 milles de long, celui de Honduras en aurait 160. La mortalité a été très-grande parmi les ouvriers qui ont été employés au chemin de fer de Panama à Aspinwall ; elle serait véritablement effrayante sur la ligne nouvelle : on éprouverait non moins de difficultés à y obtenir des travailleurs, et il serait pourtant indispensable d'en réunir un nombre beaucoup plus considérable.

Le rapport américain affirme, mais cette assertion nous paraît au moins douteuse, que le trajet de New-York à San-Francisco par voie de Honduras présenterait une économie de temps sur le trajet par voie de Panama. Ce qui est certain, c'est que l'isthme de Panama est plus favorablement situé pour le commerce européen, soit avec la Californie, soit avec l'Australie.

L'État de Nicaragua a tenu depuis longtemps une bien plus grande place que celui de Honduras dans les préoccupations de ceux qui poursuivent l'établissement de lignes commerciales nouvelles. Les singuliers événements dont cette province est aujourd'hui le théâtre, les tentatives que multiplient les Américains pour y établir leur prépondérance, les débats auxquels le traité Clayton-Bulwer a donné lieu, sont encore faits pour augmenter l'intérêt que cette province du nouveau monde inspire en ce moment à toutes les nations.

Il n'est pas étonnant que cette portion de l'isthme qui joint les deux Amériques ait paru dès longtemps très-favorable à l'établissement d'un canal maritime : les deux magnifiques lacs qu'elle renferme se prêtent merveilleusement à une grande navigation intérieure, et semblent appeler naturellement le mouvement commercial de ces régions. Les deux lacs de Nicaragua et de Managua étaient en effet compris dans un projet célèbre, dont l'exposé, publié à Londres en 1846, excita alors une vive sensation, tant par l'importance même du sujet qu'à cause de l'auteur, que tout le monde reconnut sous de transparentes initiales.

Le canal proposé devait se rapprocher du fameux canal calédonien qui traverse une partie de l'Écosse, et sert de passage aux plus gros vaisseaux marchands sur une longueur de 59 milles; 21 milles y sont formés par le canal, et le reste par les lacs Lochy, Oich et Ness. Le canal calédonien a 50 pieds de largeur à la base, 110 au niveau de l'eau, et 20 pieds de profondeur. Les écluses, au nombre de vingt-quatre, qui servent à franchir le faîte, ont des chambres de 40 pieds de large et de 172 pieds de long. Le canal de Nicaragua devait encore dépasser ces dimensions déjà colossales : la profondeur était portée à 23 pieds; la largeur, qui, à la hauteur du niveau de l'eau, devait être de 147 pieds, permettait de faire passer en même temps trois bâtiments de 1200 tonnes. On assignait aux écluses 47 pieds de large et 210 pieds entre les deux portes, de façon à admettre en même temps deux navires de 300 tonnes.

La distance entre les deux points terminaux du canal proposé était de 278 milles; sur cette longueur, il n'y avait de travaux de canalisation à effectuer que sur 82 milles seulement. Sur la ligne qui sépare les ports des deux extrémités, San-Juan de Nicaragua ou Greytown, du côté de l'Atlantique, et Realejo sur l'océan Pacifique, on peut distinguer cinq sections principales : le cours de la rivière San-Juan, le lac de Nicaragua, la rivière Tipitapa, qui unit le lac de Nicaragua au lac Managua ou Leon, et la partie de l'isthme qui s'étend jusqu'à l'océan Pacifique et à la baie de Fonseca.

Le cours du San-Juan, qui unit la ville du même nom au lac de Nicaragua, a 104 milles de long; la navigation y est rendue fort difficile par une succession de *rapides* où le lit est peu profond, et où les

eaux descendent avec une grande violence sur un
fond très-incliné. Ces rapides sont au nombre de
quatre ; on espérait les franchir et y obtenir une suffisante profondeur d'eau en enfermant chacun d'eux
entre deux barrages éclusés ; en d'autres points, où
la profondeur d'eau n'est pas assez grande pour le
passage de gros bateaux, on aurait de même établi
des écluses et approfondi le lit par des travaux de
curage. En tout, on aurait établi dix barrages éclusés sur le cours du fleuve. En outre, une branche,
nommée le Colorado, par où se perd une quantité
d'eau considérable, eût été fermée, et la rivière, ainsi
grossie, aurait elle-même nettoyé son lit sur une
certaine distance.

La rivière de San-Juan sort du beau lac de Nicaragua, qui n'a pas moins de 90 milles de long, et
présente en plusieurs points de ses rives d'excellents
emplacements pour des ports et des villes. Le lac est
uni par la petite rivière Tipitapa, qui a 20 milles de
long, au lac Managua, situé à un niveau un peu plus
élevé au-dessus de la mer. Dans le projet qui nous occupe, cette différence de hauteur, évaluée à 30 pieds,
devait être rachetée par l'établissement de trois écluses.
On proposait aussi l'entière canalisation de la rivière,
qui n'est actuellement navigable en bateau que jusqu'à
douze milles du lac de Nicaragua, et dont le lit est partout encombré de rochers.

A partir du lac de Managua, la ligne suivie par le
canal va encore en s'élevant à 55 pieds, pour atteindre la ligne de faîte, située à 212 pieds au-dessus du

niveau de l'océan Pacifique. Dans cette partie de l'isthme, on voit que le canal eût été à point de partage, et on comptait l'alimenter avec les eaux d'une rivière nommée Tosta ou Tolita ; il n'aurait pas fallu moins de 29 barrages éclusés, 6 pour gravir le versant oriental et 23 pour redescendre le versant occidental de la ligne de faîte jusqu'à Realejo, le seul port passable de la côte.

Ce projet, qui tirait parti de la disposition naturelle de l'État de Nicaragua et du merveilleux enchaînement de rivières et de lacs qui traversent l'isthme presque entièrement, devait naturellement servir de base à ceux qui l'ont suivi. On a seulement cherché à laisser le lac Managua en dehors de la ligne, et à en trouver une plus directe entre le lac même de Nicaragua et l'océan Pacifique. Cette modification forme le trait principal d'un projet important présenté par la compagnie américaine, qui envoya récemment un corps d'ingénieurs, sous le commandement du colonel Childs, reprendre les études du canal du Nicaragua.

Les auteurs de ce projet ont évité le lac Managua pour diminuer la longueur du canal et le nombre des écluses. D'ailleurs la partie du canal qui joindrait le lac Managua à l'océan Pacifique serait, avons-nous dit, à point de partage, et il paraît qu'on n'est point sûr de pouvoir l'alimenter au niveau élevé qu'il devrait forcément atteindre. On ne pouvait obvier à cet inconvénient qu'en faisant à grands frais une coupure à travers la ligne de faîte qui domine le lac de Managua. A tous ces désavantages il faut encore ajouter la profondeur tout-à-fait insuffisante et l'irrégularité du lit de la rivière Tipitapa, qui joint les deux lacs. Les travaux qu'il faudrait entreprendre pour l'approfondir et la canaliser sont si considérables, qu'il serait sans doute préférable de creuser un canal latéral. Frappé de ces inconvénients, le colonel Childs a exploré les vallées transversales qui font communiquer directement le lac de Nicaragua avec la mer. Il a choisi comme la plus favorable celle qui va de l'embouchure de la rivière Lajas à la ville de Brito, sur l'océan Pacifique. Le canal, dans ce projet, suivrait le cours du Lajas, et plus loin celui d'une autre rivière nommée Rio-Grande. La distance du lac à la mer sur cette ligne n'est que de 18 milles; la différence de niveau est à marée basse de 102 pieds, à marée haute de 111 pieds, et la descente se ferait par quatorze écluses placées à 8 pieds les unes au-dessus des autres. L'obstacle principal est ici l'absence d'un port sur l'océan Pacifique; il serait nécessaire d'en construire un artificiellement à Brito, et d'y établir deux môles. On serait ainsi entraîné à une dépense que le colonel Childs évalue à 14 millions environ, mais qui sans doute serait bien plus considérable.

L'ingénieur américain a aussi étudié avec le plus grand soin tout ce qui se rapporte à la canalisation de la rivière San-Juan : il a mesuré partout la profondeur et la pente du lit. Les difficultés qu'on éprouverait à rendre le fleuve navigable dans toute la longueur sont de telle nature, que le capitaine anglais

Liot croyait plus économique de creuser un canal latéral entre le lac de Nicaragua et l'océan Atlantique, et d'y amener les eaux du San-Juan et du lac. M. Michel Chevalier admettait cette même nécessité au moins sur une bonne partie du cours du San-Juan. C'est à ce dernier avis que s'est en partie rangé le colonel Childs. Les écluses placées aux *rapides* ne sont point, dans son projet, établies sur le fleuve lui-même, mais, ce qui du reste est presque partout plus convenable, dans des coupures latérales formant un tronçon de canal. Du côté de l'océan Atlantique, on abandonne complétement le fleuve pour un canal latéral de 28 milles de long qui aboutit au port de San-Juan. Suivant M. Childs, la longueur du cours du San-Juan est de 119 milles : sur cette distance, la rivière ne serait canalisée que sur 90 milles, au moyen d'excavations faites dans le lit et de digues; le reste de la voie serait formé par le canal proprement dit. La différence de niveau entre le lac de Nicaragua et l'océan Atlantique est de 107 pieds à marée haute et de 108 pieds à marée basse, et M. Childs croit nécessaire d'établir quatorze écluses de ce côté comme de celui du Pacifique.

C'est peut-être ici le lieu de faire remarquer que les prétendues différences de niveau observées entre les deux océans n'étaient dues qu'à des erreurs d'observation. Le colonel Lloyd avait annoncé que la différence des deux niveaux est de 9 pieds environ, et M. Garella, d'après les mesures qu'il avait prises à Panama, avait porté cette différence jusqu'à 19 pieds.

Il y a bien longtemps que l'illustre M. de Humboldt et après lui M. Arago avaient contesté l'exactitude de ces résultats, et les travaux de nivellement du chemin de fer de Panama, aujourd'hui achevé, sont venus confirmer d'une manière irréfutable la justesse de leurs observations. Les marées sont inégales des deux côtés de l'isthme : elles varient beaucoup plus fortement du côté du Pacifique que du côté de l'Atlantique. Ainsi à Panama la différence est de 18 à 24 pieds entre la marée haute et la marée basse, tandis qu'elle n'est que de 18 à 24 pouces à Chagres ; mais le niveau *moyen* des deux océans est absolument le même. Les nombreuses observations recueillies des deux côtés de l'isthme de Panama n'indiquent qu'une insignifiante différence de 0,14 à 0,15 pieds suivant les saisons ; cette différence paraîtra sans doute assez faible pour qu'on puisse l'attribuer à des erreurs directes d'observation et au choix des localités où s'enregistrent les marées.

Il n'est pas inutile d'examiner combien il faudrait de temps à un bateau à vapeur et à un vaisseau à voiles ordinaires pour traverser le canal de Nicaragua. Le temps employé par un *steamer* ou un vaisseau quelconque pour franchir une écluse peut être évalué à 24 minutes environ, ce qui permet d'effectuer soixante passages en 24 heures. M. Childs estime que les bateaux à vapeur ne pourront sans danger pour les berges, faire plus de 2 milles 1/2 par heure sur le canal ; sur le lac et sur la rivière, ils pourraient, suivant lui, conserver la vitesse de 11 milles par heure qu'ils ont sur l'Océan. Les vaisseaux à voiles seraient remorqués par des bateaux à vapeur sur le lac et la rivière, et pourraient faire de 2 à 5 milles par heure; sur le canal, ils seraient remorqués par des chevaux et n'avanceraient que d'un mille par heure. En tenant compte des distances parcourues sur le canal, la rivière et le lac, et du nombre des écluses, qui est de 28, M. Childs admet qu'il faudrait, pour traverser l'isthme, deux jours à un bateau à vapeur et trois jours et demi à un navire à voiles. Le temps employé serait probablement toujours supérieur à ces chiffres à cause de l'emcombrement du canal et des délais inévitables dans la pratique.

La compagnie américaine dont nous venons d'examiner les projets, possédait, il y a peu de temps encore, un privilége pour l'établissement d'un canal dans le Nicaragua et avait aussi, sous le nom de *Compagnie de transit*, le droit d'exploiter les voies navigables et les lacs de cette région. Elle s'est vu arracher ce magnifique prestige par l'aventurier Walker, qui, durant la période éphémère de ses succès, saisit les bateaux de la compagnie et en proclama la déchéance, en se fondant sur ce qu'elle n'avait pas rempli certains engagements pécuniaires envers l'État.

Pour l'heure présente, ce privilége se trouve entre les mains d'un français, M. Belly, qui a réussi à conclure une convention avec les gouvernements de Nicaragua et de Corta-Rica, relative à la concession d'un canal maritime interocéanique par la rivière San

Juan et le lac de Nicaragua. Profitant des travaux de ses prédécesseurs, M. Belly n'a modifié qu'une partie de leurs projets : dans ses plans, la branche occidentale du canal franchit les terres qui séparent le lac de Nicaragua de l'océan Pacifique par le col de Salinas, et aboutit à la baie du même nom.

« La coupure de Salinas, lisons-nous dans son rapport, est la partie du tracé par où le projet de M. Belly diffère de ceux de tous ses devanciers. L'examen des mouillages de la côte du Pacifique, dans la région correspondante au lac de Nicaragua, démontre leur complète insuffisance, au point de vue d'un grand mouvement maritime. Au sud de cette région, la baie de Salinas présente, au contraire, des conditions nautiques comparables à celles des meilleurs ports du monde. C'est une profonde rade circulaire de cinq mille hectares de superficie sans plages basses et dont la profondeur exactement sondée varie de 8 à 14 mètres; son mouillage protégé en outre par la petite île située à l'entrée de son chenal est réputé par nos officiers un des meilleurs de la mer du Sud. »

La largeur de l'État de Nicaragua est trop considérable pour qu'on ait jamais songé à y établir un chemin de fer. D'ailleurs, tout le long du San-Juan, la contrée est un désert entièrement sauvage qu'on ne traverserait qu'à grand'peine. Arrivée au lac de Nicaragua, la ligne du chemin de fer ne pourrait pas le contourner en longeant les rives, et se trouverait forcément interrompue. Il faudrait donc traverser le lac· en bateau à vapeur et reprendre le chemin de fer au delà. On n'admet de pareils délais, avec les fréquents transbordements de marchandises, les ennuis, les dépenses qui en sont la suite, que sur une ligne tout à fait transitoire, en l'absence d'une meilleure voie de transport.

La route actuellement suivie par l'immense majorité des passagers est le chemin de fer construit dans l'isthme de Panama. Cette entreprise, qui permet de passer d'un océan à l'autre en quelques heures, est sans doute une des plus remarquables que ces dernières années aient vu terminer. L'achèvement de cette ligne, exécutée dans des circonstances extraordinaires et toutes nouvelles, a permis de préciser les notions trop vagues et trop incomplètes qu'on possédait jusqu'ici sur les conditions où s'opère le travail dans ces lointaines contrées et sur les difficultés que le climat y oppose.

Le chemin de fer part de l'île Manzanilla, située à 7 milles environ de l'embouchure de la rivière Chagres. A la tête du chemin s'élève aujourd'hui une ville nouvelle, qui a reçu pour nom celui de M. Aspinwall de New-York, l'un des principaux commerçants engagés dans l'entreprise; cette ville comptait déjà 2000 habitants en 1855, et grandit chaque jour avec une surprenante rapidité. Après avoir traversé l'étroit canal qui sépare l'île Manzanilla de la côte, le chemin de fer se dirige vers la vallée du Chagres, qu'il suit à peu de distance jusqu'à un affluent nommé l'Obispo. Il remonte cet affluent pour atteindre le point de partage des deux océans, à 37 milles environ de l'Atlantique et 10 milles du Pacifique. Après l'avoir dépassé, il descend la vallée du Rio-Grande et va atteindre Panama.

Du côté de l'Atlantique, la ligne traverse sur une longueur de 13 milles de profonds marécages, où il a partout fallu l'établir sur pilotis; dans les parties supérieures de la vallée de l'Obispo, la contrée est très-montagneuse, entrecoupée par de profonds ravins, et l'on a dû faire partout de profondes entailles dans le roc, accumuler les travaux d'art, et adopter des courbes extrêmement fortes. Enfin, du côté du Pacifique, la descente est très-rapide, et les ingénieurs ont été obligés d'admettre des rampes très-inclinées.

Les ports des deux extrémités, malgré quelques inconvénients, offrent généralement aux navires un abri suffisant. La baie de Limon, qui renferme l'île Manzanilla, forme la rade du côté de l'Atlantique : elle a une lieue de long et presque autant de large, et présente en moyenne sept brasses de profondeur. De l'autre côté de Manzanilla est la baie qui porte le même nom, plus petite, mais défendue contre les vents du nord, auxquels la baie de Limon est exposée. Panama ne présente point de véritable port, mais les vents y sont rarement forts, et la ville est protégée par un groupe d'îles que la compagnie américaine a achetées, et où l'on trouve d'excellents abris pour les vaisseaux.

Les difficultés qu'on a rencontrées dans l'exécution du chemin de fer de Panama, indépendamment dés obstacles présentés par la configuration de la contrée, sont de plus d'une espèce. Une des plus graves tient au climat tropical du pays et aux pluies torrentielles qui tombent pendant une grande partie de l'année, et sont très-redoutables pour les ouvrages en terre. L'expérience acquise par les ingénieurs de la compagnie du chemin de fer de Panama leur a démontré la nécessité d'élever les remblais dans une seule campagne avant la saison des pluies. Pendant cette période, les remblais se tassent très-rapidement, et ceux qui peuvent résister à l'épreuve sont garantis contre les tassements ultérieurs par la vigoureuse végétation qui succède aux pluies et les consolide pour toujours.

Les hautes températures de ces régions amènent aussi une décomposition extrêmement rapide des traverses et des ponts en bois; on a employé partout une espèce de pin nommée le pin jaune et le *lignum vitæ*. Malheureusement il n'y a aucune essence qui résiste longtemps à l'influence du climat, et l'œil n'apercevant point le travail de la décomposition, il arrive fréquemment que des bois qui paraissent complétement sains s'en vont tout à coup pour ainsi dire en poussière. Le terrible, mais unique accident qu'on ait eu à enregistrer jusqu'ici sur le chemin de fer de Panama est dû à la rupture d'un pont au moment du passage d'un convoi. La plupart des ponts sont dès à présent construits en pierre, et sans doute ils le seront tous bientôt. On a pu aussi recueillir des données précises sur l'insalubrité de l'isthme : elles n'ont fait

que fortifier la triste réputation que ces contrées ont
depuis longtemps acquise sous ce rapport, et donner
la certitude qu'il faudrait sacrifier un grand nombre
d'existences à l'exécution de tous les grands travaux
qu'on y projette. Les ouvriers blancs employés au
chemin de fer de Panama étaient à peu près au nombre de 6000. Le 28 janvier 1855, le nombre des morts
s'élevait à 293, c'est-à-dire au vingtième environ.
Cette proportion a été un peu moindre parmi les natifs et les ouvriers amenés de la Jamaïque, mais elle
a atteint un chiffre beaucoup plus considérable parmi
les *coolies*. La difficulté de trouver des ouvriers en
nombre suffisant dans le pays avait engagé la compagnie à les y amener à grand frais; on n'a pas eu
lieu d'en être satisfait, et pour les travaux futurs il
est probable qu'on tentera plutôt de n'attirer que des
ouvriers américains ou européens.

Aujourd'hui l'exploitation du chemin de fer de
Panama est en pleine activité; en 1853, avant même
qu'il fût terminé, il a transporté 32 000 passagers;
en 1854, le nombre s'élevait à 36 000, en 1855 à
40 000, et sans doute il ira longtemps encore en augmentant. La ligne n'a actuellement qu'une voie, mais
le rapide mouvement des voyageurs et des marchandises obligera bientôt à en ajouter une seconde. Panama est en effet devenu un centre commercial de
la première importance. Chaque semaine, des bateaux à vapeur, américains de 1500 à 2500 tonnes
établissent une communication régulière avec New-
York et San-Francisco. Une ligne de bateaux à vapeur

anglais de 1000 à 1200 tonnes fait deux fois par mois le service entre Panama et Valparaiso, en touchant à Callao, Aréquipa, Arica, Copiapo. Enfin une compagnie anglaise songe à établir une ligne de bateaux à vapeur de 3000 tonnes entre l'Angleterre et l'Australie par voie de Panama ; les bateaux feraient chaque mois dans l'océan Atlantique le trajet entre Milford-Haven et Aspinwall, — dans le Pacifique, entre Panama et Sydney ou Melbourne alternativement. Tahiti servirait d'entrepôt dans le Pacifique. Avant la guerre d'Orient, il existait une ligne de communication par bateaux à vapeur entre l'Angleterre et l'Australie, voie du cap de Bonne-Espérance. Ces bateaux ont été employés pendant la campagne au transport des troupes et des munitions en Crimée, et le gouvernement anglais s'est vu contraint de rompre tous les contrats pour le service des dépêches par bateau à vapeur pour l'Australie. Les communications régulières viennent d'être reprises sur la route ancienne du cap de Bonne-Espérance ; mais depuis longtemps les colonies australiennes souhaitent vivement qu'une ligne soit établie par la voie de Panama, que beaucoup de personnes se représentent comme la plus directe. En effet, quand on jette les yeux sur une carte de Mercator, on voit qu'on peut joindre Sydney, Panama et l'Angleterre par une ligne presque absolument droite ; mais on ne remarque pas toujours que cette ligne occupe un peu plus de la moitié de la circonférence du globe. On fait aussi beaucoup de bruit des avantages que l'océan Pacifique, presque toujours calme aux latitudes tropicales qu'on aurait à traverser entre Panama et l'Australie, et parfois tranquille comme un lac, présente à la navigation. Malheureusement les voyageurs auraient beaucoup à souffrir des chaleurs pendant presque tout le temps de la traversée. Au dire de tous les navigateurs qui ont parcouru l'océan Pacifique, ces chaleurs deviennent fréquemment intolérables, et affectent sérieusement la santé pendant ces calmes prolongés, qui durent souvent plus d'une semaine. Il faut ajouter qu'en suivant la route de Panama, on court encore le risque, avant de quitter le port de l'Atlantique, d'être atteint de la fièvre jaune ou de l'une des fièvres malignes qui règnent pendant toute la saison des pluies.

Malgré ces inconvénients, il a souvent été très-sérieusement question d'établir un service à vapeur entre Panama et l'Australie; et si les Anglais ne se hâtent point de prendre l'initiative, il se peut qu'ils soient devancés par une compagnie américaine déjà formée dans la même intention. Jusqu'ici, le trafic entre les États-Unis et l'Australie a été extrêmement limité, mais il peut se développer considérablement: car dans les colonies australiennes il n'y a de droits que sur un très-petit nombre d'articles, et tous les produits principaux que les États-Unis pourraient importer en sont entièrement exempts. Le seul avantage important que posséderait une compagnie anglaise serait la subvention que le gouvernement lui donnerait pour le transport des dépêches.

Si la ligne de communication entre Panama et l'Australie s'établit, si l'on donne, quelque jour, suite au projet de former entre San-Francisco et Shanghaï, par voie des îles Sandwich, un service de bateaux à vapeur américains de 3000 tonnes, on voit quelle importance est destiné à atteindre l'isthme de Panama, devenu une de routes principales entre l'Europe, les États-Unis et la côte occidentale des deux Amériques, l'Australie et la Chine. La construction du petit chemin de fer de Panama, qui n'a que 46 milles de long, a coûté au delà de 35 millions; mais ces sacrifices n'ont pas été inutiles, et deux ans après l'achèvement du chemin, les marchands de New-York qui l'on fait construire ont retiré de leur capital un intérêt extrêmement élevé.

Maintenant que le chemin de fer de Panama est terminé, il semble à peine nécessaire de revenir, autrement que pour les rappeler, sur les nombreux projets de canal présentés depuis longtemps pour unir à travers cette partie de l'isthme les deux océans. Dès 1827, et sur l'avis de M. de Humboldt, Bolivar avait fait exécuter le lever topographique de la contrée par M. Lloyd, officier anglais attaché à son état-major. Depuis cette époque, plusieurs plans ont été mis en avant pour accomplir cette grande entreprise, et le chemin de fer de Panama suit même l'une des lignes étudiées pour l'établissement d'un canal. L'avantage qui résulte de la faible largeur de l'isthme est malheureusement compensé par des difficultés dont quelques-unes sont insurmontables. Les

rivières de l'isthme, le Chagres et la Trinidad du
côté de l'Atlantique, le Farfan et le Rio-Grande du
côté de l'océan Pacifique, sont trop peu profondes
pour qu'on pût les canaliser sans très-grands frais,
au moins sur une partie de leur longueur, et il serait
sans doute plus économique de creuser un canal sur
toute la largeur de l'isthme ; mais l'inconvénient le
plus grave tient au relief du terrain : l'altitude du faîte
qui sépare les deux océans atteint 170 pieds, et il
paraît absolument impossible d'amener de l'eau en
quantité suffisante au point de partage. M. Garella,
que le gouvernement français avait, il y a quelques
années, envoyé à Panama, avait hardiment admis la
nécessité, pour traverser l'isthme, de creuser un tunnel gigantesque, assez grand pour que des vaisseaux
mâtés pussent y passer.

Les dernières lignes que nous ayons à examiner
sont celles qui traversent l'isthme de Darien. Depuis
longtemps, ce point remarquable avait été signalé au
gouvernement espagnol, et M. de Humboldt l'avait
estimé supérieur à toutes les autres parties de l'Amérique centrale pour l'établissement d'un canal maritime. Malheureusement il a toujours été très-difficile
d'obtenir des renseignements précis sur la topographie de cette partie de la Nouvelle-Grenade, habitée
par des tribus d'Indiens indépendants et sauvages. On
en sait pourtant assez pour avoir renoncé à quelques
projets hâtivement conçus. La ligne de l'Atrato a dû
être abandonnée, parce que, sur une longueur de
plusieurs milles depuis la source, cette rivière est à

sec pendant une grande partie de l'année. Le San-Juan, qui en est séparé par une distance de 3 milles environ, ne peut y envoyer de l'eau, comme on l'avait cru d'abord, car le lever topographique a fait voir qu'il est à 100 pieds plus bas. Une seconde ligne, proposée par voie du Napipi et du Bando, n'a pas donné de meilleurs résultats. Il semble donc impossible, comme on l'avait espéré, d'unir le golfe de Darien à la baie de Cupica. En 1850, M. Lionel Gisborne a étudié un nouveau projet de communication, dans l'isthme de Darien, entre la baie où se jette le Rio-Darien, et qui porte le nom de baie Saint-Michel, et, du côté de l'océan Atlantique, la baie de Calédonie. Il est à regretter que son rapport, un peu trop bref, ne permette pas d'apprécier exactement la valeur de ce nouveau plan. La ligne de faîte atteint, sur la voie qu'il propose, la hauteur de 150 pieds, la même environ qu'à Panama. M. Gisborne admet qu'on pourrait, en raison de la faible largeur de la chaîne, y faire une simple coupure, et unir les deux océans par un canal sans écluses. Il appuie, non sans raison, sur la difficulté de faire franchir des écluses à de très-grands navires, sur la perte de temps qui en résulte ; il serait d'ailleurs très-difficile de fournir de l'eau à un canal éclusé. Il faudrait former au point de partage, avec les eaux des rivières Savannah et Caledonia, deux lacs artificiels qui se rempliraient pendant la saison des pluies, et alimenteraient le canal pendant le reste de l'année. Les proportions que M. Gisborne propose de donner au canal, éclusé ou non, sont tout à fait gigantesques : il ne parle de rien moins que 140 pieds de largeur à la base, 160 pieds à la hauteur du niveau de l'eau, et 30 pieds de profondeur. Les écluses qu'il faudrait construire auraient 400 pieds de long, 90 pieds de large, et seraient placées à 30 pieds les unes au-dessus des autres; suivant les estimations de M. Gisborne, le canal sans écluses coûterait 300 millions, et le canal avec écluses 112 millions. Tout en présentant ces deux projets à la fois, l'ingénieur anglais incline ouvertement vers le premier, et le représente comme satisfaisant seul aux conditions d'une grande communication interocéanique. Les inconvénients nombreux de la navigation ordinaire sur canal sont bien connus, et prennent encore plus d'importance sur une voie destinée aux plus gros navires, où le moindre accident dans une écluse pourrait interrompre pendant des mois entiers un transit d'une extrême importance.

L'isthme de Darien est trop rapproché de celui de Panama pour qu'on songe aujourd'hui à y construire un chemin de fer : la ligne proposée par M. Gisborne pour un canal se prêterait pourtant, sans doute avec peu de modifications, à l'établissement d'une voie ferrée, s'il est vrai que la chaîne de montagnes y soit interrompue par une dépression qui n'a que 150 pieds de hauteur au-dessus de la mer. En outre le chemin de fer de Darien n'aurait que 30 milles de long, ce qui lui donnerait un peu d'avantage sur celui de Panama.

Le temps et la distance ne sont pas les uniques éléments qu'il faille considérer dans l'ouverture de nouvelles voies commerciales. Une partie des navires qui actuellement tournent le cap de Bonne-Espérance et le cap Horn n'abandonneront ces lignes que si une route nouvelle permet de réaliser une économie dans le transport des marchandises sur quelques-uns des marchés les plus importants du globe. Il n'y a aucun doute que l'ouverture d'un canal maritime dans les provinces de l'Amérique centrale ne permît aux navires partis de l'Europe et des États-Unis d'atteindre plus rapidement les ports de la côte occidentale de l'Amérique; mais il est non moins évident qu'ils n'auraient aucun intérêt à adopter cette route, si le péage du canal dépassait la somme qui représente la dépense du navire jointe à l'intérêt des valeurs transportées pendant le nombre des jours qui se trouveraient ainsi gagnés. Même à frais égaux, les navires ne suivraient sans doute point le canal à cause des ennuis de ce mode de navigation, par crainte de délais inattendus, d'accidents dûs à la négligence ou simplement au hasard. Il faut donc qu'outre l'économie de temps une véritable économie d'argent les attire dans la voie nouvelle. La fixation des tarifs devient en quelque sorte une question vitale pour l'avenir de l'entreprise : voici de quelle manière on peut arriver à la résoudre. La dépense d'un navire comprend l'intérêt du prix d'achat et du gréement, les salaires et la nourriture de l'équipage, et les frais d'assurance. Pour un vaisseau de 1300 tonnes, on peut évaluer cette dépense à 6500 francs par mois

ou 216 francs par jour. Dans un navire de ce tonnage, la valeur d'une cargaison ordinaire ou moyenne
peut être estimée à 300 000 francs; l'intérêt de cette
somme à 6 pour 100 est de 1500 francs par mois, ou
de 50 francs par jour. En ajoutant ces deux sommes,
on voit que chaque jour de traversée représente une
dépense totale de 266 francs. Si le vaisseau traversait
un canal maritime, il faut examiner à combien de
jours de traversée équivaudrait ce passage au point
de vue des frais. Un navire de 1300 tonnes aurait à
payer, au prix de 3 dollars ou 15 francs environ par
tonne, la somme de 19 500 francs ; au prix de 2 dollars ou 10 fr. la tonne, celle de 13 000 fr.; au prix de
1 dollar 1/2 ou 7 francs 50 cent. la tonne, celle de
11 250 fr. La première de ces trois sommes représente la dépense de 65 jours de traversée, la seconde
de 43 jours, la troisième de 37 jours. En adoptant le
premier de ces tarifs, on laisserait donc en dehors
du mouvement commercial de l'isthme tous les navires qui, en le traversant, ne gagneraient qu'un
nombre de jours inférieur à 65; en se tenant au second tarif, on perdrait encore tous ceux pour lesquels
le passage par l'isthme ne permettrait pas de faire
une économie de temps égal à 43 jours. Ainsi que
nous le verrons, il est de toute nécessité d'adopter le
second ou le troisième tarif, et il est vraisemblable
qu'il serait utile d'admettre le dernier pour présenter un avantage sensible au commerce et attirer tout
le trafic qui pourrait suivre la voie de l'Amérique
centrale.

Le taux des tarifs est en relation directe avec l'importance du tonnage qui serait attiré par l'ouverture d'un canal maritime dans l'Amérique centrale. Une fois admis le tarif le plus convenable, il faut chercher à évaluer sur quel tonnage et par conséquent sur quel revenu l'on peut compter, en second lieu si ce revenu est assez considérable pour rémunérer suffisamment les capitaux qu'il est nécessaire d'engager dans l'entreprise. Il est bien difficile de résoudre avec quelque précision la première de ces questions ; pourtant il n'est pas impossible d'arriver à quelques conclusions fort importantes, on examinant quelle est la nature même du trafic dont cette partie du nouveau monde pourrait devenir l'artère. Nous avons vu qu'en adoptant le tarif de 7 fr. 50 cent. ou 1 dollar 1/2 par tonne, on amènerait dans le canal maritime tous les navires pour lesquels l'économie de temps ainsi réalisée s'élèverait au moins à 37 jours. Examinons quel est, pour chacun des grands marchés de l'océan Pacifique, le nombre de jours que gagneraient, en passant par l'Amérique centrale, des navires venus soit des ports européens, soit de ceux des États-Unis.

Celui de ces marchés qui contribuerait pour la plus forte part à former le revenu du canal serait sans contredit la Californie. On sait avec quelle rapidité sans exemple cette région s'est peuplée : la soif de l'or, passion aussi vive, aussi frénétique de nos jours que du temps des conquérants espagnols, a jeté des milliers d'émigrants sur les *placers* du Sacramento. Uniquement occupée à arracher à un sol privilégié la richesse qu'il renferme, cette population, rassemblée de tous les points du globe, a dù jusqu'ici recevoir du dehors tout ce dont elle a besoin, objets de consommation et produits manufacturés de toute espèce. On ne peut comparer la Californie à une colonie ordinaire où la métropole envoie ses produits, et d'où elle tire en échange un certain nombre de matières premières que le sol ne peut fournir, et qui sont nécessaires à son industrie. Le nouvel État n'a payé jusqu'à présent ce qu'il reçoit qu'avec de l'or. Les navires à voiles qui des États-Unis ou de l'Europe vont à San-Francisco ne peuvent y trouver de cargaison de retour, et sont contraints d'aller en Chine, dans l'Inde ou dans une partie quelconque de l'océan Pacifique; leur chemin naturel au retour est donc le cap de Bonne-Espérance. Ainsi, parmi les navires à voiles en destination de la Californie qui suivraient le canal du Nicaragua ou tel autre canal ouvert dans l'Amérique centrale, un bien petit nombre adopterait cette voie pour revenir.

Il n'est, au reste, pas douteux que ceux qui se rendent aujourd'hui en Californie en doublant le cap Horn ne préférassent suivre le canal. De New-York à San-Francisco, il n'y a pas moins de 17 063 milles par la route actuellement suivie, tandis qu'il n'y en aurait que 5690 par la route nouvelle. Les vaisseaux à voiles mettent aujourd'hui moyennement de 150 à 140 jours à faire le voyage; par le canal, il ne faudrait que 50 ou 60 jours : il y aurait donc de 90 à 100 jours de gagnés, différence bien supérieure à celle qu'il est nécessaire d'atteindre pour que le canal devienne profitable. Néanmoins, pour la raison que nous avons indiquée, on ne prendrait cette dernière voie que pour l'aller.

Pendant que la Californie était à peine organisée, et que les préoccupations de tous ceux qui venaient grossir les rangs de la société nouvelle étaient tournées exclusivement vers la recherche de l'or, il est évident que l'État naissant a dû compter uniquement sur les importations des États-Unis et de l'Europe. Cependant la Californie est destinée à avoir bientôt un commerce propre : elle ira chercher elle-même les produits qui lui sont nécessaires, et deviendra, commercialement du moins, indépendante des États de l'Atlantique. Il suffit de jeter les yeux sur un globe pour s'assurer qu'elle aura tout avantage à s'approvisionner dans la Chine, l'Inde et les îles du Pacifique, où elle trouvera en abondance le riz, le thé, les épices, le café, la soie et le coton. Aujourd'hui elle produit déjà assez de céréales pour sa consommation, et peu de contrées réunissent au même point les conditions d'un grand développement agricole.

Si, comme il n'en faut point douter, la Californie multipliait bientôt ses relations avec le Levant et s'appliquait davantage à utiliser la fertilité de son propre sol, une des principales sources du revenu du canal de l'Amérique centrale se trouverait rapidement épuisée, et les États-Unis n'auraient plus à envoyer à San-Francisco qu'une faible quantité d'objets manufacturés. Les voyageurs et les expéditeurs d'or

auraient toujours intérêt à suivre cette voie comme
la plus rapide; mais le chemin de fer de Panama
opposerait une concurrence dangereuse au canal
maritime pour le transport des espèces et des passagers. Il est bien vrai qu'un canal ouvert dans l'état
de Nicaragua se trouverait situé plus au nord que
l'isthme de Panama : la différence des distances entre
New-York et San-Francisco par les deux voies est de
700 milles environ, si l'on ne tient pas compte du
passage à travers l'Amérique centrale. Cette différence
entre les distances correspond à une différence de
trois jours en faveur des bateaux à vapeur qui suivraient le canal de Nicaragua; mais c'est précisément le temps qu'il faudrait pour le traverser, tandis
qu'il faut quatre ou cinq heures seulement pour
franchir en chemin de fer l'isthme de Panama. On
voit donc qu'il n'y aurait aucun avantage essentiel à
suivre une route plutôt que l'autre au point de vue
du temps. Si les tarifs du canal n'étaient pas très-
bas, les bateaux à vapeur qui feraient le service sur
cette ligne auraient un désavantage marqué sur ceux
qui correspondent avec le chemin de fer de Panama.
Pour un *steamer* de 2000 à 2500 tonnes, les droits à
payer pour traverser le canal s'élèveraient à une
somme considérable : les bateaux à vapeur en allant
en Californie, seraient indemnisés par le fret des
marchandises qu'ils auraient à y transporter; mais
ils reviendraient ordinairement presque à vide, avec
de l'or et des passagers seulement, et auraient à
payer la même somme au retour.

Pour évaluer dans quelle proportion la Californie doit participer au revenu d'un canal maritime, il faut donc tenir compte à la fois des importations qui y seront faites par les États-Unis et les États européens, de l'exportation de l'or et du mouvement des voyageurs. La Californie a fourni 300 millions d'or pendant l'année 1854; le nombre des vaisseaux à voiles qui sont entrés dans le port de San-Francisco pendant la même année, venant des ports des États-Unis, de la France et de l'Angleterre, a été de 280, avec un tonnage total de 261 567 tonnes. Le développement probable des relations commerciales de la Californie avec les ports de l'océan Pacifique ne permet pas d'admettre plus de 250 000 tonnes pour le tonnage moyen des navires à voiles venant des ports des États-Unis à San-Francisco, par la voie du canal maritime, surtout si l'on établissait, comme il serait nécessaire de le faire, un service de *steamers* d'un fort tonnage entre les États-Unis de l'Atlantique et la Californie. En admettant que ces *steamers* aient 2000 tonnes et qu'il en parte deux par semaine de chacune des extrémités de la ligne, on ferait entrer ainsi dans les recettes du canal un droit de passage pour 416 000 tonnes.

Les navires venant des ports européens auraient aussi intérêt à traverser le canal maritime, mais, comme ceux des États-Unis, ils ne pourraient suivre cette voie au retour; on ne peut au reste compter sur plus de 50 000 tonnes pour cette branche du revenu. Le commerce proprement dit de la Californie four-

nirait donc 716 000 tonnes au canal de l'Amérique
centrale.

Au nord de la Californie se trouvent le territoire
de l'Orégon et l'île Vancouver. Les exportations qui
s'y dirigent auraient aussi intérêt à profiter de la
nouvelle voie de communication, mais les navires
rendus à leur destination ne reviendraient point par
le canal. Le tonnage total de ceux qui sont envoyés
annuellement dans l'Orégon ne dépasse point 10 000;
il en est de même pour ceux qui se rendent à l'île
Vancouver.

Tous les ports situés sur la côte orientale de l'A-
mérique, Callao, Valparaiso, etc., sont, comme ceux
de la Californie, des centres d'importation : les produits de l'ancien monde et des États-Unis y sont
payés avec les métaux précieux. Les navires qui vont
s'y vider ne trouvent généralement point de cargaison de retour, et vont en chercher en Chine, à
Manille, à Singapore, Java et Calcutta. Il ne revien-
drait sans doute par voie du canal qu'un certain
nombre de vaisseaux qui prendraient du thé à
Shanghaï, et dont le tonnage n'excéderait guère
30 000 tonnes. Les échanges opérés entre les États-
Unis et les États européens dans les ports du Pérou et
les petits ports du Pacifique rendraient tributaire
du canal un tonnage qui ne peut être évalué qu'à
80 000 tonnes environ. Depuis un certain nombre d'années, le guano des îles péruviennes fournit une excellente cargaison de retour; seulement le fret de cette
matière est aujourd'hui très-peu élevé, il faudrait un

tarif suffisamment bas pour amener dans le canal 100 000 ou 150 000 tonnes de guano.

Les chiffres précédents relatifs au commerce des ports du Pacifique paraîtront peut-être un peu faibles, mais il faut remarquer que les navires européens n'auront pas intérêt à suivre le canal maritime pour se rendre dans la plupart de ces ports. Il est très-important d'établir ce fait et de dissiper toutes les illusions qui pourraient encore être entretenues à cet égard. La distance entre l'Angleterre et Valparaiso par voie du cap Horn est, sur la ligne des vaisseaux à voiles, de 9560 milles; par le canal de Nicaragua, elle serait de 8745 milles; en tenant compte de la direction des vents et des courants, on évalue la longueur de la traversée moyenne par la route actuelle à 105 jours; en suivant le canal, la traversée serait de 104 jours : il n'y a donc qu'un jour de gagné pour aller d'Angleterre au Chili. Pour la retour, la traversée est de 108 jours par le cap Horn, et serait de 85 jours par le canal : la différence en faveur du dernier est ici de 23 jours. Ces chiffres indiquent suffisamment que tout le commerce entre l'Angleterre, la France et le Chili continuerait à suivre la route ancienne, puisque l'économie de temps nécessaire pour rendre le canal profitable doit s'élever au moins à 37 jours.

De l'Angleterre à Callao, la distance est de 11 134 milles par le cap Horn, et serait de 7328 milles par le canal pour l'aller; pour le retour, les distances correspondantes sont de 11 035 milles et de 6850 milles.

La traversée de l'Angleterre à Callao se fait dans
114 jours pour aller et 120 jours pour revenir: par
la voie du canal, elle s'effectuerait en 78 jours d'une
part, en 75 jours de l'autre. L'économie de temps
serait donc seulement de 36 jours dans le premier cas et de 45 jours dans le second. Dans ces
conditions, les navires ne suivraient point le canal
pour se rendre à Callao, et il est même douteux qu'un
grand nombre le traversât au retour.

En ce qui concerne le commerce des États-Unis, il
est aussi presque certain que les importations au
Chili continueraient à être dirigées par la voie du
cap Horn. En effet, d'après le rapport même du colonel Childs, partisan du canal de Nicaragua, la distance de New-York à Valparaiso par voie du cap
Horn est de 10 643 milles, et par le canal proposé de
5811 milles. Cette différence correspond à une économie de 42 jours seulement en faveur du canal.
Comme on ne gagnera rien à le suivre tant que la
différence n'excédera pas sensiblement 37 jours, on
peut affirmer que dans ces conditions un nombre
considérable de navires préféreront suivre la route
ancienne et éviter les ennuis du passage à travers
l'Amérique centrale.

On voit que l'ouverture d'un canal dans le Nicaragua ne détournerait véritablement que le courant
commercial qui se dirige sur les États de la côte orientale de l'Amérique du Nord et sur une partie seulement de ceux de l'Amérique du Sud. Celui qui aujour-
d'hui rayonne du cap de Bonne-Espérance vers l'Inde,

l'Australie et Canton, ne serait point modifié, et ceux qui prétendent le détourner au profit de l'Amérique centrale entretiennent une espérance chimérique. Qu'on nous permette de citer encore quelques chiffres plus convaincants que des raisonnements. Les navires à voiles mettent moyennement 110 jours pour aller d'Angleterre à Sydney et 116 jours pour en revenir par voie du cap de Bonne-Espérance; la longueur de la route est de 14 118 milles en allant et de 13 704 milles en revenant. Par voie du canal de Nicaragua, ces distances respectives seraient de 13 704 et de 14 657 milles. La traversée serait, pour l'aller de 108 jours, pour le retour de 125 jours. On gagnerait donc sur un bâtiment à voiles 2 jours seulement pour se rendre en Australie, et l'on perdrait 9 jours pour revenir en Angleterre. De l'Angleterre à Canton, les mêmes évaluations font voir qu'on gagnerait seulement 10 jours par le canal; au retour, l'économie de temps serait de 20 jours. On parcourt actuellement en 126 jours les 15 740 milles qui séparent l'Angleterre de Canton; au retour, la route a 15 270 milles de longueur et se fait en 134 jours : par la voie du canal, ces distances respectives sont réduites à 14 580 et 15 700 milles, et la longueur des deux traversées à 116 et à 112 jours. Pour aller de Singapore en Angleterre, il y aurait une perte positive de temps, qui ne serait pas inférieure à 20 jours, à suivre la voie du canal. Cette traversée, qui se fait aujourd'hui en 105 jours par le cap de Bonne-Espérance, ne se ferait plus qu'en 125 jours.

Il est inutile de multiplier ces exemples, qui prouvent assez que le commerce de l'ancien monde ne serait que bien peu affecté par l'ouverture d'une voie de communication interocéanique dans l'Amérique centrale. Plus on analyse les éléments du commerce dont elle deviendrait l'artère, plus on reste convaincu que cette entreprise ne présente un intérêt immédiat qu'aux États-Unis, aux provinces mêmes de l'Amérique centrale et au Pérou. Toutes les branches de revenu que nous avons cherché à évaluer ne forment que la somme de 996 000 tonnes. Il ne reste à y ajouter que 16 000 tonnes environ pour le commerce des îles Sandwich avec l'Europe et les États-Unis, et 80 000 tonnes pour les pêcheries de l'océan Pacifique septentrional. Les baleiniers qui explorent cette partie du Pacifique auraient en effet seuls intérêt à suivre le canal : car ceux qui ne recherchent que la baleine ordinaire commencent à pêcher dans l'Atlantique aussitôt qu'ils ont dépassé l'équateur, et continuent jusqu'à l'océan Indien ; ils vont ordinairement porter de l'huile à Sydney ou à Hong-Kong, et prennent pour revenir la route du cap de Bonne-Espérance. Les pêcheries mêmes de l'océan Pacifique septentrional ne fourniraient sans doute pas toujours une recette également importante au canal maritime : car la Californie deviendra tôt ou tard le point de départ des pêcheurs, qui n'auront plus comme aujourd'hui à faire des campagnes de trois ans, pendant lesquelles ils perdent un intérêt considérable.

Toutes ces branches de revenu réunies forment

une somme totale de 1 092 000 tonnes, qui, au tarif
de 1 dollar 1/2 ou 7 fr. 50 c. par tonne, donneraient
une recette annuelle de 8 190 000 fr. Il faut encore
y ajouter la recette produite par le transport des
voyageurs et des métaux précieux qui suivraient la
voie du canal. L'Amérique centrale est aujourd'hui
devenue la route principale de ceux qui vont en Californie ou qui en reviennent : en admettant même
que la population continue à croître dans cet État
avec la même rapidité que dans les dernières années,
ce serait sans doute, à cause de la concurrence du
chemin de fer de Panama, faire une hypothèse très-
favorable au canal que de porter à 100 000 le nombre des voyageurs qui suivraient annuellement cette
route à partir de l'année 1866 ou 1870. En estimant
à 25 francs par tête le prix de la traversée, la recette
totale des voyageurs serait de 2 500 000 francs. Pour
le transport de l'or et de l'argent, même si l'exploitation des gîtes aurifères de la Californie continuait à
fournir d'aussi magnifiques résultats qu'aujourd'hui,
on ne peut guère compter sur un transit de plus de
150 millions de francs, qui, à 1/2 pour 100, rapporte-
raient annuellement 750 000 francs. Le revenu total
du canal maritime, obtenu en additionnant toutes les
sommes précédentes, peut donc approximativement
être évalué à 11 440 000 francs. Il reste à voir si cette
somme représente un intérêt suffisamment élevé du
capital qu'il est nécessaire d'appliquer à une telle entreprise. Dans la plupart des projets, l'estimation des
dépenses n'est présentée que d'une manière générale

et trop peu détaillée, et l'on ne tient pas toujours un compte suffisant des dépenses accessoires : constructions de réservoirs, de digues pour détourner les eaux, établissement de remorqueurs sur le canal, construction d'habitations pour les employés, etc.

Pour le canal du Nicaragua, celui de tous qui mérite le plus d'attirer l'examen, et qui a été l'objet des études les plus approfondies, toutes les estimations récentes s'accordent à porter la dépense probable à 200 millions au moins. Dans l'opinion de M. Stephenson, un canal de San-Juan de Nicaragua à San-Juan del Sur, qui est aujourd'hui le port du Pacifique choisi par la *Compagnie de transit*, coûterait de 100 à 125 millions, et cette somme serait portée à 200 millions par l'accumulation des intérêts pendant les années qui seraient employées à achever une telle entreprise. Un canal aboutissant à Realejo coûterait encore plus. Dans le rapport de M. Belly, les dépenses du canal qui aboutirait à la baie de Salinas sont estimées à 120 millions. Celles du canal qui se terminerait à Brito sur le Pacifique ont été évaluées avec beaucoup de soin et en grand détail dans le rapport intéressant du colonel Childs. Les chiffres de l'ingénieur américain nous fourniront la base la plus solide pour comparer le revenu probable du canal, tel que nous l'avons estimé, à celui qu'il serait nécessaire d'atteindre pour que l'entreprise fût suffisamment rémunérée. Suivant le colonel Childs, les travaux nécessaires pour construire un canal de 17 pieds de profondeur absorberaient une somme de 157 millions; mais pour don-

ner au canal la profondeur de 20 pieds, il faudrait
dépenser en plus 27 millions. Il faut ajouter à cette
somme de 184 millions l'intérêt des capitaux pendant les années écoulées entre le commencement
des travaux et l'ouverture du canal. Il est presque
impossible que ce terme ne dépasse point huit années
à cause de l'extrême rareté de la main-d'œuvre et
des difficultés de toute sorte qui ne peuvent manquer
de retarder les progrès d'une entreprise aussi ardue.
En supposant, pour exagérer les chances favorables,
que huit années seulement soient nécessaires, les intérêts, comptés à 7 pour 100 (et c'est le taux ordinaire
auquel les chemins de fer, aux États-Unis, contractent
leurs emprunts), s'élèveraient à 51 520 000 fr. On ne
peut compter moins de 3 millions pour les premiers
frais, achat de matériel, bateaux dragueurs, etc. En
y ajoutant les sommes à payer à l'État de Nicaragua
pour la concession et pendant l'exécution des travaux, on arrive à une dépense totale de 240 millions.

Les charges annuelles de la compagnie se compo-
seront de l'intérêt à 7 pour 100 de cette somme, soit
16 800 000 francs, plus les frais d'entretien et d'exploitation, qu'on évalue à 1 250 000 francs, auxquels
il faut ajouter 50 000 francs à payer au gouvernement
de Nicaragua, et 50 000 francs pour l'amortissement
du capital dans quatre-vingt-cinq ans, période à laquelle est limitée cette concession. Ces sommes réunies s'élèvent un peu au delà de 18 millions. Comme
le revenu probable ne monte qu'à la somme de

11 440 000 francs, on voit que la construction d'un canal maritime dans l'État de Nicaragua serait une ruineuse spéculation. On peut en dire autant du canal projeté dans l'isthme de Darien : aux termes mêmes du rapport de M. Lionel Gisborne, les travaux du canal non éclusé coûteraient 300 millions, sans compter l'intérêt des capitaux jusqu'à l'entier achèvement de l'entreprise. Ainsi donc, après une longue succession de reconnaissances, de plans et de projets, on se trouve amené aujourd'hui à la conclusion que la sagacité du capitaine anglais Liot avait déjà entrevue : l'ouverture d'un canal dans une partie quelconque de l'Amérique centrale engloutirait des capitaux considérables, et n'attirerait, même en supposant que la Californie ait bientôt un million d'habitants, qu'un trafic insuffisant pour récompenser de si grands sacrifices. La construction de routes ordinaires et de chemins de fer peut seule devenir profitable dans les provinces de l'Amérique centrale.

En soumettant à une analyse attentive l'action que l'ouverture d'un canal interocéanique dans ces contrées exercerait sur la direction des courants commerciaux actuels, on s'assure que le commerce de l'Angleterre et du continent européen est presque désintéressé dans cette entreprise : les États-Unis en recueilleraient tout le fruit, et avec eux naturellement les États de l'Amérique centrale et de l'Amérique du Sud. Par une remarquable coïncidence, dans le nouveau comme dans l'ancien monde, on tente aujourd'hui de percer les isthmes qui séparent les mers pour ouvrir au commerce des voies nouvelles; mais l'on peut dire que ces tentatives sont entièrement indépendantes, et qu'aucune d'elles ne menace l'autre. Pendant que les nations groupées autour du bassin méditerranéen songent à rendre à cette grande mer intérieure son ancienne importance, en l'unissant par l'isthme de Suez avec les mers du Levant, les États de l'Union cherchent à multiplier les voies qui peuvent les rapprocher des États occidentaux et baignés par cet immense océan Pacifique, qu'ils considèrent aujourd'hui déjà comme leur empire. Cependant les capitalistes américains savent bien qu'actuellement le transport rapide de l'or et des émigrants à travers l'isthme doit être leur principal objet, et que, pour l'atteindre, des routes ordinaires et des chemins ordinaires sont suffisants. Celui de Panama amène chaque année des milliers de voyageurs et des millions de dollars de San-Francisco à New-York. Une route ordinaire, qui traverse l'isthme de Tehuantepec, est sur le point d'être terminée. La *Compagnie de transit* a établi un service régulier entre San-Juan del Norte et San-Juan-del-Sur, et des *steamers* américains traversent le magnifique lac de Nicaragua. Enfin il est très-sérieusement question de construire prochainement un chemin de fer dans l'État de Honduras.

Les projets de chemins de fer ont pris peu à peu la place des plans ambitieux de ceux qui voulaient faire passer les navires d'un océan à l'autre, et unir par la main de l'homme les eaux séparées par la chaîne des Cordillères. Il ne faut pas trop regretter qu'une telle satisfaction ne soit point donnée à l'orgueilleuse audace de l'esprit moderne. L'ouverture d'un canal maritime dans l'Amérique centrale aurait sans doute pour principal résultat de faciliter les échanges entre les États-Unis de l'Atlantique et ceux du Pacifique ; mais ces dernières provinces, qui comptent dès aujourd'hui parmi les premières de l'Union, sont destinées à voir s'accomplir de graves modifications sociales. Là est le germe, on peut le dire, d'une nation nouvelle, dont le lien politique avec les États de l'Atlantique ne sera sans doute jamais relâché, mais qui deviendra tôt ou tard commercialement indépendante. Les vaisseaux californiens couvriront le vaste océan Pacifique, et iront s'approvisionner directement dans les ports de la Chine, des Indes, de Java. Quand les États de l'Atlantique cesseront d'envoyer à San-Francisco les produits encombrants, qui ne peuvent se transporter que sur des navires à voiles, le plus riche tribut du canal maritime sera perdu. L'avenir des chemins de fer dans l'Amérique centrale est mieux assuré ; le mouvement toujours croissant des voyageurs et des émigrants, le transport de l'or et d'une quantité considérable d'objets manufacturés ou de produits d'un prix élevé venant de l'Europe et des États-Unis, sont des sources certaines de revenu.

Malheureusement la politique des États-Unis dans les provinces de l'Amérique centrale pourrait amener des obstacles à l'accomplissement des projets nouveaux de chemins de fer interocéaniques. Les événements dont ces contrées ont été le théâtre, le bombardement de Greytown, l'invasion du Nicaragua, l'intolérable tyrannie de l'aventurier Walker, l'appui moral qui lui a été prêté un moment par le cabinet de Washington, ont éveillé la crainte et la défiance et ranimé les étincelles de l'antique esprit national. Rien n'était plus aisé pour les Américains du Nord que d'établir lentement leur influence dans les anciennes colonies espagnoles par des moyens légitimes et pacifiques, en y ouvrant de nouvelles voies de communication, en en développant les ressources, en y apportant, avec l'esprit d'entreprise, la prospérité et la richesse. Il se peut que ces contrées dégénérées ne conservent pas assez de force et d'énergie pour résister longtemps à des attaques répétées; mais en admettant même, comme le prétendent les Américains, qu'elles doivent être entraînées tôt ou tard dans ce courant qui, parti des rives de la Nouvelle-Angleterre, s'est étendu, dans l'espace d'un demi-siècle, sur presque tout le continent, ne vaudrait-il pas mieux qu'une telle absorption, au lieu d'être le prix de la violence, devînt l'œuvre naturelle du temps, et fût amenée par une véritable communauté d'intérêts?

Une conquête ainsi accomplie serait, il est vrai, trop lente au gré de l'impatience des Américains du Nord, et chaque jour est signalé par quelque agression nouvelle. Tout seconde cette œuvre d'envahissement, les désordres politiques qui désolent les républiques de l'Amérique centrale, l'esprit de fédéralisme

qui y domine, et qui, loin d'être comme aux États-
Unis une garantie d'indépendance, n'est plus qu'une
marque d'impuissance et un agent de décomposition.
Quelques années sont à peine écoulées depuis que le
chemin de fer de Panama a été inauguré, et déjà les
Américains ne reconnaissent plus les autorités lo-
cales de la Nouvelle-Grenade; l'épisode sanglant du
massacre de quelques émigrants, provoqué par le
meurtre d'un enfant, leur a fourni un prétexte pour
réclamer le droit de faire eux-mêmes la police de
l'isthme et d'y entretenir une force armée. Ces pré-
tentions, ces tentatives, toujours plus menaçantes, se
rattachent à l'accomplissement de vastes projets que
les organes de l'opinion démocratique la plus avancée
aux États-Unis ne se donnent plus même la peine de
dissimuler. En rétablissant, par un décret récent,
l'esclavage dans le Nicaragua, Walker a dévoilé l'esprit qui inspire le parti dont il est l'instrument le
plus hardi et le plus aventureux. Si le général américain était parvenu à faire triompher son influence
dans le Nicaragua, il espérait entraîner facilement les
républiques voisines. Alors le Mexique, dont la dissolution se précipite chaque jour, pressé au sud
comme au nord, n'aurait eu d'autre alternative que
de succomber dans une lutte inégale, ou de se livrer
lui-même à son puissant ennemi.

On ne peut s'empêcher, en comparant dans cette
question la conduite récente des États-Unis à celle de
l'Angleterre, de remarquer combien celle-ci a apporté
de modération et de sagesse dans les débats dont

l'Amérique centrale est devenue l'objet. Elle a abandonné volontairement des droits dont la nature était
douteuse, il est vrai, mais qu'elle eût pu facilement
défendre plus longtemps : elle a restitué à l'État
d'Honduras un territoire qu'elle aurait pu continuer
à occuper. Cette décision, en même temps que la
plus équitable, était aussi la plus rationnelle. Les
intérêts les plus puissants de la Grande-Bretagne ne
s'agitent pas dans l'hémisphère américain, mais dans
celui qui renferme l'ancien monde, et qui, depuis
Gibraltar jusqu'à la Nouvelle-Zélande, est semé de
ses établissements. Si l'Angleterre a perdu à la fin
du siècle dernier un vaste empire au-delà de l'Atlantique, elle a étendu en revanche la magnifique conquête de Warren Hastings et de lord Clive jusqu'au
pied même de l'Himalaya, et commence à envahir un
continent nouveau où elle montre avec orgueil les
colonies déjà prospères de Victoria et de la Nouvelle-
Galles du Sud. Il lui importe de conserver et de
multiplier les communications avec ces possessions
lointaines, qui offrent des débouchés assurés aux
produits de la métropole, aux bras inoccupés, aux in-
telligences aventureuses, à ceux qui poursuivent la
gloire comme à ceux qui recherchent la fortune. La
colonie du cap Bonne-Espérance est placée sur la
route principale de l'Inde et de l'Australie; les bateaux à vapeur de la Méditerranée et de la mer Rouge,
avec le chemin de fer d'Alexandrie, établissent une
ligne de communication rapide qui met Londres à
quarante jours de Calcutta, et qu'on relie déjà à Sid-

ney et à Melbourne. Enfin il est question de construire un chemin de fer dans la vallée de l'Euphrate pour rattacher le golfe Persique à la Méditerranée. C'est donc cette partie du monde que l'Angleterre surveille avec le soin le plus jaloux ; c'est là qu'elle tient en échec la politique russe, et sera toujours prête à épuiser toutes les ressources de la diplomatie et de la guerre pour défendre les abords de ses possessions asiatiques.

Ainsi, tandis que l'essor naturel du peuple américain le porte, au-delà des Montagnes-Rocheuses et des Cordillères, vers le grand océan Pacifique, les Anglais gardent les yeux ouverts sur la Méditerranée et sur l'océan Indien. Nations sœurs et sorties de la même famille humaine, l'Angleterre et l'Union américaine marchent dans des directions opposées. Le sentiment d'hostilité qui éclate entre elles sous les prétextes souvent les plus frivoles n'a point de fondement dans la nature de leurs intérêts véritables. Si l'Angleterre a pu faire de grandes concessions dans l'affaire de l'Amérique centrale, ce n'est pas seulement parce qu'elle cherchait à éviter une guerre qui serait une catastrophe pour le monde entier, c'est aussi parce qu'elle ne trouverait aucun avantage réel à occuper un point quelconque de cette partie du nouveau monde. Ce qu'il lui reste à faire est de réveiller, s'il est possible, dans ces États remués par d'incessantes discordes, le respect de la légalité et le sentiment national outragés par les Américains. Cette politique garantira mieux que toutes les promesses la neutralité des grandes voies qu'on veut ouvrir entre les deux océans; elle défendra l'isthme plus sûrement que tous les traités.

LES RUSSES

SUR LE FLEUVE AMOUR.

Il appartient à notre temps d'élargir sans cesse le cercle où les nations civilisées ont à exercer leur action. Quoique les événements les plus importants aient encore pour théâtre cette petite et glorieuse région européenne où depuis tant de siècles se jouent les destinées de l'humanité, il faut bien reconnaître que d'autres régions commencent, si l'on peut ainsi parler, à prendre place dans l'histoire. Il n'a pas fallu plus de deux siècles pour que le continent de l'Amérique, jadis livré à des tribus errantes et sauvages, devînt le centre de nombreux États dont la grandeur naissante promet de contre-balancer la puissance des plus fières nations de l'ancien monde. Une colonie pénitentiaire, établie sur un continent inconnu, n'a-t-elle pas été, en Australie, le germe d'un monde nouveau dont la merveilleuse prospérité nous étonne déjà ? Les institutions anglaises ont pris racine aux

antipodes même de l'Angleterre, dans ces mers de
la Polynésie que naguère parcouraient seulement les
navigateurs les plus aventureux. L'Asie a de tout
temps tenu une place dans les préoccupations des
nations européennes ; mais cette curiosité ne dépassait pas autrefois, au temps de la Grèce comme à
l'époque des croisades, la partie du continent asiatique qui touche à l'Europe. A la fin même du siècle
dernier, la rivalité des deux compagnies française et
anglaise dans l'Inde n'excitait qu'un médiocre intérêt
dans la société polie de Paris, et Louis XV pouvait
sans crainte abandonner Dupleix, qui aurait peut-être
réussi à conquérir, au profit de la France, le magnifique empire échu à l'Angleterre. De nos jours, on
peut dire qu'à des titres divers rien de ce qui concerne l'Asie ne nous laisse indifférents : l'émouvante
histoire des conquêtes de l'Angleterre dans l'Inde et
des luttes qu'elle y a soutenues est regardée par tous
comme une des pages les plus brillantes de l'histoire
contemporaine. Les précieux matériaux recueillis
par les soins éclairés de la compagnie des Indes et
mis en œuvre par l'érudition allemande ont ouvert à
l'esprit humain des voies inexplorées. La critique y a
retrouvé les origines non-seulement de nos langues,
mais des idées religieuses et philosophiques qui, en
se transformant à travers les âges, sont devenues le
patrimoine des nations civilisées. Enfin les relations
commerciales avec l'Inde et la Chine ont pris depuis
cinquante ans une importance toujours croissante, et
l'on se préoccupe sans cesse des moyens de les mul-

tiplier. La politique, la science, l'intérêt, tout se réunit donc pour attirer l'attention sur les expéditions dont l'Asie est le théâtre.

Malgré les travaux et les voyages modernes, la géographie de ce vaste continent est encore, dans beaucoup de ses parties, restée pour nous un mystère : la politique défiante des souverains de la Chine, le caractère sauvage des hordes nomades qui habitent le bassin de la mer Caspienne et du lac Aral, les obstacles que la nature oppose aux voyageurs dans les steppes de la Tartarie indépendante, les montagnes qui défendent les plateaux élevés de l'Asie centrale, voilà bien des motifs qui peuvent faire comprendre et excuser cette ignorance. Le céleste empire, protégé par des barrières naturelles, n'a jusqu'ici été trouvé vulnérable que sur les côtes, et cinq ports seulement, comme on sait, y sont ouverts au commerce. C'est principalement pour remédier à l'insuffisance et au caractère précaire de ces relations que des forces anglo-françaises ont été récemment débarquées sur le territoire chinois. Pendant que l'attention générale est dirigée sur l'heureuse expédition de lord Elgin, il ne sera peut-être pas sans intérêt de montrer comment la Russie, de son côté, travaille à multiplier ses rapports avec la Chine et recule graduellement ses frontières asiatiques.

Dans la Sibérie occidentale, l'influence russe s'étend de plus en plus sur les régions qui avoisinent le Turkestan chinois ; dans la Sibérie orientale, l'empire des tsars vient de s'annexer l'immense bassin du fleuve

Amour, plus grand que le territoire entier de la France. La frontière asiatique de la Russie s'étend depuis le Caucase jusqu'à la mer d'Okhotsk, et sur cette vaste étendue touche à des nations bien diverses. Sur l'isthme continental qui sépare la mer Noire de la mer Caspienne, la Russie lutte contre les tribus rebelles qui lui disputent avec acharnement les passages montagneux par lesquels elle veut s'ouvrir l'accès de la Perse. Dans les steppes nus qui remplissent cette singulière dépression du globe dont la mer Caspienne et le lac Aral forment le centre, elle se trouve en présence de hordes nomades dont le territoire la sépare des régions les plus riches et les moins connues de l'Asie centrale. Au delà de la ligne des steppes, la frontière sibérienne n'est plus qu'une succession de chaînes de montagnes où des routes ne pénètrent qu'en quelques points seulement, depuis l'Altaï jusqu'à la mer d'Okhotsk et à la région volcanique du Kamtchatka.

On connaît assez généralement l'histoire des luttes que la Russie a soutenues dans le Caucase pour y établir et y consolider son autorité; mais il y a beaucoup d'informations à recueillir encore sur les tentatives qu'elle a faites pour reculer les frontières de la Sibérie et augmenter son influence dans les autres parties de l'Asie. Les expéditions dans les steppes et sur le territoire chinois n'ont été l'objet que de rapports sommaires perdus pour la plupart dans des journaux ou des recueils russes, et dont une partie seulement nous a été révélée par des traductions allemandes. Tous ces documents se distinguent d'ailleurs par une grande réserve, par la rareté des détails et l'absence de toute considération politique. Cette circonspection doit s'expliquer en partie par la crainte de porter ombrage à d'autres nations et de fournir un nouvel aliment aux accusations qu'on élève contre l'ambition de la Russie. Ceux qui seraient tentés de la représenter comme l'épouvantail de l'Europe devraient pourtant la voir sans mécontentement, puissance asiatique autant qu'européenne, tourner ses efforts du côté de l'Asie. Les entreprises de cette puissance du côté de l'Orient absorbent une partie considérable de ses forces. Voilà soixante ans qu'elle s'épuise à assujettir les Tcherkesses et qu'elle engloutit des armées et des trésors dans les gorges du Caucase : l'occupation permanente de ces contrées l'oblige encore à y entretenir des forces très-considérables. Aujourd'hui d'ailleurs les craintes inspirées par le système politique de la Russie sont en partie dissipées. Instruit par de sévères leçons, le souverain qui la gouverne a renoncé à la politique funeste de son prédécesseur, pour prendre la généreuse initiative des réformes intérieures : les plus graves questions sociales s'agitent dans son empire, réveillé d'une longue et terrible oppression. La situation de la Russie semble donc telle qu'on puisse, sans soulever trop d'alarmes, raconter l'histoire des expéditions les plus importantes qu'elle a faites au delà de l'Oural pour agrandir la Sibérie et consolider son influence en Asie. Cette histoire a un double intérêt : elle nous

instruit d'une part sur l'avenir destiné à la Sibérie,
et d'une autre elle nous révèle plus d'un détail précieux sur des régions immenses et jusqu'à ce jour
presque ignorées.

Il ne faut pas juger de l'importance d'un empire
par sa superficie : la domination sur des déserts n'est
qu'une domination nominale, souvent gênante. La
Sibérie embrasse une partie considérable de l'Asie ;
mais aux latitudes les plus septentrionales elle est
entièrement inhabitée. Les grandes routes qui en joi-
gnent les différentes provinces, et qu'on parcourt avec
une si grande rapidité, ne dépassent nulle part le
58e degré de latitude ; elles réunissent les villes les
plus importantes, et traversent les districts les plus
peuplés. Au delà du 60e degré, la plaine immense de
la Sibérie qui descend insensiblement vers l'océan
arctique est déserte : l'on y trouve seulement quelques établissements misérables et quelques tribus
nomades dans les vallées des grands fleuves qui la
sillonnent, et du sud au nord descendent presque
parallèlement vers la mer. Ces magnifiques cours
d'eau sont fermés au commerce presque toute l'année, et ce n'est que pendant peu de mois qu'on peut
en utiliser la puissance. Chacun de ces fleuves est
sujet à deux débordements annuels : une première
fois au printemps, au moment où la débâcle des
glaces encombre les embouchures, une seconde fois
après les grandes pluies. Les inondations de nos contrées n'ont rien de comparable à celles des vallées
sibériennes, parcourues par des fleuves d'un immense

volume. Les eaux se répandent sur une incroyable largeur; pendant ce temps, la pêche est impossible, et les tribus qui y trouvent leur unique ressource sont souvent réduites à une extrême détresse. La navigation au contraire prend une remarquable activité, et chaque printemps des bateaux chargés de thé descendent les fleuves avec une vitesse extraordinaire.

L'Irtish, la première des rivières qu'on rencontre après avoir passé l'Oural, formait autrefois, au sortir de la Chine, la limite entre la Sibérie russe et le pays des Kirghiz; mais aujourd'hui la Russie s'étend très-loin sur la rive gauche du fleuve. En réalité, aucune frontière naturelle ne sépare le gouvernement d'Omsk du territoire habité par les tribus nomades; aucune branche montagneuse ne joint l'Oural aux premiers rameaux de l'Altaï. Ces deux chaînes laissent entre elles de vastes steppes qui unissent, par une sorte de détroit continental, la grande plaine de la Sibérie au pays qui sert de bassin à la mer Caspienne et au lac Aral. Les steppes qui entourent ces mers intérieures se prolongent, par Khiva et Bokhara, jusqu'aux plateaux de la Perse et de l'Afghanistan, qui ne sont séparés de l'Inde que par les défilés montagneux de l'Hindou-Kousch. D'Omsk et de Sémipolatinsk, situées sur l'Irtish et reliées par une magnifique chaussée, la Russie surveille les hordes kirghiz et maintient ses communications avec les nombreux postes cosaques échelonnés dans les steppes, sur les routes des caravanes.

Il y a peu de régions dont les caractères physiques

soient aussi remarquables que ceux de la vaste contrée qui sépare la Sibérie de l'Asie centrale. En même temps qu'elle possède un système hydrographique propre, elle est en partie située à un niveau inférieur à celui de l'océan. Cette dépression est la plus étendue qu'offre le globe terrestre, et les mesures barométriques de Hoffmann, Helmersen et Alexandre de Humboldt en ont déterminé les contours principaux. La nature singulière de cette région a pendant longtemps défendu l'indépendance des tribus qui l'habitent aussi bien qu'auraient pu le faire des chaînes de montagnes ou les escarpements de plateaux élevés. Les plaines basses et unies de la grande dépression asiatique sont parcourues par les hordes nomades des Kirghiz; le long des principales vallées qui aboutissent au lac Aral se sont groupées de petites sociétés isolées et jalouses, Khiva, Bokhara, Kokand, Samarkand. La Russie a beaucoup de ménagements pour les Kirghiz, qui sont ses voisins immédiats, et dont un grand nombre errent en nomades dans le gouvernement même d'Astrakan et sur le territoire de la Sibérie. Les autres vivent tantôt sur la frontière russe, tantôt sur la frontière chinoise; ils peuvent parcourir les steppes avec beaucoup de rapidité, en emmenant leurs tentes légères et leurs troupeaux. Toutes les fois que la Russie préparera une expédition contre Khiva, Bokhara, ou les régions voisines de l'Asie centrale, elle sera obligée d'avoir les Kirghiz pour alliés; ils peuvent rendre d'immenses services pour protéger et conduire les convois, fournir les

chameaux, nourrir l'armée. « Tout l'art de la guerre
en Orient, disait avec beaucoup de raison le prince
Gortschakof au général de Gagern, qui rapporte ces
paroles dans ses curieux *Souvenirs de voyage en
Russie*, consiste à faire vivre son armée; le reste
n'est rien. Il faut avancer avec de faibles troupes et
d'énormes caravanes. Tout ordre de marche doit
ressembler à l'escorte d'un convoi. » Dans toutes les
entreprises contre l'Asie centrale, les Kirghiz seraient
donc d'indispensables auxiliaires : la Russie les traite
avec beaucoup d'habileté, évitant de blesser leurs
instincts indépendants, les attirant à ses marchés,
les habituant par degrés au spectacle de la civilisation.

On estime environ à 2 600 000 le chiffre total des
Kirghiz; c'est sans doute la plus grande masse de
peuples pasteurs qu'on puisse trouver sur le globe :
pour contenir cette population turbulente et vouée
au brigandage, la Russie est obligée d'entretenir un
corps considérable de Cosaques. Cette milice est
admirablement choisie pour servir d'intermédiaire
entre la Russie et les nations demi-sauvages de
l'Asie. Par ses mœurs et ses caractères, elle se rapproche des hordes asiatiques, et les rattache graduellement à la civilisation par l'exemple de la discipline et des travaux agricoles. Partout où s'établit
un poste cosaque, la terre est bientôt cultivée, les
forts s'entourent de champs et de jardins, et il est
rare que des tentes kirghizes ne viennent pas se
grouper autour de ces villages rudimentaires. Dans

les steppes sibériens habités par les Kirghiz, il n'y avait en 1851 pas moins de 31 839 Cosaques enrégimentés.

Rien n'arrête l'extension de la puissance russe sur les vastes plaines situées entre la mer Caspienne et le céleste empire. Plus à l'ouest, elle rencontre une barrière naturelle dans cette longue ceinture de montagnes qui s'étend sans discontinuité de l'ouest à l'est, depuis l'Altaï jusqu'à l'océan Pacifique. Les chaînes de l'Altaï, si célèbres par leurs gîtes aurifères, sont les Alpes de la Sibérie; leurs pics les plus aigus s'élèvent jusque dans la région des neiges éternelles. Les plaines sibériennes situées sur le versant nord de l'Altaï n'ont que 160 mètres d'altitude environ, et s'abaissent par une pente insensible jusqu'à l'océan Arctique. Les plateaux de l'empire chinois, dont l'Altaï forme en quelque sorte le contre-fort, sont au contraire très-élevés, et atteignent jusqu'à 1000 mètres d'altitude.

Depuis l'Irtish jusqu'au lac Baïkal, la frontière chinoise est fermée. D'après les traités conclus entre le céleste empire et la Russie, la seule route autorisée pour le commerce des deux nations est celle du lac Baïkal; les transactions qui s'opèrent en d'autres points n'ont qu'un caractère tout à fait précaire. Sémipolatinsk, placé sur l'Irtish supérieur, est le centre principal de ce commerce accessoire; Biisk, situé sur l'Obi, a aussi avec la Mongolie quelques rapports de peu d'importance. Les transactions commerciales ne peuvent s'opérer dans cette région que par l'in-

termédiaire même des soldats mongols, dont les
postes sont établis sur les affluents de l'Obi. Il n'y a
pas une route véritable qui traverse l'Altaï proprement dit pour aller en Chine : on n'y arrive que par
des chemins souvent presque impraticables; quelquefois on est obligé de se frayer des sentiers à travers
d'épaisses forêts. On verra combien sont difficiles les
communications entre la Sibérie et la Chine par
quelques extraits d'une lettre que Castren écrivait
en 1847, après une expédition qu'il avait faite au
delà de l'Altaï.

« Je viens de terminer mon aventureux voyage de
l'autre côté de la chaîne Sajan, dans l'empire céleste
de sa majesté chinoise. Pendant un mois, j'ai été en
selle, presque chaque jour, du lever au coucher du
soleil, et quand les journées du mois de juin dans le
Sajan me paraissaient trop courtes, je les allongeais
souvent en profitant d'un beau clair de lune. J'ai parcouru des steppes déserts et sans limites, gravi des
rochers, de hautes montagnes, traversé des fleuves et
des marécages, de profondes forêts et des taillis. A
l'exception de quelques *laveries* d'or, je n'ai rencontré
aucune habitation humaine, et je me suis vu obligé,
par la pluie et le soleil, le froid et le chaud, les orages
et les ouragans, de reposer à la belle étoile ou sous
une tente de toile. Ma nourriture a consisté, dans les
jours les plus heureux, en lait de vache, de brebis ou
de chèvre, quelquefois en racines d'herbes, mais d'ordinaire seulement en pain et en thé.

« C'est pour un fonctionnaire russe, une entreprise

très-dangereuse que de s'aventurer, sans permission supérieure, au delà de la frontière chinoise, et cette permission n'est accordée à personne, sauf à quelques savants voyageurs; mais il arrive souvent que les chercheurs d'or russes rencontrent leurs voisins chinois sur la frontière : je bâtis là-dessus mon projet pour parvenir chez les Sojotes. Je comptais me donner pour un chercheur d'or qui, après avoir long-temps erré dans la montagne, vient chercher un peu de repos et demander l'hospitalité. Un *darga* (chef) sojote me reçut à bras ouverts et me demanda bien vite des nouvelles du « khan blanc » (le tsar). Il m'interrogea sur la condition du peuple, l'état des troupeaux en Russie, sur les pâturages, le temps, etc. Il voulut bien m'apprendre lui-même que le « grand khan » ou sa majesté chinoise était toujours aussi puissant, en aussi bonne santé, que ses sujets étaient tranquilles et satisfaits; les troupeaux avaient de quoi paître, l'herbe poussait, le soleil brillait. Pour tout dire en un mot, Dalaï-Lama était un dieu tout bon et tout parfait. Après des compliments réciproques, nous tirâmes l'un après l'autre quelques bouffées de la pipe du darga, nous mîmes ensemble les doigts dans ma tabatière, et nous devînmes en un instant si bons amis, que le darga me donna une peau de chèvre, et qu'à mon tour je lui fis cadeau de la tabatière. Tout cela se passait devant ma tente, peu de temps après mon arrivée dans l'empire chinois. Le lendemain, je fis une visite au darga; mais notre amitié de la veille était complétement oubliée. Le terrible homme me menaça de me faire prisonnier, si je ne me hâtais de repasser la frontière. Qu'y avait-il à faire en pareille circonstance? Je priai le prince d'entrer sous ma tente, et lui donnai un morceau de maroquin rouge, en lui demandant la permission de rester dans l'empire céleste jusqu'à ce que mes gens et mes chevaux fussent reposés. J'avais déjà eu le temps de gagner quelques pauvres diables qui s'étaient mis à mon service jour et nuit, et étaient prêts à me raconter tout ce que je désirais savoir. Mon travail terminé, je remontai en selle et repris de grand cœur le chemin de la chaîne Sajan. »

Ce récit montre d'une façon assez piquante que les Chinois sont naturellement très-disposés à entrer en rapport avec les étrangers, mais qu'ils sont retenus par la crainte de violer les ordres inspirés par la soupçonneuse politique du céleste empire. La Russie a jusqu'ici scrupuleusement respecté toutes ces exigences, et n'a jamais cherché à enfreindre les traités, malgré la timidité des populations mongoles qui habitent au sud des chaînes de l'Altaï. Cette modération sert ses intérêts : le commerce avec la Chine a pris un développement toujours croissant; il donne la vie à la Sibérie entière, pour laquelle il est une source de richesse plus durable et plus sûre que les mines d'or de l'Altaï.

La ville d'Irkoutsk, capitale de la Sibérie occidentale, est bâtie sur l'Angara, rivière qui sort du lac et va se jeter dans l'Iéniséi. L'entrepôt du commerce entre la Russie et la Chine est de l'autre côté du lac, sur la rivière Selenga, dans un lieu nommé Kiachta. C'est là que les produits russes, cotonnades, draps, cuirs, métaux, etc., s'échangent contre le thé. Le dépôt chinois, situé à peu de distance de Kiachta, de l'autre côté de la frontière, se nomme Maimat-chin. C'est une petite ville carrée, entourée de palissades et traversée par deux rues rectangulaires et très-étroites. Les maisons sont petites et en bois; elles n'ont que deux chambres, dont l'une sert de magasin et l'autre de logement au marchand. Le commerce russe à Kiachta ne consiste qu'en échanges, et se fait sans monnaie d'or ou d'argent. Chaque année, des commissaires russes et chinois déterminent la valeur relative des diverses marchandises. En 1854, les importations et les exportations se sont élevées à 23 millions, et les recettes de la douane de Kiachta ont atteint le chiffre de 11 millions. Les droits d'entrée exorbitants, avec la longueur et la difficulté des transports, expliquent le prix élevé du thé en Russie. Les envois de Kiachta à Moscou et à Nijni-Novgorod se font par terre et par eau. Le premier mode de transport demande ordinairement une année. Par le second, sur l'Angara, l'Iéniséi, l'Obi, l'Irtish, il faut quelquefois, à cause de la courte durée des étés, jusqu'à trois ans pour que les marchandises soient arrivées à leur destination en Russie. De Kiachta même à Irkoutsk, les transports se font généralement par eau ou sur la glace, le long de la Selenga ou sur le lac Baïkal; mais pendant deux mois l'on ne peut suivre cette route, quand la glace est encore trop peu épaisse. On pratique alors dans la neige une route qu'on affermit avec des branches, et en y faisant piétiner des chevaux. A plusieurs reprises, on a essayé de construire une chaussée permanente autour du lac Baïkal : l'impératrice Catherine en avait déjà fait exécuter une sur la chaîne de montagnes qui se nomme Chamar - Daban; mais cette vieille route est aujourd'hui presque impraticable. Un marchand russe, en 1850, en a fait construire une à ses propres frais. Depuis, les études et les projets se sont multipliés; cependant l'on n'est encore arrivé à aucune solution satisfaisante, et l'on n'a pu réussir à vaincre les obstacles nombreux que présente la configuration des montagnes de cette région. On ne traversait jadis le lac Baïkal que sur de simples bateaux; récemment on a construit des bateaux à vapeur qui rendent de très-grands services comme remorqueurs.

Les marchands chinois rencontrent de leur côté de très-grands obstacles pour transporter au cœur du céleste empire les marchandises qu'ils achètent à Kiachta. Ils comparent, dans leurs discours, la région située entre cette ville et Péking au dos d'un chameau à deux bosses. Ils ont à traverser deux chaînes de montagnes élevées, et, dans l'intervalle qui les sépare, la plaine sablonneuse qui porte le nom de plateau de Gobi. On a souvent prétendu que le gouvernement chinois avait choisi la route commerciale du Baïkal comme la plus longue et la plus incommode; mais cette accusation ne paraît pas fondée. Le chemin de

Sémipolatinsk à Péking, qu'on a quelquefois proposé d'y substituer, est hérissé d'obstacles, et traverse le désert du Gobi sur une longueur beaucoup plus grande que la route de Kiachta à Péking.

Toute la partie du gouvernement d'Irkoutsk qui est située entre le lac Baïkal et la Chine a été, en 1851, érigée en un district particulier sous le nom de Transbaïkalie. Cette province est destinée à prendre une très-grande importance; c'est là que prennent naissance les rivières qui, en se réunissant, forment l'Amour, ce magnifique fleuve dont la Russie vient d'annexer le bassin à ses possessions asiatiques. Les frontières de la Transbaïkalie ne sont pas encore nettement arrêtées. De nombreux colons sont aujourd'hui fixés dans les vallées de cette montagneuse région. En 1851, la population s'y élevait à 327 908 habitants; sur ce nombre, 183 971 sont dans le district de Wereshne-Udinsk, qui est sur la Selenga, entre Irkoutsk et Kiachta, et 144 310 dans le district de Nertschinsk, célèbre par la richesse de ses mines.

L'Angara, qui sort du lac Baïkal, forme avec l'Iéniséi, dans lequel il va se jeter, une vallée d'une immense longueur : d'Irkoutsk à l'embouchure du fleuve, il y a plus de 5000 kilomètres. La pente moyenne des eaux sur cette immense étendue n'est que de 8 centimètre par kilomètre : aussi le cours en est-il assez lent. Pourtant l'on trouve sur l'Angara plusieurs rapides dangereux dans des défilés où le fleuve est encaissé entre des rives à pic très-rapprochées. Pendant l'été, on descend l'Iéniséi avec des bateaux, tantôt en usant de rames, tantôt avec la voile, en profitant des vents favorables; au retour, on se fait traîner, suivant les latitudes, par des hommes, des chevaux ou des chiens.

A partir de l'Iéniséi, la plaine sibérienne cesse d'être unie; elle se couvre d'ondulations qui deviennent de plus en plus marquées à mesure qu'on avance vers l'est. Le climat devient plus rigoureux, la culture du blé s'y arrête à des latitudes beaucoup plus basses que dans la Sibérie occidentale : d'immenses forêts s'étendent jusqu'au cercle polaire, et au delà il n'y a plus que des déserts de mousse, entrecoupés de lacs et de marécages. Les vastes régions comprises entre les grands fleuves qui descendent, du sud au nord, vers la mer Arctique, sont entièrement abandonnées, dans la partie septentrionale de la Sibérie, à des tribus indigènes qui vivent de la pêche et de la chasse. Les Ostiaques habitent principalement entre les monts Ourals et l'Iéniséi, les Tungouses et les Samoyèdes occupent le gouvernement d'Iéniséisk; enfin la partie la plus orientale du continent est abandonnée aux Iakoutes. Les habitudes de ces nombreuses tribus, pour la plupart nomades, assurent leur entière indépendance; mais il est juste de dire que le gouvernement russe s'est toujours montré fort bienveillant envers ces maîtres primitifs de la contrée, et n'a jamais donné l'exemple de ces actes de violence qui souillent l'histoire de tant de colonies. Les peuples sibériens non slaves sont divisés en trois classes. La première comprend les tribus sédentaires : celles-ci conservent leurs lois, leur religion, sont exemptes du recrutement militaire, et jouissent pourtant de tous les droits de citoyens russes. La seconde classe comprend les tribus nomades, mais qui se fixent sur des points particuliers du territoire pour y demeurer pendant un temps limité ; leur indépendance est encore plus complète que celle des tribus de la première classe : comme les populations sédentaires, ces tribus à demi nomades payent un tribut de fourrures et ne relèvent des tribunaux russes qu'en cas de meurtre. Enfin dans la dernière classe rentrent les tribus complétement errantes, qui ne se fixent nulle part et n'envoient qu'irrégulièrement le tribut.

On comprendra mieux à quel genre de dépendance se soumettent les indigènes par un récit que j'emprunte encore au curieux ouvrage de M. Castren. Le voyageur vient d'arriver à Turuchansk, la ville la plus septentrionale de l'Iéniséi ; plusieurs tribus viennent chaque année y payer l'impôt. « On voyait, dit-il, sur la place du marché des processions d'Ostiaques de l'Iéniséi et de Samoyèdes avec leurs costumes variés. Aucune de ces troupes n'oublie de nous honorer d'une visite et de nous interroger sur la santé de sa majesté impériale. On veut savoir si les impôts de l'année précédente sont bien arrivés entre ses mains, et si elle s'en est montrée satisfaite. Les chefs, auxquels on a décerné des caftans rouges et des médailles, présentent leurs remercîments et promettent de rendre à l'occasion avec fidélité tous les services que l'on peut attendre d'eux. « Mais, » ajoute un chef ostia-

que, « si le tsar n'est pas content de moi, tu le salueras
« de ma part, tu lui diras de ne pas m'ôter mon rang,
« et de me faire connaître ses griefs, sur quoi je m'em-
« presserai de transmettre à l'instant le commandement
« à un plus digne. » Ce discours n'exprimait nullement
sa pensée véritable : il croyait en effet être en faveur
toute particulière auprès de sa majesté, parce qu'il
lui envoyait tous les ans, avec le tribut, un renard
noir. Le même chef m'adressa ensuite plusieurs questions relativement à mes fonctions, et dès que mes
réponses vagues lui eurent fait comprendre que je
n'étais pas le troisième, non pas même le cinquième
personnage après l'empereur, il prétendit me faire
sentir sa supériorité, et me demanda de lui embrasser
la main : il voulut bien néanmoins, après quelque
temps, se contenter de me faire vider un verre à sa
santé. »

La tolérance et la politique conciliante du gouvernement russe ont facilité le rapprochement entre les
Européens et les indigènes ; elles ont fini par vaincre
dans presque toute la Sibérie la répugnance native
que la civilisation inspire en tout temps et en tout
pays aux populations sauvages et nomades. En beaucoup de points, les indigènes ont déjà perdu leurs
mœurs et jusqu'à leur langue primitive ; ils ont consenti à se laisser baptiser. Le christianisme n'a pourtant guère à se glorifier de ces victoires, car, aux
yeux de ces peuplades, être chrétien ne signifie guère
autre chose qu'être Russe, et elles considèrent le bap-
tême comme le premier acte de sujétion politique.

Un grand nombre, pour éviter de s'y soumettre, désertent les grandes vallées, où sont les principaux établissements des européens, et vont errer le long des affluents déserts des fleuves sibériens ou dans les vastes forêts où ils prennent leur source. Ce qui est plus singulier, c'est qu'en certains points de la Sibérie la civilisation ait elle-même abdiqué volontairement, et que les Russes aient par degrés échangé leur propre langue contre celle des tribus parmi lesquelles ils habitent. On cite un village, fondé par ordre de l'impératrice Catherine, sur un affluent de la Léna, où personne ne comprend plus la langue russe. Ce fait s'explique quand on connaît la singulière facilité avec laquelle la race slave s'adapte aux mœurs et aux habitudes les plus diverses. Cette race n'en est que plus propre, en définitive, à entrer en contact avec les peuples asiatiques, et elle y fera peut-être plus facilement qu'aucune autre pénétrer les notions premières de la civilisation.

Quelle impression générale doit résulter de ce tableau rapide des frontières et des possessions sibériennes? La nature elle-même en repousse les habitants vers les latitudes les plus méridionales; pourtant la frontière sibérienne, sur son immense longueur, ne s'ouvre au sud qu'en deux points seulement : d'une part sur les grandes plaines de la Tartarie indépendante, de l'autre en Transbaïkalie, dans les vallées où prennent naissance les affluents de l'Amour. Des entreprises que tente la Russie dans ces deux directions dépend l'avenir de la Sibérie. L'influence russe

s'étend chaque jour dans la Tartarie indépendante.
Je me propose de faire connaître ici les principaux résultats des tentatives qu'à l'autre extrémité
du continent asiatique la Russie a récemment dirigées
dans la vallée de l'Amour. Si les premières commencent à lui ouvrir ces régions célèbres de l'Asie centrale où de tout temps se sont jouées les destinées de
l'Asie, les secondes lui donnent accès dans des régions
neuves où elle ne semble avoir aucune lutte à redouter, ouvrent à son commerce des routes nouvelles,
et assurent sa future influence dans les eaux de ce
vaste océan Pacifique, où toutes les grandes nations
cherchent aujourd'hui à développer leurs établissements ou à en fonder.

L'Amour est le seul fleuve de l'Asie septentrionale
qui ne descende point vers la mer Arctique; son
cours trace un arc immense qui, partant des montagnes situées à l'ouest du lac Baïkal, s'infléchit vers le
sud jusqu'au dessous du 48e degré de latitude : plus
loin, il remonte vers le nord jusqu'à l'embouchure,
située à la même latitude à peu près que la source. Il
y a longtemps que ce magnifique cours d'eau avait
attiré l'attention des conquérants de la Sibérie; nous
trouvons les renseignements les plus complets sur
leurs anciennes expéditions dans un intéressant mémoire de M. Sverbejef, qui prit part à la première
expédition du général Mouravief, et eut l'occasion de
faire de curieuses recherches dans les archives sibériennes. Les Cosaques de Tomsk, quand ils arrivèrent pour la première fois dans la Transbaïkalie,

vers 1636, reçurent des Tungouses les premiers renseignements relatifs à l'Amour, et principalement sur la Schilka, qui est l'une de ses sources, et la Zéja, l'un des affluents les plus importants qu'on rencontre en descendant le fleuve. Vers la même époque, les Cosaques d'Iéniséisk obtenaient quelques données vagues sur l'Amour supérieur et la géographie de la Daourie. Pour les compléter, le premier palatin d'Iakoutsk, Pierre Golovine, envoya une expédition dans la Daourie. Poyarkof, à qui il confia cette mission, partit en 1633, et remonta avec cent trente Cosaques l'Aldan, un des affluents de la Léna; il pénétra dans les montagnes qui séparent le système hydrographique de l'Amour des eaux de la Sibérie septentrionale, et arriva dans la vallée de la Brianda, petite rivière qui appartient au bassin du grand fleuve de la Daourie et de la Mantchourie. Il s'y établit, pour quelque temps, au milieu de peuplades inoffensives qu'il trouva livrées aux travaux de l'agriculture, et sur lesquelles il put aisément prélever l'impôt des fourrures. Poyarkof entendit parler d'une place fortifiée, située en Daourie, sur la Selimja : cette rivière n'est autre que la partie supérieure de l'affluent de l'Amour qui, à son embouchure dans le fleuve, porte le nom de Zéja. Il envoya cinquante Cosaques pour en faire la reconnaissance; mais les Daouriens les obligèrent à se retirer.

En 1644, Poyarkof suivit lui-même la Zéja jusqu'à l'Amour, descendit ce fleuve, en reconnut les affluents, et parvint jusqu'à l'embouchure. Il passa l'hiver chez

les Giljakes, qui lui donnèrent en tribut une grande
quantité de zibelines. Au printemps, il s'embarqua
sur la mer d'Okhotsk, et revint par terre à Iakoutsk,
en traversant le nord de la Sibérie. Toutes les peuplades qu'il avait rencontrées dans ce long et aventureux voyage étaient de mœurs si douces et avaient si
facilement consenti à payer l'impôt, qu'à son retour
Poyarkof déclara hardiment qu'avec trois cents
hommes on pourrait faire la conquête définitive de
la vallée entière de l'Amour. Cette confiance se conçoit parce qu'il n'avait jamais rencontré les Mantchoux, qui n'avaient alors aucun poste sur le fleuve,
et dont il ne connaissait ni le nombre ni les moyens
de résistance.

En 1649, le palatin Transbekof permit à Poyarkof
de faire une nouvelle expédition. Il enrôla soixante-
dix hommes et se dirigea vers l'Amour pour soumettre les Daouriens à l'impôt. Les indigènes prirent
la fuite à la nouvelle de son approche et abandon-
nèrent leurs villages, dont quelques-uns étaient
pourtant entourés de palissades et de fossés. En-
couragé dans son entreprise, Poyarkof alla chercher
de nouvelles recrues; mais il ne retourna pas lui-
même en Daourie : un chef nouveau, nommé Khabarof, se dirigea l'année suivante avec un corps russe
vers l'Amour supérieur. A l'entrée de la vallée de
l'Émuri, où plus tard les Cosaques fondèrent leur
établissement principal, Khabarof trouva trois petites
villes, dont chacune était gouvernée par un chef indépendant. Les indigènes essayèrent de se défendre :

les premiers coups de feu abattirent leur courage.
Khabarof prit d'assaut leurs villes, tua un grand
nombre des habitants et fit beaucoup de prisonniers.
Les incursions et le succès des Cosaques commencèrent dès lors à inquiéter les Mantchoux. La première expédition toute pacifique de Poyarkof ne les
avait point alarmés; mais dès qu'ils soupçonnèrent
de la part des Cosaques de véritables projets de conquête, ils s'apprêtèrent à leur résister. Après ses
premiers succès en Daourie, Khabarof descendit
l'Amour et alla hiverner sur la partie inférieure du
fleuve, à Atchan, où il se fortifia. Il fut bientôt attaqué
par une armée de 2,000 hommes, principalement
composée de Mantchoux : huit canons furent mis en
batterie contre la forteresse cosaque; mais dans une
heureuse sortie Khabarof s'en empara et réussit à
repousser les Chinois. Il jugea prudent néanmoins de
remonter le fleuve, afin de se rapprocher de la Sibérie. Arrivé sur la Kamara, un des affluents de
l'Amour supérieur, il envoya des messagers à Iakoutsk pour demander un secours de 600 hommes.
Il les avait chargés de répandre les bruits les plus
exagérés sur la richesse des contrées d'où ils venaient, dans l'espoir d'y attirer le plus d'hommes
possible : la renommée de l'Amour remplit bientôt
la Sibérie, et toute la population voulait y courir; on
nommait l'Amour la « source de richesse, » le pays
qu'il traverse « Chanaan. » A Moscou, l'on projeta
une grande expédition en Mantchourie; Démétrius
Zinovief fut envoyé avec 150 hommes auprès de

Khabarof, avec mission de discipliner les Cosaques de l'Amour et de tout préparer pour l'arrivée prochaine d'une armée de 3,000 hommes. Zinovief eut quelque peine à vaincre les habitudes de brigandage des Cosaques et à les astreindre aux travaux de l'agriculture. Il revint avec Khabarof à Moscou, après avoir choisi son successeur, Stepanof. Celui-ci alla réunir de grandes provisions de blé sur le Sungari dans l'attente d'une armée russe; il remonta ce magnifique confluent de l'Amoür à une certaine hauteur, mais rencontra bientôt une nombreuse armée chinoise qui le battit et le força à la retraite. Obligé de revenir vers l'Amour supérieur, il s'arrêta à l'entrée de la vallée Kamara, et construisit une fortification qu'il nomma Kamarsk. En 1655, une armée chinoise de 10 000 hommes vint l'attaquer avec quinze canons : l'assaut fut repoussé, et les Chinois furent mis en déroute. A la même époque, un autre chef, Pachkof, était entré dans le bassin supérieur de l'Amour par une route nouvelle; il avait traversé le lac Baïkal, suivi la Selenga, et était arrivé par les montagnes jusque sur la Schilka. Il fonda, en 1658, dans cette partie de la Transbaïkalie, Nertchinsk, depuis si célèbre comme lieu de transportation et centre d'un riche district métallurgique. Pachkof se mit bientôt en communication avec Stepanof, et lui demanda un secours de 100 hommes. A ce moment même, ce dernier était retourné sur le Sungari pour tirer vengeance de sa première défaite; mais il fut de nouveau battu, ses Cosaques se débandèrent et furent faits

prisonniers, 17 seulement parvinrent à joindre Pachkof.

Ce désastre mit pour quelque temps un terme aux
expéditions russes du côté de l'Amour. En 1654, un
Polonais, nommé Tchernigowski, tua, au moment où
il revenait d'une foire, le palatin Obouchof, et s'en-
fuit avec ses complices du côté de l'Amour ; il s'arrêta
à l'entrée de l'Émuri, dans un lieu inhabité, qui prit
le nom d'Albasin. Ce lieu, célèbre dans l'histoire de
la Sibérie, est situé à quelque distance du confluent
de la Schilka et de l'Argun, qui, en se réunissant,
donnent naissance à l'Amour proprement dit. Le
nouvel établissement prospéra ; la forteresse s'entoura
peu à peu de villages ; on cultiva avec succès le fro-
ment, le seigle, l'avoine, le chanvre ; de nouvelles
familles de paysans venaient chaque année s'y établir, et Tchernigowski reçut sa grâce en récompense
de son heureuse tentative de colonisation. On éleva
bientôt des avant-postes sur l'Amour et la Zéja, et
ces empiétements nouveaux déterminèrent le gouvernement chinois à tenter un effort décisif pour chasser
les Russes de la vallée de l'Amour. L'empereur Kang-
khi fortifia graduellement la Mantchourie, soumit facilement les tribus tungouses, dont les Cosaques
avaient fatigué la longanimité. Après avoir détruit
tous les avant-postes cosaques, brûlé leurs villages,
l'armée chinoise mit le siége devant Albasin ; elle
était forte de 15,000 hommes et avait quinze canons :
la petite garnison cosaque, qui ne comptait que 450
hommes mal armés et dépourvus de munitions, fut

réduite à se rendre, et Albasin fut rasé. Les prisonniers furent emmenés à Péking : leurs descendants y
habitent encore, et, quoique devenus entièrement
chinois, sont demeurés fidèles à leur religion ; c'est
même grâce à cette circonstance que la Russie a obtenu le privilége exclusif d'avoir une mission à Péking : le gouvernement chinois exige seulement que
le personnel en soit renouvelé entièrement tous les
dix ans.

Le fort d'Albasin fut bientôt reconstruit, et cet établissement n'aurait sans doute pas tardé à reconqué-
rir son ancienne importance, si la destruction complète du fort n'eût été stipulée par le traité qui fut
signé, en 1689, à Nertchinsk, entre le ministre chinois
et le prince Golovine. Ce traité marque le début des
relations diplomatiques entre le céleste empire et la
Russie. Golovine trouva les ambassadeurs chinois,
assistés de deux jésuites habiles, Gerbillon et Pereira,
à la tête d'une armée de 10,000 hommes. Craignant
d'engager la guerre et de mettre en danger les colonies naissantes du lac Baïkal, il consentit à abandonner à la Chine toute la vallée de l'Amour. D'après
la lettre du traité, une rivière nommée Gorbitza devait, sur toute sa longueur, servir de frontière ; aujourd'hui, en y regardant de plus près, les géographes
sibériens ont découvert qu'il y a deux Gorbitza : l'une
qui se jette dans la Schilka, une des sources de
l'Amour, et l'autre dans l'Amour même. La première avait longtemps servi de limite, mais en
arguant d'une erreur on a pu récemment reculer la

frontière jusqu'à la seconde sans enfreindre les traités. Il est certain qu'à l'époque où ces traités furent
signés, on n'avait que de grossières notions sur la
géographie de cette partie de la Sibérie orientale, et
qu'aujourd'hui même on ne la connaît encore que
bien imparfaitement. Au–delà de la Gorbitza, la frontière, suivant ces anciennes conventions, devait être
tracée par les monts Stanovoï, qui forment le point
de partage entre les eaux qui coulent vers le nord et
celles qui, au sud, vont descendre dans l'Amour.
Cette ligne de faîte s'abaisse en réalité tellement du
côté de la mer d'Okhotsk, qu'il est à peu près impossible d'y trouver une limite naturelle.

C'est à une époque toute récente que la région,
imparfaitement connue lors de la conclusion du traité
de Nertchinsk, a été de nouveau visitée. Pendant les
années 1844 et 1845, M. de Middendorf s'assura que
les frontières entre la Sibérie et la Mantchourie sont
de ce côté tout à fait incertaines. Dans les territoires
qu'on s'était habitué à considérer comme appartenant
à la Russie, il rencontra des peuplades qui payent
tribut à la Chine, et dans la région qu'on supposait
chinoise il en trouva d'autres qui se croient soumises
à la Russie; quelques-unes même, de crainte d'erreur,
envoient le tribut des deux côtés. Les peuples qui
habitent les vallées et vivent de la pêche restent généralement soumis à la Chine, tandis que les tribus
tungouses, qui errent dans les districts élevés et montueux, se regardent comme tributaires de la Sibérie
russe, aussi bien sur le versant méridional que sur

le versant septentrional des monts Stanovoï et des
chaînes qui leur font suite. Comme les rivières entrent dans les montagnes et les traversent, il en résulte que les tributaires des deux nations se trouvent
en quelque sorte mêlés.

Quand le traité de Nertchinsk assignait comme limite
la chaîne Stanovoï, les géographes chinois, suivant
M. de Middendorf, ne prétendaient pas la placer au
point de partage des eaux qui vont les unes vers le
nord, les autres vers le sud, mais sur le bord méridional de la grande région plus ou moins montueuse que traversent sur une grande longueur
les affluents de l'Amour. Cette interprétation faisait
rentrer dans le domaine de la Russie une région très-
étendue qu'auparavant elle n'embrassait pas dans
ses possessions. M. de Middendorf suivit lui-même
ces limites nouvelles, traversa les affluents de l'Amour
au sortir des montagnes, et trouva plusieurs monticules que les Chinois avaient élevés pour marquer
leurs frontières. Il fit connaissance dans ce voyage
avec quelques tribus qui depuis cent soixante ans en-
voyaient à Iakoutsk un tribut de fourrures qu'on
avait toujours reçu sans en connaître exactement l'o-
rigine. M. de Middendorf put s'assurer aussi que,
dans les vallées presque inhabitées des affluents de la
rive gauche de l'Amour, la domination chinoise est
devenue extrêmement précaire.

On se contentait ainsi au début de reculer la frontière sibérienne, en interprétant les anciens traités
de la manière la plus favorable ; mais des circon-

stances nouvelles vinrent bientôt précipiter le cours
des empiétements de la Russie dans la Mantchourie.
En 1854, pendant la guerre d'Orient, sur la nouvelle
qu'une escadre anglo-française devait aller visiter les
établissements du Kamtchatka, le gouvernement russe
jugea nécessaire d'envoyer des renforts à la faible
garnison de Petropavlosk. Une expédition fut organisée par le général Mouravief, gouverneur de la Sibérie orientale; elle prit, pour aller au Kamtchatka,
le chemin de l'Amour, et recueillit les premiers renseignements sur ces régions jusqu'alors entièrement
inconnues. Le lieutenant Popof dessina, dans cette
rapide reconnaissance, une carte générale de l'Amour.
Ce premier voyage révéla au général Mouravief l'importance de ce fleuve magnifique : il comprit que la
possession des régions qu'il traversait assurerait un
avenir nouveau aux colonies de la Sibérie. Il descendit depuis l'Amour à trois reprises différentes,
et y réunit de nombreux et précieux documents
sur la géographie de la Mantchourie, sur ses ressources, sur les mœurs et le caractère des tribus
qui l'habitent. De son côté, l'amiral Poutiatine,
chargé d'aller négocier de nouveaux traités avec le
Japon, mit à profit son séjour dans les parages de la
mer d'Okhotsk pour remonter l'Amour depuis l'embouchure jusqu'au fort cosaque Ust-Strelotschnaja,
placé au confluent de l'Argun et de la Schilka. Il n'a-
vait à son service qu'un mauvais bateau à hélice, le
Nadeschda, qui employa soixante-seize jours à parcourir cette distance. Aujourd'hui l'on voyage beau-

coup plus rapidement sur l'Amour. Dès 1857, la *Léna*
a fait ce voyage en trente jours; en 1858, on compte
déjà six bateaux à vapeur sur l'Amour, et on le remonte en vingt jours de Nicolaïef à la Transbaïkalie.
Pendant le voyage de l'amiral Poutiatine, M. Petchurof a fait de nombreuses observations astronomiques,
et a pu tracer ainsi une carte rectifiée du fleuve, dont
l'exactitude ne laisse plus rien à désirer. Depuis,
M. Rochkof a complété le travail de M. Petchurof par
des déterminations astronomiques faites en divers
points voisins de l'embouchure du fleuve. La géolo-
gie et la flore de l'Amour ont été l'objet d'études spéciales de M. Permikin, qui prit part à la première
expédition de 1854, et depuis de MM. Maak, Maximo-
vich et Ruprecht. L'ethnographie n'a pas été né-
gligée dans ces diverses expéditions, et nous sommes
en possession de précieux détails sur les tribus de la
vallée de l'Amour comme sur les établissements que
les Mantchoux y conservent encore.

L'Amour dessine un arc immense depuis la Transbaïkalie, où ce fleuve prend sa source, jusqu'à la
Manche de Tartarie. Ses principaux affluents sont,
sur la rive gauche, la Zéja et la Burija, dont les vallées
sont à peu près désertes, et qui sortent des chaînes
montueuses placées sur le prolongement des monts
Stanovoï. Sur la rive droite, dans la région où l'Amour
atteint la latitude la plus méridionale, il a pour affluent
le Sungari. A vrai dire, il est difficile de décider lequel de l'Amour ou du Sungari mérite le mieux le
titre de fleuve : le Sungari amène toutes les eaux de

la Mantchourie méridionale, et paraît être plus important, parce qu'il garde sa direction première en se réunissant à l'Amour, tandis que celui-ci se trouve dévié vers le nord, après avoir, depuis sa source, toujours coulé du côté ·du sud.

On pourrait appeler Amour supérieur toute cette portion du fleuve qui précède le confluent du Sungari et se dirige du nord au sud, et Amour inférieur la partie du fleuve qui s'étend depuis ce point jusqu'à l'embouchure. Ces deux branches ont à peu près la même longueur. L'Amour supérieur offre des parties admirablement adaptées à la colonisation. A partir du point où il commence à porter son nom, il traverse une région très-montueuse, mais des deux côtés du fleuve s'ouvrent un grand nombre de vallées latérales qui offrent de fertiles pâturages et des forêts magnifiques. L'ancienne ville d'Albasin était située à l'entrée de l'Émuri, qui sans doute a donné son nom au fleuve Amour, et les émigrants sibériens se sont hâtés d'y former un établissement. Toute la région de l'Amour qui confine à la Transbaïkalie se colonise rapidement; déjà 20 000 Sibériens s'y sont portés, et chaque jour ce nombre va croissant.

En descendant le fleuve, on rencontre les premiers postes des Mantchoux, qui surveillent les tribus de l'Amour, à l'entrée d'une belle vallée formée par la Kamara. Ces postes consistent en quelques huttes et ne sont habités que pendant une partie de l'année; au delà de la Kamara, le fleuve traverse jusqu'à la Zéja un pays montueux couvert d'épaisses forêts et presque désert ; la vallée s'élargit, au sortir des montagnes, en immenses plaines où l'on n'aperçoit plus de forêts. Au confluent de l'Amour et de la Zéja est une ville chinoise du nom d'Aigunt. Un grand nombre de villages entourés de jardins et de champs sont groupés dans cette partie de la vallée. Nous emprunterons à un intéressant récit de M. Sverbejef la description de ces établissements chinois. M. Sverbejef avait été envoyé en avant de la flotille russe, avec un interprète et une petite troupe, pour transmettre une dépêche au gouverneur de la ville chinoise. On descendit dans le premier village pour chercher un messager : les Chinois effrayés se prosternaient devant les Russes. Bientôt, rassurés par leurs protestations pacifiques, ils les invitèrent à entrer dans leurs cabanes, leur offrirent des pipes et du tabac. Les maisons ne contiennent qu'une seule chambre : quatre murs, bâtis avec des briques non cuites et de l'argile, supportent la charpente du toit, recouvert en chaume. Les fenêtres sont grandes et fermées avec du papier. Le long des murailles court un long poêle, sorte de tuyau quadrangulaire, chauffé avec du bois et des roseaux, qui sert de siége pendant le jour et de lit pendant la nuit. Une table est toujours prête pour le thé ; à côté est une grande chaufferette où l'on fait bouillir l'eau et où l'on allume les pipes, qu'hommes, femmes et enfants ont continuellement à la bouche. Les Mantchoux cultivent eux-mêmes ce tabac, qui est très-fin, ressemble beaucoup au tabac japonais, et, comme celui-ci, est d'un goût faible, mais très-agréable. Les villages n'ont point de rues ; chaque maison est entourée de jardins très-bien cultivés. Les Russes attendirent quelque temps la réponse du gouverneur. Enfin deux employés chinois, habillés de *kourmas* bleus et la tête couverte d'un bonnet surmonté de boules qui indiquaient leur rang, vinrent les chercher pour les conduire à Aigunt. On les fit débarquer dans le port, où se trouvait réunie la flotille chinoise de l'Amour, composée d'une trentaine de jonques environ. La garnison de la ville, que les Mantchoux nomment Sachaljan-Ula, était assemblée sur les bords du fleuve : elle se composait d'un millier d'hommes couverts de *kourmas* en lambeaux et de toutes couleurs, armés de bâtons ou de piques, quelques-uns de fusils. D'autres portaient de grands arcs et des carquois. Une foule immense se pressait autour des soldats, et les enfants entraient même dans les rangs. Quand la confusion était au comble, les Mantchoux rétablissaient l'ordre à grands coups de bâton, spectacle pénible et risible à la fois. Une batterie défend l'accès du port, si l'on peut donner ce nom à dix affûts couverts de grandes housses rouges, sous lesquelles M. Sverbéjef soupçonne fortement qu'on n'aurait point trouvé de canons.

Les Russes, précédés et suivis d'une nombreuse escorte, se dirigèrent vers la forteresse, où résidait le gouverneur. La ville est entièrement bâtie en bois, elle s'étend le long du fleuve sur 4 kilomètres environ de longueur. Les maisons sont entourées de cours, bordées de haies ; un grand nombre de tourelles, ornées de grosses boules, de drapeaux et de figures sculptées, donnent à l'ensemble de la cité chinoise un aspect des plus bizarres. Les Russes regardaient avec une grande curiosité les femmes chinoises, parce qu'ils n'en avaient jamais vu jusque-là ; le séjour de Maï- matchin, comme de toutes les villes limitrophes de la Sibérie, leur est en effet complétement interdit. Les femmes mantchoues ne ressemblent en rien à celles des Tungouses, des Buriates et des Ostiaques. Elles sont beaucoup plus jolies ; quelques-unes pour- raient affronter la critique européenne la plus exi- geante : elles portent une robe bleue à manches larges, et leurs cheveux sont relevés à la chinoise. Les Russes remarquèrent avec surprise qu'elles avaient toutes la tête coquettement ornée de fleurs rouges et roses, bien que la matinée fût très-peu avancée. Ils ne purent savoir si les fleurs étaient leur coiffure habituelle, ou si elles avaient voulu se parer pour recevoir les étrangers.

A l'entrée de la forteresse, grand carré entouré d'une palissade, commencèrent les cérémonies insé- parables de toute réception officielle dans le céleste empire. Il fallut traverser quatre cours d'honneur avant d'arriver au tribunal où se tenait le gouverneur. Dans la première cour, les Russes furent obligés de déposer leurs sabres ; dans la dernière cour, il fallut se préparer à saluer convenablement le gouverneur. Pendant ce temps, on pouvait admirer les instruments de torture dont l'enceinte était remplie. Le gouver- neur attendait les Russes sur une haute estrade ; il

était assis devant une table qui portait des plumes,
un encrier et les sceaux. C'était un homme d'une
figure très-fine et très-intelligente, vêtu d'un *kourma*
jaune ; sa calotte était ornée d'une boule bleue et de
trois queues de zibeline. Il répondait avec beaucoup
de dignité au discours de l'interprète russe, quand
un vieillard entra en courant et annonça, avec tous
les signes d'une grande épouvante, l'arrivée de bateaux qui *fumaient et empestaient le fleuve*. Le man-
darin ne parut point partager sa frayeur, mais se mit
en route avec les Russes vers le port, et alla faire,
avec toute sa suite, une visite au général Mouravief,
qui le reçut avec les plus grands honneurs, et lui si-
gnifia son intention d'aller jusqu'à l'embouchure de
l'Amour.

Au delà d'Aigunt, l'Amour parcourt en serpentant
une longueur de 200 kilomètres ; les nombreuses îles
qui l'entrecoupent forment dans cette partie de la
vallée comme un long archipel. Le fleuve reçoit ensuite les eaux d'un affluent important, nommé Burija.
La vallée de cette grande rivière est peu fréquentée,
et l'on ne put obtenir que très-peu de renseignements sur son cours. Pourtant, par sa position vers
le milieu du bassin de l'Amour et dans une région
très-accessible et très-favorable à la colonisation, la
Burija mérite d'être signalée, et M. Petchurof ne
craint pas d'affirmer qu'un des premiers et des plus
importants centres de colonisation s'établira au confluent de cette rivière. Au-dessous de ce point, l'A-
mour s'enfonce de nouveau dans les montagnes, et

traverse, entre des défilés très-pittoresques, une chaîne assez élevée. Dans cette région sauvage et inhabitée, le fleuve se précipite avec une vitesse de cinq nœuds à l'heure. Il se ralentit bientôt en entrant dans de nouvelles plaines; il y parcourt les bras d'un long archipel qui s'étend jusqu'à l'embouchure du Sungari, cet immense affluent qui descend de la Mantchourie méridionale. La vallée du Sungari est la partie la plus peuplée de toute la province : la fertilité de ses bords, le cours lent et sûr du fleuve y ont attiré un grand nombre d'habitants; Giren-Choten, ville située sur le Sungari, est trois fois plus considérable qu'Aigunt : c'est là que se trouvent les chantiers où l'on construit tous les bateaux qui naviguent sur l'Amour.

C'est au confluent du Sungari que commence l'Amour inférieur : jusqu'à ce point, ce fleuve pénétrait dans des contrées de plus en plus méridionales et par conséquent plus fertiles. Au delà, il remonte graduellement vers le nord. Jusqu'à l'Ussuri, confluent qui sort encore de la Mantchourie méridionale, la vallée, quoique à peine habitée, présente les indices d'une très-grande fertilité; elle est bordée de beaux pâturages, et nulle part le fleuve n'est plus poissonneux. La vallée de l'Ussuri a été décrite par un missionnaire français, le père de La Brunière, coadjuteur du vicaire apostolique de la Mantchourie. Il y passa tout un hiver à prêcher l'Évangile aux familles tungouses qui l'occupent. La population y est très-clair semée : elle ne dépasse point 800 âmes; sur ce nombre, on compte

200 Chinois, dont quelques-uns font le commerce, mais dont la plupart sont venus chercher un asile chez les Tungouses. Les habitants de la vallée ont pour occupation principale, après la pêche et la chasse, la recherche d'une racine très-rare, qui jouit sans doute de propriétés médicinales, et qui s'envoie en Chine. Un naturaliste russe, M. Léopold Schrenk, a aussi parcouru une partie de la vallée de l'Ussuri, et dans son rapport adressé à l'Académie des sciences de Saint-Pétersbourg, il la représente comme formée de plaines très-fertiles, où croissent toutes les plantes et les légumes de l'Europe. Cette année même, les Russes ont dû y fonder leurs premiers établissements.

Au delà de l'Ussuri, la vallée s'élargit davantage; sur les belles plaines que baigne le fleuve vivent les tribus à demi nomades des Goldes. Ces tribus partagent leur temps entre l'agriculture et la pêche. Leurs mœurs sont d'une extrême douceur, et les Russes qui firent partie de la première expédition furent étonnés de la complaisance qu'ils mirent à les guider dans les inextricables canaux qui font de tout l'Amour inférieur un véritable labyrinthe. Cette multitude d'îles et de bras y rend la navigation assez difficile, d'autant plus que le courant est quelquefois si fort qu'à la remonte on est obligé de choisir les passages les moins profonds, et qu'alors on court le risque de s'échouer.

Dans la partie extrême de son cours, l'Amour atteint une immense largeur, et en outre il communique avec plusieurs grands lacs. Le fleuve court à

peu près parallèlement aux rives de la Manche de Tartarie, depuis le premier de ces lacs, qui se nomme
Kisi, jusqu'à son embouchure. Le lac Kisi n'est séparé
de la côte que par un intervalle de 16 kilomètres,
quoique le fleuve, avant d'aller se jeter à la mer, ait
encore, depuis ce point, un parcours de plus de
200 kilomètres. Le lac Kisi, encaissé par des montagnes, a 43 kilomètres de long et 10 kilomètres de
largeur moyenne. C'est un admirable bassin naturel
tout préparé pour le commerce de l'Amour; aussi cet
emplacement a-t-il déjà attiré l'attention des Russes.
Deux forts y ont été établis : le fort Mariinsk sur les
bords mêmes du lac, le fort Alexandrovsk sur la
Manche de Tartarie, dans une baie qui porte le nom
français de Castries, de l'autre côté de l'arête montagneuse qui sépare le lac Kisi de la mer. On songe
à établir sur ce point un chemin de fer, ou au moins
une chaussée ordinaire. A partir du lac Kisi s'étend
entre la mer et l'Amour une chaîne de montagnes
couvertes de forêts vierges et impénétrables. Les
bords du Bas-Amour sont à peu près déserts. On n'y
trouve çà et là que quelques misérables huttes, habitées par des tribus qui ont subi, moins que celles
de l'Amour supérieur, l'influence des Mantchoux. A
l'entrée de l'Amour, on a élevé la forteresse de Nico-
laïevsk, destinée à devenir la station principale de la
Russie dans ces parages. La flotte du Kamtchatka,
qui autrefois hivernait dans le magnifique port de
Petropavlovsk, aura désormais pour station d'hiver
l'île Wait, située dans le liman de l'Amour. Le climat

du Kamtchatka est trop rigoureux pour qu'on persiste plus longtemps à y garder des établissements, aujourd'hui que l'occupation du bassin de l'Amour livre à la Russie une longue ligne de côtes plus méridionales.

Les cartes russes les plus récentes font déjà rentrer dans le territoire de la Sibérie, outre la rive gauche de l'Amour, une grande partie de la rive droite. La côte de la Manche de Tartarie jusque vers le 45e degré de latitude et l'île Sachalin tout entière s'y trouvent comprises. Une fois qu'elle aura consolidé sa domination sur l'Amour, la Russie cherchera sans doute à pénétrer dans les parties méridionales de la Mantchourie, et jettera les fondements d'un empire, situé sur l'océan Pacifique. Sans chercher à pénétrer les mystères d'un avenir encore lointain, on peut dès aujourd'hui affirmer que les établissements russes de l'Amour sont destinés à prospérer. Ce fleuve est navigable sur toute sa longueur, et l'on peut remonter la Schilka, son affluent sibérien, jusqu'à Tchita. Ce lieu, qui n'était qu'une pauvre bourgade perdue au fond de la Transbaïkalie quand les exilés du 14 décembre 1826 y furent envoyés, est devenu aujourd'hui une ville importante, et il sera un jour l'entrepôt principal du commerce de l'Amour. Cette voie fluviale est le débouché naturel des produits de la Sibérie, qui sont beaucoup plus nombreux et plus abondants qu'on ne le croit, et consistent principalement en blé, fourrures, viande salée, bois, métaux. La Sibérie pourra recevoir directement par l'Amour une foule de marchandises qui aujourd'hui ne lui arrivent que par la coûteuse voie de terre. L'on ne verra plus certains objets de première nécessité atteindre dans la Sibérie orientale des prix vraiment fabuleux, quand le bassin du fleuve sera, comme la Californie, devenu un des marchés de l'océan Pacifique. Déjà, par la voie des îles Sandwich, des relations se sont nouées entre les États américains et les établissements russes ; le Japon lui-même a demandé à commercer sur l'Amour, et y a envoyé quelques navires. De magnifiques gisements de houille ont été découverts sur l'Amour même et dans l'île Sachalin, admirablement placée pour approvisionner la navigation à vapeur dans les parages septentrionaux de l'océan Pacifique et les mers du Japon. Enfin à tous ces avantages il faut encore ajouter la richesse des pêcheries de ces parages éloignés, que les Américains seuls parcourent aujourd'hui, mais que les Sibériens vont bientôt leur disputer.

L'occupation de la Mantchourie inaugure une ère nouvelle dans l'histoire de la Sibérie. En étudiant la géographie générale des possessions asiatiques de la Russie, nous avons vu qu'au delà de l'Oural cette puissance ne peut s'agrandir que dans deux directions : du côté du lac Aral ou du côté de l'Amour. Vers laquelle de ces deux directions la Sibérie doit-elle chercher à reculer ses limites ? La nature des régions qui avoisinent le lac Aral et les fleuves qui s'y jettent, les habitudes guerrières des populations de Khiva, de Bokhara, de Kokand, opposent de sérieux obstacles aux tentatives d'une colonisation régulière, et pendant longtemps au moins la Russie ne pourra fonder de ce côté que des postes et des établissements purement militaires. La belle vallée de l'Amour appelle au contraire l'émigration ; les tribus éparses qui l'habitent ont un caractère si doux et si pacifique, qu'elles sont plutôt des auxiliaires que des ennemies : aussi, c'est de ce côté que se tournent aujourd'hui, en Sibérie, tous les regards et toutes les espérances. C'est peut-être vers les régions qui avoisinent l'Hindou-Kousch que la Russie ambitionnerait le plus d'étendre son influence, et il n'est pas impossible qu'on caresse secrètement le désir de balancer l'influence de l'Angleterre en Asie ; mais les rêves politiques qu'on nourrit à Saint-Pétersbourg n'occupent guère les esprits en Sibérie. Les habitants des immenses contrées situées au delà de l'Oural regardent déjà moins du côté de l'Europe que de la Chine et du grand océan Pacifique. La population de la Sibérie orientale commence à égaler celle de la Sibérie occidentale, et le mouvement de la colonisation se porte de plus en plus vers l'Orient.

La Russie n'a aucun intérêt à contrarier le mouvement naturel d'expansion qui entraîne la Sibérie vers l'océan Pacifique. Ce n'est qu'en facilitant les projets, en flattant les espérances des populations qui habitent au delà de l'Oural, qu'elle peut conserver quelque force aux liens qui l'unissent à ces lointaines colonies asiatiques. L'histoire passée de la Sibérie n'est point de nature à exalter dans la pensée des

Sibériens le souvenir de la mère-patrie. Ils savent que la conquête des territoires qu'ils habitent n'a coûté à la cour moscovite aucun sacrifice, et qu'elle fut due entièrement aux entreprises privées des Cosaques que l'esprit d'aventure et de rapine poussa au delà de l'Oural. Ils se souviennent encore de la destruction d'Albasin, et se rappellent que la Russie abandonna les Cosaques dans la lutte, aussi hardie que persévérante, qu'ils avaient commencée contre le céleste empire. Les traditions nationales ne relient donc que bien faiblement la Sibérie à la Russie : la nature les sépare plus qu'elle ne les unit; les sentiments, les souvenirs de ceux qui viennent peupler la colonie élèvent une barrière morale entre la Russie asiatique et la Russie européenne. C'est en Sibérie que le serf trouve l'indépendance qui lui était refusée dans son pays; l'exilé politique une patrie nouvelle, le sectaire la liberté de conscience, le criminel vulgaire des solitudes où sa honte s'efface et s'oublie. Ces éléments variés tendent à composer une société tout à fait nouvelle dont un sentiment commun relie tous les membres, le besoin de la liberté. Les Sibériens se trouvent répandus sur des régions trop vastes et trop faiblement peuplées pour que le joug d'une autorité quelconque puisse s'y faire sentir avec quelque force. Une grande destinée attend sans doute cette nation naissante, qui, un jour peut-être, balancera la puissance américaine dans une partie de l'océan Pacifique; mais cet avenir est encore si lointain, que la Russie devra longtemps encore présider à ses développements. Il appartient aux grandes nations d'en faire naître d'autres autour d'elles. L'Angleterre a préparé la grandeur des États-Unis, et jette aujourd'hui dans l'Australie et dans l'Inde les fondements d'empires dont la domination doit lui échapper un jour. La Russie a pour devoir d'introduire le christianisme et la civilisation européenne dans le nord de l'Asie : elle doit poursuivre ce but par tous les moyens, lors même qu'elle préparerait ainsi l'indépendance future de l'empire qu'elle est occupée à étendre au delà de l'Oural.

LES VOLCANS DE JAVA.

Les volcans comptent au nombre des points les plus remarquables du globe : ce sont les seuls où nous puissions observer l'action présente du feu intérieur, de l'*atmosphère souterraine*, (si l'on veut emprunter une expression originale de Franklin, sur la frêle enveloppe que nous habitons. Autrefois l'on ne songeait point à chercher dans les profondeurs ignées de la terre la cause des phénomènes volcaniques. Dans le dernier siècle encore, on ne les attribuait généralement qu'à une combustion locale et toute exceptionnelle. De nos jours, les travaux des géologues ont éclairé d'une lumière nouvelle la théorie des volcans. Léopold de Buch a montré comment les particularités de la forme des montagnes ignivomes n'ont d'autre origine qu'un soulèvement opéré par l'énergique pression des vapeurs et des laves qui cherchent à se frayer une issue facile et permanente. Cette hypothèse hardie rend admirablement compte de la singulière structure d'un grand nombre de volcans, notamment de ceux des Canaries, que visita le célèbre géologue allemand, de l'Etna, du Vésuve, et des volcans éteints de l'Auvergne, si bien décrits par MM. Élie de Beaumont et Dufrénoy. Léopold de Buch ne se contenta pas d'étudier isolément les montagnes volcaniques, il voulut découvrir suivant quelles lois elles sont distribuées sur le globe, et il réussit à démontrer qu'on ne peut en expliquer la formation que par le jeu même des forces qui agissent sans cesse à l'intérieur de notre planète pour troubler l'équilibre séculaire des mers et des continents.

Bientôt M. de Humboldt vint prêter son appui à ces conceptions puissantes, en établissant qu'il existe une relation intime entre les éruptions des volcans des Antilles et des Andes et les tremblements de terre qui agitent d'une manière si effrayante et à de si fréquentes reprises certaines parties de l'Amérique. Il ajouta de précieux matériaux à l'étude comparée des volcans terrestres, en décrivant les colosses trachytiques des Andes, auprès desquels le Vésuve n'est qu'une humble colline, et qui, sous les feux du tropique, dressent dans la région des neiges éternelles leurs cimes plus élevées que celles du Mont-Blanc. L'histoire de leurs éruptions est aussi bien différente de celle des volcans de la Méditerranée : ils ne vomissent point de laves, comme ces derniers, et ne rejettent que des cendres et des vapeurs.

Dans l'esprit de presque tout le monde, l'écoulement des laves forme l'attribut essentiel d'une éruption volcanique. Ce phénomène étrange de torrents de feu sortis des entrailles mêmes de la terre est bien fait pour étonner et captiver l'imagination. Pourtant l'émission des vapeurs et le dégagement de l'eau qui accompagne toutes les éruptions présentent à l'esprit des énigmes encore plus difficiles à résoudre. Ce qui fait qu'on a toujours attaché plus d'importance aux laves, c'est qu'elles restent comme les seuls témoins des éruptions passées ; c'est en suivant ces fleuves de pierre refroidis que les voyageurs apprennent l'histoire des volcans : les matières gazeuses au contraire ne laissent point de trace et ne survivent point à la catastrophe qui les a portées au jour. Ceux qui sont assez heureux pour assister à une éruption ne peuvent manquer toutefois d'être frappés à la vue des fumées qui s'échappent des courants de lave, et doivent se demander comment des vapeurs et des gaz ont été emprisonnés dans ces matières fondues, qui, refroidies, ne sont que des scories et des rochers. Nous partageons tous encore d'instinct le préjugé antique de l'antagonisme de l'eau et du feu ; pourtant l'eau sort des volcans en telle abondance, que parfois d'immenses nuages sillonnés d'éclairs incessants s'amassent au-dessus du cratère. Les géologues sont divisés sur l'explication de ce singulier phénomène. Les uns croient que les eaux de la mer ou les pluies s'infiltrent dans les fissures terrestres, arrivent au contact des laves souterraines, et sont vomies, sous forme de vapeur, par les orifices des volcans. Telle était l'opinion du célèbre chimiste Davy, qui découvrit le premier les métaux qui forment la base des roches ; elle est encore adoptée par l'école qui attribue à des actions purement chimiques et électriques tous les phénomènes qui se rattachent à la chaleur terrestre. L'école plutonienne, qui rend compte de ces phénomènes par l'incandescence du noyau de la terre, admettrait volontiers que la masse fluide dont les continents et le lit des mers ne sont en quelque sorte que l'épiderme solide contient elle-même toutes les substances que nous voyons se dégager des laves. Ainsi les éléments de l'eau seraient renfermés au sein même de la terre avec ceux de toutes les autres vapeurs qui sortent des volcans, et s'en échappent avec une telle violence, qu'ils rejettent les scories et les cendres à des hauteurs quelquefois effrayantes.

Suivant qu'on explique de l'une ou de l'autre manière les émanations volcaniques, on se trouve forcément entraîné à interpréter d'une façon opposée toute l'histoire géologique de la terre. On comprend dès lors quel intérêt s'attache à toutes les manifestations de la *volcanicité* terrestre, et pourquoi l'on ne saurait les étudier sur des points trop nombreux. Les renseignements précieux que M. de Humboldt et après lui M. Boussingault nous ont fournis sur les volcans des Andes ont fait voir que, dans les différentes régions du globe, les phénomènes volcaniques présentent, avec un ensemble de caractères communs, des traits originaux. Il est une contrée où ils offrent une certaine ressemblance avec ceux qu'on observe dans les Andes, c'est l'île de Java ; mais tandis que les éruptions des volcans américains sont des catastrophes qui ne se renouvellent guère que de siècle en siècle, celles des volcans javanais sont si nombreuses et si rapprochées, qu'elles fournissent au géologue un constant sujet d'études. Malheureusement le nombre de ceux qui vont visiter les îles de la Sonde n'est guère plus nombreux que celui des hardis voyageurs qui se décident à gravir les cimes élevées des Cordillères. M. Léopold de Buch, dans son admirable *Voyage aux îles Canaries*, a rassemblé tous les renseignements connus de son temps sur les diverses zones volcaniques du globe. Ceux qu'il a réunis relativement aux îles de la Sonde et à Java sont encore très-incomplets. Le géologue allemand se borne à constater d'une manière générale que les volcans javanais ne donnent point de laves, et qu'il en sort fréquemment des torrents d'eau chaude et boueuse, avec d'immenses quantités de cendre. Il semble tout d'abord assez étonnant que les régions volcaniques de Java soient encore si peu connues, quand on considère que cette île est depuis très-longtemps occupée par des Européens. Il y a quelques années seulement que les Hollandais ont entrepris l'exploration scientifique de leur belle et riche colonie. L'Europe dut le premier ouvrage important sur Java à sir Stamford Raffles, qui fut gouverneur de cette île pendant la courte période de la domination anglaise. En même temps qu'il faisait succéder les règles et les principes d'un gouvernement plus humain à un régime

fondé sur les exactions, le travail forcé, les cruautés
de toute espèce, il faisait étudier les ressources et
dresser une carte détaillée de la colonie. Cette carte
fut l'œuvre de Thomas Horsfied, qui se fraya le premier un chemin à travers les forêts vierges qui couronnent les pitons élevés de Java. Ce travail n'a guère
nécessité depuis que des améliorations de détail,
qui sont dues au zèle de deux officiers néerlandais,
MM. Leclerq et Van de Velde. Quelques observations
relatives aux volcans de Java sont disséminées dans
les recueils qui se publient à Batavia ou en Hollande ;
mais nous n'avons trouvé nulle part sur Java et ses
volcans une si grande abondance de renseignements
que dans un ouvrage récent de M. Junghuhn, qui
embrasse l'étude complète de la colonie hollandaise.

L'auteur a passé douze années à Java, et en a gravi
lui-même presque toutes les cimes avec des instruments pour en mesurer la hauteur. Il a décrit dans
son livre toutes les montagnes volcaniques de l'île,
qui sont au nombre de quarante-cinq, recherché
avec grand soin tout ce qui est relatif aux éruptions
des volcans de Java et réussi à en rendre l'histoire
assez complète, en fouillant les documents officiels et
en consultant les traditions des natifs. On ne peut
malheureusement tirer des Javanais que des renseignements vagues et peu nombreux sur les volcans de
leur île : le souvenir des catastrophes qui l'ont désolée à de si fréquentes reprises s'efface avec une merveilleuse rapidité de leurs esprits oublieux et indo-

lents. Même quand il s'agit des éruptions les plus récentes, leurs récits ne s'accordent jamais parfaitement, et pour donner une idée de leur chronologie, M. Junghuhn cite l'exemple singulier d'un natif qui se croyait âgé de deux cents ans.

Ce n'est pas la paresse seulement, c'est une terreur superstitieuse qui empêche les Javanais mahométans de gravir la cime des volcans : ils n'aiment pas à quitter les régions basses, couvertes de champs de riz, au-dessus desquelles s'élèvent, comme des îles dans la mer, les pitons redoutés. Protégés contre la chaleur accablante des plaines dans leurs villages qui s'abritent sous des bois de cocotiers et de palmiers, ils ne quittent jamais ces oasis de verdure pour aller respirer l'air plus frais des hautes cimes. Aussi les cratères des volcans furent-ils le dernier refuge des sectateurs de Siva, quand les mahométans firent la conquête de l'île vers 1470. On y trouve souvent des ruines d'anciens temples. L'adoration des forces terribles dont les volcans sont le foyer devait naturellement tenir une grande place dans les croyances primitives de ces contrées, et le culte de Siva, la divinité de la destruction, y était dominant. Le volcan Séméru, le plus élevé de l'île, était appelé le Mont-Sacré ; le Sumbing, qui se trouve au milieu de l'île, était « le clou qui avait servi à fixer Java contre la terre. » On trouve des restes de monuments religieux à des hauteurs très-considérables. Sur le plateau élevé qui forme le fond de l'ancien cratère du volcan Dïeng, il y a des milliers de blocs cubiques, débris des

anciens temples. Ils étaient simplement formés par
une suite de terrasses entourées de murailles, disposées en étages successifs sur les pentes de la montagne, et reliées l'une à l'autre par des escaliers. Sous
le gazon et entre les racines des casuarines, on retrouve des sculptures, des bas-reliefs, quelquefois de
grossières statues. La religion hindoue s'éteignit bientôt dans la solitude terrible des cratères ; des forêts
vierges recouvrirent les pierres disjointes des temples
écroulés, qui ne furent plus visités que par les rhi-
nocéros, les chats et les bœufs sauvages. Ce n'est qu'à
une époque très-récente que la hache de l'homme
vint frayer de nouveaux chemins sur ces hauteurs
abandonnées, et qu'on retrouva les blocs taillés souvent à demi décomposés par les vapeurs volcaniques,
les seuils sacrés que la végétation active des tropiques
avait si promptement envahis : découvertes précieuses, même pour le géologue, car partout où l'on
retrouve des ruines de temples, on peut conclure que
le volcan passait pour éteint avant l'invasion de l'is-
lamisme.

Aujourd'hui les seuls Javanais qui soient restés
fidèles au culte de Siva habitent le fond de l'immense
cratère du volcan Tengger, plaine élevée qui porte le
nom de *Mer de Sable*. Tous les ans, ils célèbrent une
fête solennelle, et vont comme en sacrifice verser du
riz dans le cratère du cône d'éruption toujours actif
qui s'élève au milieu de la Mer de Sable. C'est le sentiment d'un danger éternel et mystérieux qui a en-
tretenu si longtemps les grossières croyances de cette

colonie isolée, et, au lieu de s'en étonner, on serait
plutôt surpris que cette terreur naturelle n'ait point
corrompu la religion mahométane dans ces régions,
si l'on ne savait que le fanatisme le plus absolu en
fait le fond. C'est avec une égale indifférence que le
Javanais mahométan se soumet à une tyrannie étran-
gère et aux effets irrésistibles des forces de la nature.
Pourvu qu'il puisse, étendu sur une natte, écouter
les chants des tourterelles enfermées dans des cages,
rêver aux sons doux et mélodieux du *gamelang*, son
instrument favori, ou regarder les danses gracieuses
des *ronggengs*, il est heureux. Il oublie que le volcan
voisin peut tout à coup s'irriter, vomir des nuages de
fumée qui plongeront la contrée entière dans une nuit
profonde, et que des torrents dévastateurs, descendus
de la montagne, peuvent ensevelir les riants villages,
les arbres et les champs cultivés, sous un linceul de
limon fumant.

Musulmans ou sivaïtes, les habitants de Java ne
sauraient donc fournir que d'insuffisantes indications
au géologue curieux d'étudier les phénomènes volcaniques. Heureusement M. Junghuhn a complété
par ses propres recherches les vagues récits des indigènes, et on peut suivre avec confiance un pareil
guide à travers la grande région ignivome qui, grâce
à lui, n'a plus de mystères pour la science européenne.

Les volcans de l'archipel indien forment comme
un fer-à-cheval grossier autour de la grande île de
Bornéo. Cette ceinture volcanique part des îles Ada-

man; les îles Nicobares, Sumatra, Java, Timor, la Nouvelle-Guinée, les Moluques, les Célèbes, Ternate et Djilolo complètent ce vaste circuit. Des Nicobares à l'archipel des Philippines, on ne connaît pas moins de cent neuf volcans. M. Junghuhn en compte dix-neuf dans Sumatra et quarante-cinq dans Java.

Le contraste que présente la constitution de ces deux îles est extrêmement frappant. Sumatra est formée par une série de chaînes montagneuses parallèles qui enferment de hautes vallées longitudinales ou de véritables plateaux. Quelques volcans s'élèvent sur la crète de ces chaînes, mais sans la dépasser de beaucoup en hauteur. La partie occidentale de Java rappelle encore ces caractères : elle est formée de plateaux élevés, hérissés de sommets volcaniques; mais quand on avance vers l'est, on trouve un pays bas et d'immenses plaines sur lesquelles s'élèvent les cônes isolés des volcans, qui ont presque tous de 3000 à 3600 mètres d'élévation. On ne rencontre plus de plateaux élevés, de hautes vallées; parfois seulement deux volcans jumeaux sont reliés par des cols dont l'altitude dépend de la distance plus ou moins considérable qui en sépare les sommets. Les caractères physiques des deux contrées se reflètent avec leurs différences jusque dans les mœurs et les habitudes des natifs. Le climat des plaines de Java énerve et amollit les habitants, qui cultivent paisiblement le riz et le café pour des maîtres étrangers ; les plateaux élevés de Sumatra sont couverts de frais pâturages et habités par une population fière et indépendante.

Ces montagnards féroces sont presque toujours en guerre, et chacun de leurs villages est une république.

Les volcans de Java, considérés dans leur ensemble, sont à peu près alignés, dé l'est à l'ouest, dans l'axe principal de l'île, depuis le détroit de la Sonde jusqu'à l'extrémité orientale. Une ligne droite, menée dans cette direction, passe exactement par les volcans Salak, Gédé, Slamat, Sumbing, Merbabu, Lawu, Tengger et Idjeng. Toutes les autres montagnes volcaniques sont placées dans le voisinage de cette ligne; elles forment pourtant quelquefois de petits groupes transversaux, dirigés du nord-ouest au sud-est, comme par exemple les quatre montagnes voisines de Dïeng, de Telerep, de Sendoro et de Sumbing.

Par une coïncidence vraiment singulière, cette direction des alignements partiels et transversaux est précisément celle des grandes chaînes de Sumatra, et réciproquement les volcans connus de Sumatra sont rangés à peu près sur une ceinture rigoureusement parallèle à l'axe principal de Java. Ce fait remarquable prouve une fois de plus que les volcans s'alignent dans le sens des fractures produites à la surface du globe par les phénomènes de soulèvement qui déterminent la forme des îles et la direction des chaînes de montagnes. Dans la partie centrale et orientale de Java, les volcans sont isolés, mais dans la région occidentale ils forment deux chaînes montagneuses, séparées par une vallée longue et assez élevée. Quand on parle de *volcans en ligne*, il ne faut pas toujours entendre une ligne unique ; les cratères actifs ou éteints du groupe des îles Sandwich forment deux lignes voisines parallèles, et les gigantesques volcans des Andes de Quito sont rangés sur des chaînes parallèles, séparées par de hauts plateaux pareils à d'immenses voûtes et fréquemment ébranlés par des tremblements de terre. A Java, il n'y a pas moins de quatorze bouches volcaniques sur les deux crêtes parallèles qui occupent la partie la plus occidentale de l'île dans un espace qui n'a que 40 kilomètres de longueur sur 16 kilomètres de largeur. Une pareille agglomération de volcans est un fait très-remarquable : dans la partie orientale de l'île, on trouve aussi huit montagnes volcaniques, assemblées dans un espace très-étroit, le Tengger, le Séméru, le Lamongan, le Ringgit, l'Ajang, le Raon, le Buluran, l'Idjeng, et le Ranté. L'île tout entière est, pour ainsi dire, criblée de passages par lesquels les vapeurs souterraines peuvent se dégager ; la pression de ces vapeurs ne devient donc jamais assez forte pour amener jusqu'à la bouche des volcans des laves en fusion qui puissent s'écouler par les cratères ou par des fissures ouvertes dans les flancs de la montagne. On ne trouve dans Java aucune coulée de cette nature comparable à celles du Vésuve, de l'Etna et de l'Islande. Les volcans n'y rejettent, avec une quantité incroyable de vapeur d'eau et de vapeurs acides, que des débris fragmentaires et des cendres. C'est sans doute parce que les appareils volcaniques sont si rapprochés à Java que les tremblements de terre sont insignifiants et purement locaux. Ils sont très-fréquents, mais faibles, et paraissent n'avoir aucune connexion intime avec le phénomène des éruptions volcaniques. Sur cent quarante-trois tremblements de terre catalogués par M. Junghuhn, trois seulement ont annoncé, deux ont suivi, dix-neuf ont accompagné les éruptions; cent neuf se sont produits tout à fait isolément.

Au lieu de courants de laves, ce sont des torrents de boue qui descendent pendant certaines éruptions des volcans javanais et inondent souvent tous les alentours. L'origine de ce singulier phénomène est encore enveloppée d'une certaine obscurité. L'eau sort-elle du volcan à l'état de vapeur, et forme-t-elle des torrents boueux en retombant à l'état de pluie et en entraînant les cendres volcaniques rejetées pendant l'éruption? ou bien ces fleuves de boue liquide s'épanchent-ils des cratères absolument comme des courants de lave ordinaire ? M. Junghuhn penche pour la première opinion ; mais ses descriptions mêmes semblent la combattre : les grandes vallées de déchirement qui découpent les flancs des volcans javanais sont remplies par une multitude de pierres et de rochers amoncelés. Si la pluie avait entraîné ces débris, ils seraient en plus grande abondance sur les pentes les plus basses de la montagne, et l'on ne devrait pas en trouver auprès du sommet. Ces champs de débris s'élargissent au contraire très-souvent à mesure qu'on se rapproche de la cime, et on peut les suivre jusque dans l'intérieur même des cratères, qui en sont quelquefois entièrement remplis. Ces blocs, qui n'ont aucun des caractères des scories volcaniques ordinaires, étaient sans doute suspendus dans une masse demi-pâteuse, demi-fluide, qui s'écoulait par les échancrures du cratère.

On remarque parfois sur les pentes les plus basses des montagnes volcaniques une multitude de petits monticules dont les Javanais expliquent ainsi la formation : quand le courant boueux rencontre quelque obstacle, tel qu'un arbre ou un bloc de rocher, les plus gros fragments entraînés avec le torrent volcanique sont arrêtés; l'obstacle devient ainsi de plus en plus considérable, et le monticule, d'abord très-petit, s'accroît rapidement. Dans une de ces rangées de collines, M. Junghuhn a observé que les sommets sont disposés très-régulièrement sur une ligne inclinée de 2 degrés environ sur l'horizon. Ce fait démontre que, sous un angle très-faible, les torrents boueux peuvent entraîner des blocs de rochers souvent assez considérables.

On trouve de pareilles collines autour de plusieurs volcans de Java, de l'Ajang, du Guntur et du Sumbing. Du cratère de ce dernier volcan sort une traînée de débris qui descend sur une longueur de 2 lieues et se termine par une myriade de monticules réguliers, pareils à de grandes taupinières de 10 à 12 mètres de hauteur. Les fragments rejetés par ce volcan devaient être à une très-haute température, car on voit que quelques-uns ont été incomplétement fondus à la surface et sont soudés les uns aux autres. Une traînée plus longue encore descend du Pepandajan et permet aussi de remonter la ligne du courant boueux jusque dans le cratère, rempli par une nappe de rochers. L'immense cône du volcan Lawu est traversée par une large fissure, remplie également de ruines ; sans les troncs d'arbres qui forment des ponts naturels d'un roc à l'autre, on ne pourrait gravir cette pente hérissée.

Les éruptions des volcans des Andes sont, comme celles des volcans javanais, signalées par la formation des torrents boueux ; mais on ne peut attribuer ce phénomène aux mêmes causes, du moins dans tous les cas. Les neiges éternelles qui couronnent ces hautes montagnes sont quelquefois fondues par les vapeurs qui sortent des volcans, et produisent alors de subites inondations. C'est ainsi qu'en 1803 l'immense coupole qui couronne le sommet du Cotopaxi disparut entièrement dans l'espace d'une nuit. Suivant M. de Humboldt et M. Boussingault, les montagnes trachytiques des Cordillères sont pénétrées d'une multitude de cavités qui se remplissent d'eau par une lente infiltration. Les ébranlements qui accompagnent les éruptions les vident, et les eaux souterraines, souvent peuplées d'une multitude de petits poissons, sont expulsées. Ce phénomène singulier accompagna l'éruption du Carguairazo en 1698 et celle du volcan Imbaburu en 1671. Les observations, malheureusement si peu nombreuses, que l'on possède aujourd'hui sur les volcans des Andes nous laissent encore ignorer si les fleuves boueux qui en descendent sont dus uniquement à la fonte des neiges et au déversement des réservoirs intérieurs. La boue transportée dans les vallées et les plateaux, nommée par les naturels *moya*, est formée par des matériaux volcaniques et les débris des roches qu'ont décomposées les vapeurs souterraines.

Dans l'émouvant récit de son ascension sur le volcan Pichincha, voisin de Quito et rendu autrefois célèbre par les travaux de La Condamine et de Bouguer, M. de Humboldt note un fait singulier, qui me paraît pourtant établir un trait de rapprochement entre les éruptions des volcans de Java et celles des volcans des Andes. Le célèbre voyageur mentionne de nombreux blocs aux arêtes aiguës épars au pied du volcan de Pichincha, dans un lieu qu'on nomme la *Plaine de Pierres*. « Je crois, écrit-il à ce sujet, que ces roches n'ont pas été lancées par le cratère actuel du Pichincha, mais que peut-être, lors des premiers soulèvements de la montagne, elles ont été précipitées du sommet à travers la crevasse du Cundurguachana. »

M. Sébastien Wisse, qui, plus heureux que M. de Humboldt, réussit à pénétrer en 1845 au fond du gigantesque cratère du Pichincha, a été de même conduit à croire que ces blocs de rochers, qui ont parfois trois mètres de diamètre, ne peuvent avoir été rejetés par une explosion du cratère actuel; la traînée des blocs erratiques en est éloignée de plus de six mille mètres. Les traditions des natifs s'accordent néanmoins à leur attribuer une origine volcanique.

Ne pourrait-on pas admettre avec quelque apparence de raison qu'ils ont été amenés à la place qu'ils occupent aujourd'hui par des torrents boueux, pareils à ceux qui ont rempli de débris les grandes vallées ouvertes sur les flancs des volcans javanais? Cette opinion est d'autant moins improbable que, suivant M. de Humboldt, les plateaux qui entourent la montagne volcanique du Pichincha ont dû être plusieurs fois inondés, et qu'au dire du colonel Hall, dans l'intervalle des années 1828 et 1831, des matières boueuses ont été déversées du cratère actuel.

Toutes les éruptions des volcans de Java ne sont point accompagnées de torrents de boue qui inondent et détruisent les forêts, les champs et les villages ; un grand nombre de ces volcans ne rejettent que des débris et des cendres. Ces éruptions *sèches* caractérisent les volcans les plus agités de l'île, tels que le Lamongan, le Séméru, le Guntur et le Merapi. Comme Stromboli dans l'archipel des îles Éoliennes, le Lamongan et le Séméru sont dans un état d'irritation permanente ; mais tous les phénomènes volcaniques se bornent à des jets de débris incandescents qui retombent dans le cratère ou roulent sur les flancs de la montagne. La nuit, le sommet de ces volcans s'entoure d'une rouge lueur. Les explosions ont lieu à un quart d'heure ou une demi-heure d'intervalle dans le Lamongan, toutes les deux ou trois heures dans le Séméru. Après ces deux volcans, le Guntur ou Mont-Tonnerre est le plus actif de Java : il se passe rarement quelques mois sans que des cendres, du sable, des fragments de roche n'en soient rejetés avec de terribles détonations, qui ont valu à la montagne le nom qu'elle porte dans le pays. Les éruptions de ce volcan n'ont pas toujours été sèches comme aujourd'hui; les nombreuses collines de matériaux incohérents qui recouvrent les pentes les plus douces de la montagne ont été formées autrefois au sein d'immenses fleuves boueux. Ainsi les phases et les irrégularités de l'activité souterraine peuvent s'observer non-seulement d'un volcan à l'autre, mais dans la succession des éruptions de la même bouche volcanique.

On trouve à Java, dans les cratères, sur les flancs des montagnes, parfois même à de très-grandes distances, à peu près tous les exemples de phénomènes volcaniques secondaires. Solfatares, émanations de vapeurs et de gaz, lacs et volcans boueux, sources d'eau chaude, tous ces phénomènes forment en quelque sorte une progression descendante, qui nulle part ne peut être mieux observée. La variété de ces actions est d'ailleurs en rapport intime avec celle que présentent les formes des montagnes volcaniques. Nulle part les dégradations subies par ce qu'on pourrait appeler le volcan primitif n'ont été aussi rapides, à cause sans doute du caractère explosif de toutes les éruptions et de l'abondance de débris incohérents qui, se trouvant rejetés, forment des édifices dont les contours sont changeants et éphémères. Quelques volcans de cette île présentent une très-grande simplicité de traits; ce sont de simples cônes de débris parfaitement réguliers, couronnant une montagne trachytique. Quelquefois on reconnaît encore les bords d'un cirque primitif pareil à la *Somma* du Vésuve : ainsi les immenses cônes du Tampomas et du Merapi remplissent une enceinte fermée par une muraille à peu près circulaire. Un des massifs volcaniques les plus remarquables est le mont Tengger. Le cirque qui forme le sommet de la montagne a 7 kilomètres de diamètre, le fond est situé à 2200 mètres au-dessus du niveau de la mer; c'est un véritable désert africain, et les Javanais l'appellent, on l'a vu, la Mer de Sable. Quand le soleil tropical l'échauffe, on y observe très-fréquemment le phénomène du mirage. Vers le milieu de la Mer de Sable s'élèvent trois petits cônes d'éruption, dont l'un a 500 mètres, le second 300 mètres, et le troisième 260 mètres d'élévation au-dessus du plateau. Le plus petit de ces cônes, le Bromo, est seul actif. La bouche volcanique est remplie par un lac constamment agité par les vapeurs souterraines qui s'en dégagent. Ces trois cônes d'éruption, juxtaposés ou plutôt greffés les uns sur les autres, s'élèvent en ligne droite sur une même fissure. Mais le trait le plus singulier qu'on puisse observer dans la constitution du Tengger est une grande vallée de déchirement ouverte sur le flanc de la montagne, et qui s'élargit à mesure qu'on approche du sommet. Ces ruptures, produites par soulèvement, sont très-fréquentes à Java. Les cratères des monts Salak, Tengger, Telerep, Merbabu, Merapi et Lawu sont traversés par des fentes immenses; parfois plusieurs fissures traversent toute l'épaisseur du volcan : alors il ne reste plus que des sortes de piliers détachés, sans aucune apparence de régularité, comme dans le volcan Willis. Ces volcans étoilés sont ordinairement éteints. Enfin souvent les dernières convulsions volcaniques font de la montagne entière une ruine informe, où l'esprit cherche en vain à reconstruire l'édifice primitif ; c'est ce qui est arrivé pour le Ringgit et la plupart des volcans dont les éruptions ont été le plus terribles.

Il est un fait bien remarquable, c'est que les volcans des Andes, dont les éruptions semblent se rapprocher le plus de celles des volcans javanais, nous fournissent aussi les exemples les plus frappants de ruptures et d'écroulements semblables. M. de Humboldt en donne pour exemples le Carguairazo, les deux pyramides d'Ilinissa, et le Capac-Urcu, aujourd'hui appelé *Cerro-del-Altar*. Il n'y a pas lieu de s'étonner que les volcans qui ne donnent point de laves soient ceux dont les formes subissent les altérations les plus rapides, parce que les éruptions gazeuses ont le caractère de véritables explosions. Léopold de Buch comparait le volcan régulier de Ténériffe à une tour défendue par un fossé et des bastions : il n'aurait pu voir dans la plupart des volcans javanais qu'un fort démantelé et déchiré par les brèches d'un siége. Il y en a quelques-uns dont la structure première est presque impossible à démêler : tel est celui qui porte le nom d'Idjeng. Il ne reste de l'enceinte primitive que quelques piliers séparés : sur un plateau qui s'étend à 1800 mètres d'altitude au-dessus de la mer, s'élèvent jusqu'à dix cônes d'éruption. L'un d'eux, le mont Raon, est véritablement gigantesque : il a **3160** mètres de hauteur. Le cratère du Raon est le gouffre le plus profond de tout Java : il a 3 kilomètres de largeur, et les parois ont 660 mètres de hauteur, de sorte qu'une pyramide quatre fois plus élevée que la plus grande pyramide d'Égypte pourrait y être placée sans qu'on en aperçût le sommet.

En face de Raon, sur la marge opposée de l'ancienne enciente, est le cône de l'Idjeng proprement dit. Cette montagne fut visitée autrefois par le naturaliste français Leschenault de La Tour, qui vit, au fond du gouffre cratériforme creusé dans le sommet, un lac qui existe encore aujourd'hui, perdu à une immense profondeur. De tous les groupes volcaniques de Java, celui où les vestiges de la structure primitive sont le plus altérés, et qui présente les plus grandes singularités, est celui qui porte le nom de Dieng. L'ancienne enceinte forme une crête montagneuse qui présente des pentes douces à l'extérieur, escarpées à l'intérieur. Le fond est aujourd'hui hérissé d'une multitude de petites sommités : on y voit de petits cônes d'éruption encore actifs, des solfatares et des lacs. Là se trouve la fameuse *Vallée de la Mort* de Java, vaste entonnoir d'où se dégage constamment de l'acide carbonique, et qui est rempli par les ossements des animaux qui vont s'y aventurer. Le plateau principal a donné son nom au volcan ; situé à 3000 mètres d'élévation au-dessus de la mer, il est couvert de pâturages et semé de riants villages.

Ce n'est pas seulement dans les cratères que se trahit l'activité volcanique ; on en rencontre des traces sur presque toute la surface de Java, parfois à de grandes distances des montagnes. On y trouve en abondance des sources chaudes et minérales, des lacs et des marais boueux, d'où se dégagent des gaz de diverse nature. Ces phénomènes secondaires, qui paraissent insignifiants quand on les compare aux grandes éruptions, méritent néanmoins d'être signalés ; ils trahissent à tout moment les réactions qui s'accomplissent dans les laboratoires souterrains. On pourrait les comparer à l'étincelle qui se ravive quand on remue une cendre qu'on croyait refroidie, ou plutôt à la fumée qui sort en imperceptibles traînées d'un édifice longtemps avant que l'incendie n'éclate dans toute sa fureur.

II

L'étude complète d'une région volcanique comprend deux parties, l'une purement descriptive, l'autre historique. Nous venons de faire connaître la disposition en chaînes des volcans de l'île de Java, la structure singulière des montagnes dont elle est hérissée, les réactions chimiques qu'on y observe. Après avoir montré les volcans en repos, il faut les faire voir en action et rappeler les éruptions formidables qui interrompent de temps à autre un calme qui n'est qu'apparent. Ces éruptions se renouvellent si souvent à Java, que j'ai dû me borner aux plus remarquables et faire un choix dans la longue liste des catastrophes dont cette région a été le théâtre.

Le volcan Ringgit était jadis une des plus hautes montagnes de l'île : en 1586, à la suite d'une éruption terrible, il s'effondra et tomba en ruines. Cet événement coûta la vie à dix mille habitants. Pendant dix ans, les navigateurs virent sortir du sommet une noire et immense colonne de fumée ; le fameux navigateur Cornélis Houtman, entre autres, l'aperçut encore en 1596. Aujourd'hui le volcan est complétement éteint ; il n'en reste plus qu'un gigantesque pilier, entouré de ruines incohérentes.

En 1772 eut lieu l'éruption du volcan Pepandajan, qui fait partie de la double chaîne volcanique située dans la partie occidentale de Java : quarante villages furent détruits dans une nuit. Le lendemain, les habitants qui avaient échappé au désastre remarquèrent que la cime du volcan s'était affaissée. D'après quelques récits, cette éruption aurait été suivie d'un effondrement général de la montagne. En remontant aux documents originaux sur lesquels cette opinion s'est fondée, M. Junghuhn a cru reconnaître qu'elle repose sur une fausse interprétation des rapports des indigènes, fort naturelle à une époque où les Hollandais connaissaient très-imparfaitement les langues des îles de la Sonde. Il n'y eut, d'après lui, d'autre affaissement que celui du cône éphémère de débris qui couronnait le volcan. La quantité de fragments qui recouvrent les pentes de la montagne est véritablement effrayante : on peut suivre la trace du courant boueux qui les a transportés depuis le milieu du cratère jusqu'à une distance de 12 kilomètres; la plus grande largeur de ce champ de débris est de 4 kilomètres; tout cet espace est jonché de blocs trachytiques, plus ou moins scoriacés, de 2 à 3 pieds de diamètre; les intervalles sont remplis par du sable.

En même temps que le Pepandajan, deux autres volcans de Java firent irruption : le Tjerimaï, situé à 19 lieues, le Slamat à 35 lieues. Un volcan beaucoup plus rapproché, le Guntur, alors comme aujourd'hui extrêmement actif, ne sortit pourtant pas de son repos.

Le cratère de Pepandajan présente encore tous les signes de volcanicité que l'on rencontre à Java : lacs boueux agités par des vapeurs, solfatares, petits volcans de boue, sources chaudes. En approchant du sommet, on entend le bruit confus de toutes ces émanations, que M. Junghuhn compare au vacarme ordonné d'une usine où un grand nombre de machines sont en mouvement : c'est ce qui a sans doute fait donner à la montagne le nom de Pepandajan, qui veut dire *la forge*. Les petits volcans de boue disséminés dans le cratère ont de 2 à 4 pieds de hauteur : ils ont un petit cratère circulaire, d'où sort de temps en temps, à des intervalles très-réguliers, un jet d'eau trouble et chaude extrêmement violent. Ces petits cônes deviennent de plus en plus élevés par l'accumulation de la boue qui se dessèche à l'air jusqu'au jour où un ébranlement subit fait écrouler tout l'édifice.

La plus terrible éruption dont on ait gardé le souvenir dans les îles de la Sonde n'eut pas lieu à Java même, mais dans l'île de Sumbawa, qui en forme en quelque sorte le prolongement oriental, et se rattache à la même chaîne volcanique. Cette éruption est peut-être la plus effrayante qu'on puisse trouver dans l'histoire des volcans du monde entier : elle remonte à quarante ans seulement, et pourtant qui s'en souvient, hormis quelques géologues? Qui sait le nom et la place du volcan Temboro? Il semble que les catastrophes les plus épouvantables ne puissent nous toucher que quand elles sont près de nous, ou qu'elles se mêlent à des souvenirs qui nous sont devenus familiers. On va remuer la cendre qui a enseveli Pompéi et nous a fidèlement gardé à travers les siècles les trésors et les raffinements du goût antique : on ne compte pas les forêts et les plantations des îles de la Sonde que la cendre a ensevelies. Personne n'ignore comment périt Pline l'Ancien en l'an 79. Qui sut jamais ou se rappelle qu'en 1815 l'éruption du Temboro coûta la vie à plus de 50 000 personnes?

Il est heureux qu'à cette époque sir Stamford Raffles ait été gouverneur de Java : il se hâta d'envoyer un navire, commandé par le lieutenant Owen Phillips, pour recueillir des informations détaillées sur l'éruption. Elle commença le 5 avril avec d'épouvantables explosions, et atteignit cinq jours après seulement le plus haut degré d'intensité : d'énormes colonnes de fumée sortaient du cratère, et cachaient entièrement le sommet de la montagne, dont tous les flancs étaient couverts de débris incandescents et de cendre fine. Les champs cultivés qui recouvraient toutes les pentes de la montagne furent convertis en peu de temps en un désert stérile, 12 000 habitants périrent à Sumbawa, les uns sous les débris, les autres brûlés. L'île Lombock, bien que située à 36 lieues environ, fut entièrement recouverte d'une couche de cendres épaisse de 2 pieds : 44 000 personnes y périrent de faim.

La quantité de cendres qui fut expulsée par le volcan est véritablement énorme : le 18 avril, le lieutenant Owen Phillips vit encore toute la montagne enveloppée de nuages obscurs, et la fumée ne cessa d'en sortir pendant trois mois. Les cendres volcaniques changèrent le jour en une nuit profonde jusqu'à 126 lieues de distance, et obscurcirent le soleil jusqu'à 180 lieues; elles furent transportées en des points qui sont aussi éloignés du Temboro que Turin ou Marseille du Vésuve, ou Londres des volcans éteints de l'Auvergne, et couvrirent une ellipse dont la surface est plus grande que l'Allemagne tout entière. On reste peut-être au-dessous de la vérité en admettant qu'il tomba en moyenne sur cette immense étendue 2 pieds de cendres. En acceptant ce chiffre, on arrive par le calcul à un volume total à peu près triple du volume du Mont-Blanc. On ne connaît pas d'autre exemple d'une aussi énorme quantité de matières sorties d'un volcan, sauf le courant de lave qui descendit en 1785 du Skaptar-Jokul en Islande, et qui recouvrit 160 kilomètres carrés environ sur 100 mètres de hauteur moyenne. Ce volume est le double du précédent, et représente six fois celui du Mont-Blanc.

Les détonations, pareilles à une forte canonnade, qui accompagnèrent les débuts de l'éruption se propagèrent dans un espace elliptique beaucoup plus étendu : on les entendit dans l'île entière de Java, dans les Célèbes, à Ternate, dans les îles Moluques jusqu'à la Nouvelle-Guinée, dans la plus grande partie de Sumatra, et jusque dans le nord-est de l'Australie. Le plus grand axe de cette grande ellipse était à peu près dirigé de l'est à l'ouest, c'est-à-dire dans le sens de la grande série volcanique de Java, et avait 700 lieues de longueur. Si le Vésuve eût été le centre d'une pareille éruption, les bruits auraient pu être entendus jusqu'à Odessa en Russie, dans toute l'Allemagne jusqu'à Dantzik, en France jusqu'à Cherbourg, en Espagne jusque vers Grenade, dans toute l'Algérie et la régence de Tunis, et dans une assez grande partie de l'Asie Mineure. Le 10 avril, par conséquent cinq jours après le commencement de l'éruption, dans un golfe voisin, l'air étant parfaitement calme, la mer fut remuée et soulevée pendant trois minutes à 12 pieds plus haut qu'au moment des plus puissantes marées. Le même jour, une trombe de vent exerça pendant une heure, près du Temboro, les plus terribles ravages, et emporta sur son passage les hommes, les arbres, et jusqu'à des maisons.

Les éruptions ordinaires de Java ne sont que des miniatures, lorsqu'on les compare à ce terrible événement. L'influence destructive des débris incandescents ne s'étend généralement guère à plus de 500 mètres au-dessous du sommet des volcans. Les plus actifs même, tels que le Gédé, le Slamat, le Lamongan, le Merapi, le Séméru, sont entourés sur leurs pentes d'une ceinture de forêts épaisses ; la cime seule est chauve et aride. Toutefois l'intérêt des éruptions volcaniques ne doit pas se mesurer seulement par le degré d'intensité, et parmi les plus faibles il y en a qui, par certains caractères, méritent d'attirer l'attention.

En continuant à suivre l'ordre chronologique, la principale éruption qu'on doive mentionner est celle du Gelung-Gung, qui ne remonte qu'à 1822 : M. Junghuhn a recueilli des détails très-circonstanciés sur cet événement. Ce volcan est situé près de la chaîne qui occupe la partie occidentale de l'île : il était complétement éteint avant 1822, et les Javanais ne soupçonnaient même point la nature volcanique de la montagne. L'ancien cratère formait un cirque enfermé entre des hauteurs : le torrent qui en sortait prit au mois de juin 1822 une apparence laiteuse ; l'eau en devint astringente et se chargea d'alumine. A une heure après midi, l'éruption commença par une détonation qu'on entendit au même instant dans tout Java. Réveillés en sursaut du sommeil auquel ils se livrent chaque jour à ce moment où la chaleur est accablante, les habitants les plus voisins du volcan virent monter dans les airs, avec une vitesse prodigieuse, une immense colonne de fumée noire, sillon-

née par les lignes obliques de quelques éclairs. En
peu d'instants, le jour se changea en une nuit épaisse,
et un grand nombre d'hommes périrent sous la pluie
volcanique qui retombait autour du cratère. En
même temps, des torrents d'eau chaude mêlés avec
de la boue et des fragments de roches descendirent du
volcan et convertirent en quelques minutes les villages, les forêts, les champs de riz, situés au pied de la
montagne, en un lac fumant où surnageaient les
arbres, les cadavres et les débris. Ces torrents brisè-
rent tous les ponts et allèrent très-loin produire de
grandes inondations, qui causèrent encore la mort
d'un grand nombre de fuyards. A cinq heures du
soir, tout était fini ; mais quelques jours après sur-
vint une nouvelle éruption plus terrible. Elle commença la nuit, vers neuf heures ; le volcan se remit à
vomir de la boue et de l'eau chaude. Les habitants se
réfugièrent sur de petits monticules formés à la suite
d'éruptions plus anciennes et disséminés en très-
grand nombre au pied de la montagne ; mais l'inondation finit par emporter presque tous ces obstacles,
et 2000 personnes périrent encore au milieu des
eaux ; d'autres moururent de faim sur les monticules
qui résistèrent au courant, et où ils demeurèrent
abandonnés. Les natifs qui échappèrent à cette catastrophe ne trouvaient plus sous les débris accumulés
la place de leurs villages disparus. Les torrents
boueux de la nouvelle éruption laissèrent pour trace
dernière une énorme quantité de monticules : il y en
a au moins dix mille disséminés sur le trajet du cou-

rant; il reste aussi un certain nombre de monticules anciens, et comme ils sont éloignés du sommet de la montagne, on peut en conclure que le volcan avait vomi auparavant des masses d'eau encore plus considérables. Aujourd'hui on reconnaît à peine dans le Gelung-Gung la trace d'un cratère. La crête en est complétement démantelée : tout est recouvert par d'épaisses forêts ; seulement au-dessus du manteau de verdure s'élève lentement un nuage blanchâtre. On aperçoit de très-loin ce panache de vapeurs qui s'incline doucement sous la brise et couronne éternellement le redoutable sommet.

Le mont Kélut est un des volcans les plus actifs de Java ; il a fait éruption en 1811, en 1826, en 1835, en 1848. Tous les flancs de la montagne sont recouverts par un sable gris et fin, sur une épaisseur de 50 mètres environ ; on arrive au sommet en suivant les vallées d'érosion qui y sont creusées et sont découpées en terrasses régulières, de plus en plus étroites à mesure qu'on s'élève. Ces vallées indiquent la marche et le niveau des inondations qui ont suivi les grandes éruptions. En 1826, le volcan du Kélut fit éruption en même temps que le cône de Pakuadjo, bouche aujourd'hui active du volcan Dïeng, qui s'élève à une très-grande distance du Kélut. Des torrents d'eau chaude, acide et corrosive, entraînant une grande quantité de sable, descendirent par toutes les vallées et détruisirent partout les forêts et les *sawahs ;* la boue arriva encore chaude et fumante sur les pentes inférieures de la montagne. En 1835, il sortit de nouveau du volcan d'énormes jets d'une eau chaude et acide qui s'écoula de même par les vallées d'érosion. L'éruption de 1848 fut plus violente ; les détonations qui l'accompagnèrent furent entendues dans une grande partie de l'archipel indien, jusqu'à Macassar et dans les Célèbes : chose singulière, on n'entendit rien à Batavia. Ainsi les bruits souterrains semblent se propager dans des directions déterminées, qui sont en rapport avec le système des fissures, auquel il faut rattacher la direction des chaînes volcaniques. L'éruption fut d'abord sèche : il tomba une quantité considérable de cendre chauffée qui alluma les forêts ; bientôt après un orage électrique se forma au-dessus du cratère, tous les torrents se gonflèrent et inondèrent en peu de temps tous les alentours.

Je mentionnerai encore, en terminant, l'éruption du mont Guntur, qui eut lieu en 1843, parce qu'elle peut donner une idée de la hauteur extraordinaire à laquelle s'élèvent les cendres volcaniques. M. Junghuhn se trouvait, au moment de l'éruption, dans le voisinage de ce volcan. Il assure que le jour de l'événement on voyait des nuages arrondis voyager dans le ciel à deux mille mètres environ de hauteur. Au-dessus on distinguait les longues traînées des nuages qui flottaient dans la région supérieure de l'atmosphère. On vit bientôt monter sur l'horizon un nuage gris qui, en deux heures, s'étendit peu à peu jusqu'au zénith et envahit de plus en plus le ciel : c'étaient les cendres que le Guntur avait vomies et qu'emportait le vent. La teinte de cette grande nappe opaque contrastait avec la blancheur des nuages ordinaires, qu'on aperçut encore pendant quelque temps au-dessous des cendres volcaniques; mais bientôt ils disparurent, une ombre de plus en plus épaisse recouvrit tous les objets; le dernier segment de ciel bleu s'obscurcit, et le nuage noir se déploya comme un voile épais sur la terre. Il fallut allumer des lampes et des torches. Les cendres tombaient peu à peu en pluie lente et silencieuse, et après quelques heures seulement le ciel s'éclaircit de nouveau par degrés.

Nous avons cherché à faire connaître les phénomènes qui caractérisent les phases les plus extrêmes de l'activité volcanique à Java. En les comparant à ceux qu'on observe dans les autres régions du globe, on se trouve naturellement amené à présenter quelques considérations générales sur l'action des forces volcaniques. En lisant les descriptions des géologues et des voyageurs, on reconnaît bientôt que les actions lentes qui préparent les éruptions, ou leur survivent comme les derniers symptômes d'une vitalité expirante, se ressemblent dans toutes les parties de la terre : les derniers effets de la volcanicité, si l'on pouvait s'exprimer ainsi, semblent être partout les mêmes. Au contraire, si l'on observe les effets des forces souterraines à leur plus haut degré d'irritation dans les principaux districts volcaniques du globe, on voit qu'ils ne sont pas toujours semblables, et souvent diffèrent entièrement de l'un à l'autre. Il semble donc qu'il soit permis d'établir une classification naturelle des volcans. Si, comme le fait M. de Humboldt,

il faut les définir « des canaux qui établissent une communication entre l'atmosphère et les parties internes
du globe, » il est naturel qu'on mesure l'intensité
volcanique par la facilité plus ou moins grande avec
laquelle s'établit cette communication. On peut choisir
pour points de comparaison le grand volcan des îles
Sandwich, le Vésuve, et l'île même de Java.

Le volcan de l'île Hawaii, qui fait partie de l'archipel des îles Sandwich, a été très-bien décrit dans le
voyage du commodore américain Wilkes : les deux
immenses cratères du Mouna-Loa, et du Mouna-Ki-
lauea sont ouverts l'un au sommet, l'autre sur le
flanc de la même protubérance volcanique. Le cratère du Kilauea, d'après les mesures des officiers
américains, n'a pas moins de 12 kilomètres de circuit; celui du Mouna-Loa a près de 6 kilomètres de
longueur sur 4 kilomètres de largeur; tous deux ont
environ 1000 mètres de profondeur. La lave qui
remplit le fond de ces gigantesques chaudières ne se
refroidit jamais entièrement à la surface dans l'intervalle des éruptions; il reste toujours un grand lac de
lave liquide d'un rouge cerise éblouissant, par où les
vapeurs s'échappent librement et presque sans bruit,
en rejetant la lave à une très-faible hauteur et formant au-dessus d'elle un nuage illuminé. Lorsqu'une
éruption doit avoir lieu, la lave brise l'enveloppe refroidie et s'élève lentement. Avant que le lac de feu
ait atteint les bords du cratère, la pression de cette
énorme colonne liquide devient ordinairement assez
forte pour crever les flancs du volcan. L'issue frayée,

la lave s'écoule, elle redescend peu à peu dans le cratère au niveau habituel. Une pareille éruption n'est donc véritablement qu'un paisible déversement de matière fondue : le phénomène n'est annoncé par aucune détonation, aucune commotion violente ; il n'est acccompagné d'aucune explosion de débris rejetés en dehors du volcan. Les habitans d'Hawaii ne reconnaissent souvent l'éruption qu'à la lueur rouge qui la nuit enveloppe le sommet de la montagne, et devient alors plus intense. Il est pourtant impossible de ne pas voir dans ce phénomène, si calme qu'il soit, la plus haute expression de l'activité volcanique. Seulement les vapeurs, s'échappant sans cesse par le lac de lave comme les bulles qui montent dans l'eau en ébullition, n'ont qu'une très-faible pression, et ne peuvent jamais s'accumuler en quantité suffisante pour produire des phénomènes explosifs.

Au Vésuve, l'activité volcanique présente une expression déjà amoindrie : l'écoulement des laves y est beaucoup moins considérable qu'au Mouna-Loa, et il est accompagné d'explosions qui rejettent des cendres et des fragments de lave refroidie. Les vapeurs peuvent atteindre dans la cheminée volcanique une très-forte pression, puisque sir James Hamilton, dans la description de l'éruption de 1779, rapporte que ces débris étaient entraînés jusqu'à la hauteur de 3000 mètres au-dessus du cratère.

Dans les volcans de Java, les conduits souterrains sont encore plus obstrués : la lave n'y circule point. Ces volcans ne font que rejeter une quantité immense

de fragments incohérents et de cendres qui s'élèvent
à des hauteurs extrêmement considérables, pour retomber sur toutes les régions voisines. Toutes les
montagnes volcaniques sont dominées par des cônes
d'éruption. Souvent le même volcan en porte plusieurs dans le cratère primitif et d'autres sur les
flancs. Ce développement des cônes d'éruption donne
à certains massifs un aspect irrégulier et pour ainsi
dire tuberculeux. Il devient parfois difficile de démêler la structure première du volcan, défiguré par ces
montagnes de débris, par les ruptures et les affais-
sements qui ont suivi l'éruption de matières arrachées
en telle abondance aux entrailles trachytiques de la
montagne ; mais ce qui donne aux volcans de l'île de
Java un caractère tout particulier, c'est la quantité
incroyable d'eau qui s'en échappe, et qui, se mêlant
aux débris solides, forme des torrents boueux d'une
nature singulière, où des blocs innombrables se trouvent entraînés à de très-grandes distances dans une
pâte limoneuse formée par les cendres volcaniques.
Ces volcans sont aussi remarquables par l'abondance
des vapeurs sulfureuses qui s'en dégagent pour ainsi
dire sans cesse. Mêlées avec la vapeur d'eau, elles cor-
rodent et désagrégent lentement les roches, et préparent sourdement les matériaux des éruptions futures.
Si l'on compare ces caractères généraux avec ceux
des volcans des Andes, on trouvera entre les deux
groupes une certaine ressemblance. Les coulées de
lave moderne sont rares dans les Andes ainsi qu'à
Java ; seulement les éruptions de matières solides y

sont peu fréquentes, et l'activité de ces immenses colosses trachytiques ne s'annonce d'ordinaire que par le dégagement des vapeurs souterraines.

Quelles sont donc les lois qui régissent l'activité volcanique? Pourquoi certains volcans donnent-ils constamment des laves et d'autres n'en donnent-ils jamais? pourquoi les uns ont-ils de si fréquentes, les autres de si rares éruptions? On a souvent fait observer que la hauteur des volcans semble exercer à cet égard une influence remarquable. Le Stromboli, qui, depuis le temps où vivait Homère, est dans un état de perpétuelle irritation, n'a pas plus de 700 mètres de hauteur; les éruptions du Vésuve, qui a 1181 mètres d'élévation, se renouvellent plus souvent que celles de l'Etna, qui atteint 3313 mètres. Les volcans géants des Andes ne rejettent des vapeurs et des cendres qu'à des intervalles séculaires, tandis que ceux de Java sont presque tous dans un état continuel d'irritation. La hauteur des montagnes exerce-t-elle une influence aussi directe sur la nature que sur le nombre des éruptions? C'est ce qui semble douteux. On a souvent prétendu qu'il ne sort point de coulées de lave des volcans des Andes, parce que les matières en fusion ne peuvent s'élever jusqu'au sommet de ces colossales montagnes; mais les coulées de lave sont aussi rares dans la chaîne volcanique de Java, dont les pitons sont à un niveau beaucoup plus bas. La sortie des laves paraît même être un phénomène moins exceptionnel dans les Andes que dans l'île de Java. L'Antisana, montagne voisine de Quito et haute

de 6378 mètres, a vomi plusieurs fois de la lave ;
dans les Andes du Chili, on a vu descendre d'immenses coulées des flancs du volcan Antuco, qui s'élève
à 5300 mètres au-dessus du niveau de la mer.

La volcanicité terrestre a une intensité variable dont
on peut suivre tous les degrés dans les volcans actifs,
depuis le grand volcan d'Hawaii, d'où sortent sans
cesse d'immenses fleuves de lave, jusqu'aux volcans
de Java, d'où s'échappe seulement de l'eau. Quoique
les volcans agissent d'une manière intermittente et
assez variable, on put, en envisageant l'ensemble des phénomènes volcaniques dans une même région, y reconnaître certains caractères constants. On
commence à examiner, avec les secours nouveaux de
l'analyse chimique, l'ordre dans lequel se dégagent
les gaz et les vapeurs durant la même éruption.
M. Charles Deville a entrepris récemment, avec beaucoup de succès, cette curieuse étude sur le Vésuve.
Il n'est pas douteux que de telles recherches, entreprises comparativement dans plusieurs régions volcaniques, jetteraient un grand jour sur les questions
encore obscures qui se rattachent aux réactions de
l'intérieur de notre globe sur l'enveloppe externe. En
comparant les phénomènes volcaniques dans diverses parties du globe, on arrivera à les grouper en
une série tout à fait comparable à celle des phénomènes qui caractérisent, dans ses diverses phases,
une éruption isolée ; la géographie des volcans se rat-
tachera ainsi, par des liens de plus en plus évidents,
avec leur histoire elle même.

L'émission des laves représente le plus haut degré de l'activité volcanique ; mais les éruptions de cendres et de vapeurs sont les plus redoutables. On ne craint guère les éruptions du Vésuve, si fréquentes aujourd'hui : la lave s'est frayé des passages faciles et permanents ; mais, avant la fameuse éruption qui détruisit Pompéi, le volcan ne donnait aucun signe d'activité, et l'on sait que la ville fut ensevelie sous une pluie de cendres. Les volcans de l'Auvergne sont entièrement éteints, et quelques émanations d'acide carbonique trahissent seules aujourd'hui, dans cette partie de la France, l'activité souterraine qui autrefois amenait au jour ces immenses coulées de lave qu'on peut suivre jusqu'à quatre ou cinq lieues des cratères. Si jamais les volcans d'Auvergne devaient se réveiller, les premières explosions seraient sans doute annoncées par de violents tremblements de terre ; les cratères nouveaux rejetteraient, avec une immense quantité de vapeurs et de gaz, des débris solides et des cendres qui retomberaient en pluie sur une partie peut-être considérable de la France.

LA TÉLÉGRAPHIE ÉLECTRIQUE

ENTRE LES DEUX MONDES.

Lorsque Ampère découvrait les lois de l'électricité dynamique et faisait construire le premier appareil destiné à transmettre des signaux à l'aide du mouvement de petites aiguilles aimantées, il ne pouvait prévoir quelle brillante et rapide fortune était réservée à ce nouveau système de télégraphie. S'il eut l'incontestable mérite d'en poser les premières bases, c'est au physicien anglais Wheatstone et à l'ingénieur américain Morse que revient surtout l'honneur d'avoir réalisé, d'une manière simple et ingénieuse, la pensée hardie du savant français.

Ces fils dont on peut bien dire, sans la moindre hyperbole, qu'ils transmettent la pensée avec la rapidité de la foudre, — les fils du télégraphe électrique couvrent aujourd'hui de leur léger réseau tous les pays civilisés, se suspendent le long de tous nos chemins de fer, s'entre-croisent au-dessus des rues de nos grandes villes, traversent les plus hautes chaînes de montagnes. Qui eût, il y a vingt ans seulement, deviné que des ordres envoyés de Paris et de Londres feraient mouvoir le même jour des armées dans la Crimée, — ou, s'il est permis de passer du sujet le plus grave au plus frivole, que le touriste qui voyage dans les Alpes pourrait, grâce au télégraphe, retenir son gîte du soir au sommet du Righi?

L'étonnante extension de la télégraphie électrique s'explique aisément par la simplicité des moyens qu'elle emploie. Un fil de métal, des poteaux, quelques appareils d'une construction et d'un emploi faciles, voilà tout ce qu'il faut pour unir les deux bouts d'un continent; mais, avec cette intrépidité qui caractérise l'esprit scientifique et industriel moderne, on ne s'est point contenté de communiquer à la surface des terres, il a fallu traverser les mers elles-mêmes, et la télégraphie est alors entrée dans une phase nouvelle, où elle a rencontré des difficultés toutes spéciales, dont quelques-unes ne sont pas encore résolues. Les premiers essais furent timides : un câble sous-marin fut placé en 1851 dans le détroit du Pas-de-Calais, entre Douvres et le cap Sangate. Peu après, l'Angleterre posa des câbles d'Holyhead aux environs de Dublin, de Douvres à Middelkerke, près d'Ostende, du comté de Suffolk à Scheveningen, qui est aux portes de la Haye. En 1853, le Danemark établit sa communication avec l'île de Seeland par l'île de Fionie, l'Écosse fut mise en rapport avec l'Irlande; le Zuyderzee fut traversé. Au Canada, on unissait le Nouveau Brunswick à l'île du Prince-Édouard, dans le golfe Saint-Laurent : première étape de la grande ligne qui un jour doit relier les deux continents. On préludait ainsi à des tentatives plus hardies : la Spezzia fut bientôt jointe au cap Corse, l'île de Corse à l'île de Sardaigne; et dans la mer Noire le câble jeté entre Varna et Balaclava permit à l'Europe occidentale de suivre jour par jour les péripéties de la guerre. Enfin l'on essaya de compléter la communication entre l'Europe et l'Afrique, mais sans succès : le câble, qui, partant du cap Spartivento en Sardaigne, devait aboutir à la Calle en Algérie et atteindre des profondeurs de plus de 2000 mètres, fut rompu et resta en partie au fond de la mer. Malgré cet échec, il était désormais permis de croire qu'on franchirait un jour la Méditerranée, et l'on osa même espérer que l'ancien et le nouveau monde seraient bientôt réunis à travers le vaste océan Atlantique. L'Amérique et l'Angleterre se prirent d'enthousiasme pour cette noble tentative, et en suivirent toutes les phases avec une patriotique anxiété. On ne se borna pas à en exalter l'importance commerciale, on voulut y voir comme un gage de concorde et de paix entre deux grandes nations, qui, bien qu'armées si longtemps l'une contre l'autre et encore rivales, ne peuvent oublier qu'elles sont unies par une commune origine. La portée politique et sociale d'une entreprise sans précédent, les études pleines d'intérêt qui l'ont préparée, l'accident même qui, une première fois en est venu interrompre l'exécution et les mystérieuses circonstances qui ont rendu le succès définitif entièrement stérile, tout se réunit pour justifier l'attention. On nous permettra donc d'entrer avec quelque détail dans l'examen du projet de communication électrique entre les deux mondes pour faire apprécier les difficultés de tout genre qu'il a rencontrées.

Le professeur Morse, de New-York, conçut le premier l'idée d'établir une communication électrique sous-marine entre les États-Unis et l'Angleterre. Trois ans après la pose du premier câble télégraphique en Europe, le gouvernement colonial de Terre-Neuve accorda à une compagnie la concession de cette ligne, lui alloua une subvention, et lui garantit des droits exclusifs sur la côte entière de Terre-Neuve et du Labrador. Les gouvernements de l'île du Prince-Édouard et de l'État du Maine lui offrirent peu après de semblables priviléges, mais ces concessions, comme tant d'autres qu'emporte l'oubli, seraient restées à l'état de lettre morte, si la confiance, que les plus téméraires seuls accordèrent d'abord, n'avait bientôt été justifiée par des études décisives, dont il est indispensable de faire connaître les résultats : nous voulons parler des études hydrographiques exécutées dans l'océan Atlantique, et des expériences entreprises en Angleterre sur le mouvement de l'électricité dans les câbles sous-marins.

Il importait d'abord de connaître avec précision la forme du grand bassin que remplit l'Atlantique, pour choisir la route qui présenterait le moins d'obstacles à l'immersion d'un câble, et diriger avec quelque sûreté cette délicate opération. Malheureusement ce qu'on pourrait nommer la géographie du fond de la mer est une science encore toute nouvelle. Les mystérieux abîmes qui séparent nos continents nous sont inconnus dans leurs profondeurs. Tous les marins savent quelle difficulté on éprouve à exécuter des sondages rigoureux aussitôt qu'on s'éloigne à une distance un peu considérable des côtes. Le moyen qu'on emploie d'ordinaire consiste à laisser tomber un poids très-lourd, attaché à une corde, et à mesurer combien il s'en déroule jusqu'au moment où l'on sent que le poids touche le fond de la mer; mais ce procédé ne donne plus aucune indication précise quand la profondeur devient très-grande : le frottement de l'eau, le poids même de la corde, ne permettent guère d'apprécier l'instant où la sonde a porté. D'ailleurs la corde ne descend jamais en ligne verticale, elle se replie en sens divers sous l'influence des courants sous-marins. C'est pour ces motifs qu'on ne peut accorder aucune confiance à certains sondages qui ont accusé en quelques parties de l'océan Atlantique des profondeurs vraiment incroyables. Depuis longtemps, on a imaginé une foule de moyens plus ou moins ingénieux pour remédier à ces difficultés : le système adopté aujourd'hui par la marine américaine nous paraît le plus simple en même temps que le plus rigoureux.

Qu'on jette à la mer un boulet attaché à une très-mince ficelle qui se déroule librement, il tombera

avec une vitesse toujours croissante, jusqu'à ce qu'il
aille s'enfoncer dans le lit de l'océan. Pendant ce
temps, la ficelle se dévidera de plus en plus rapidement; elle ne s'arrêtera même pas quand le boulet
sera parvenu au fond, parce que les puissants courants
qui traversent la mer continueront à l'entraîner;
mais comme la vitesse de ces courants est constante,
et incomparablement plus lente que celle d'un boulet
tombant d'une prodigieuse hauteur, un hydrographe
un peu exercé n'aura aucune peine à distinguer ces
deux périodes du déroulement, et à estimer celle qui
se rapporte à la chute seule du boulet. Cet appareil
si commode a été perfectionné encore par le lieutenant Brooks, de la marine américaine. Dans son système, le boulet, arrivé au fond, se détache de lui-
même, et la ficelle ramène, quand on la remonte,
un petit cylindre rempli de la substance qui compose
le lit de la mer. On peut obtenir ainsi des spécimens
du fond de l'océan aux plus étonnantes profondeurs.
Ces ingénieuses dispositions ont permis au lieutenant
Berryman de sonder en 1855 la partie de l'Atlantique
qui s'étend entre l'Irlande et Terre-Neuve. La nature
semblait indiquer ces deux îles comme les termes
de la grande ligne destinée à unir les deux continents, dont elles sont les sentinelles avancées, et
les recherches hydrographiques se trouvèrent d'accord avec cette indication. Le lit de la mer s'abaisse
rapidement à partir des côtes d'Irlande, mais atteint
bientôt une profondeur à peu près constante qu'il
conserve sur une immense étendue. Cette plaine ma-

rine, qu'on nomme déjà le plateau télégraphique,
s'étend à trois kilomètres environ au-dessous du
niveau de l'océan. La sonde n'y a trouvé ni sable ni
argile ; plus vaste et plus unie que les steppes et les
déserts de nos continents, elle est entièrement formée
par des animaux microscopiques qu'on nomme infusoires. Couvrant, durant leur vie éphémère, les
chaudes mers des tropiques, ils tombent après leur
mort au fond des eaux, et les courants sous-marins
les amènent à ces calmes profondeurs, où leurs dé-
licates carapaces se conservent pour toujours à l'abri
des tempêtes qui bouleversent la surface de l'océan.
Le fond de la mer, qui, au milieu de l'Atlantique,
atteint jusqu'à 3900 mètres, s'élève doucement vers
le continent américain, jusqu'auprès de Terre-Neuve,
où il forme un talus rapide, comme sur la côte d'Irlande. Ces premiers sondages, exécutés sur *l'Arctic*,
furent vérifiés et complétés par le bateau à vapeur
anglais *le Cyclope*, qui parcourut dans les deux sens
la ligne qu'on avait choisie pour établir le télégraphe
atlantique. La distance entre Valentia, sur la côte
d'Irlande, et Saint-Jean de Terre-Neuve, qui doivent
en former les extrémités, est de 2640 kilomètres en
ligne droite.

Les promoteurs du télégraphe atlantique virent
leurs espérances justifiées par la découverte de ce
plateau, qui semblait tout préparé pour recevoir le
dépôt précieux qu'on devait lui confier : on le comprendra aisément si l'on se rend compte de la façon
dont s'opère l'immersion d'un câble sous-marin. On

commence par le charger, sous la forme d'un vaste
rouleau, à l'intérieur d'un navire; après avoir fixé
l'une des extrémités à la côte, on conduit le vaisseau
le long de la ligne projetée : le câble se dévide par
l'effet de son propre poids et s'étend graduellement
au fond de la mer, jusqu'à ce qu'on atteigne la côte
opposée. On pourrait, avec beaucoup de vérité, comparer un vaisseau chargé de cette opération à une
araignée occupée à tendre un fil d'un point à un
autre. Comme le fil sort du corps même de l'animal
à mesure qu'il se meut, ainsi le câble s'échappe des
flancs du navire pendant qu'il traverse l'océan ; seulement l'araignée ne file que ce qui lui est nécessaire
et ne tend que des lignes droites, tandis qu'on a
beaucoup de peine à empêcher le câble, qui se déroule
avec une furieuse vitesse, de s'accumuler en inutiles
méandres au fond de l'eau. Quand on est arrivé en
pleine mer, la corde métallique, suspendue entre le
navire et le lit de l'océan, agit comme un poids tellement puissant qu'il faut modérer l'entraînement de
la portion qui reste dans le vaisseau, en opposant au
déroulement des obstacles très-énergiques que les
mécaniciens appellent des freins. Lorsque le fond de
la mer présente une aussi remarquable régularité
que dans la région comprise entre l'Irlande et Terre-
Neuve, il est assez facile, on le conçoit, de régler
cette résistance, puisque le câble n'a qu'à descendre
avec une vitesse uniforme qui, théoriquement, doit
être égale à la vitesse même du navire en marche.
De cette façon, tandis que celui-ci avancerait d'un

kilomètre, un kilomètre de câble s'échouerait derrière lui sur le lit de l'océan. Si au contraire il fallait
franchir des montagnes sous-marines ou des vallées
d'une grande profondeur, il deviendrait plus difficile
de diriger convenablement la descente du câble, contraint de s'étendre sur des lignes très-sinueuses,
tandis que le bâtiment court en ligne horizontale : si
le câble ne se dévidait pas assez vite, il arriverait
alors infailliblement que le navire, tirant sur la
partie suspendue dans les flots, en causerait la rupture.

Il ne suffisait pas d'avoir des données plus précises
sur la forme et la profondeur du lit de l'océan : il
fallait encore savoir de quelle façon un câble d'une
aussi grande longueur, et placé dans des conditions
si nouvelles, serait propre à transmettre l'électricité.
Ici nous abordons une nouvelle série d'études qui,
bien qu'entreprises en vue seulement de la construction du télégraphe atlantique, ont une portée très-
générale et intéressent vivement les sciences physiques. Les câbles sous-marins sont des conducteurs
électriques placés dans d'autres conditions que les
fils des télégraphes terrestres : ceux-ci sont isolés par
l'atmosphère même qui les entoure et qui ne retarde
que d'une quantité presque inappréciable la vitesse
des courants qui les parcourent ; aussi cette vélocité
est-elle comparable à celle de la lumière elle-même.
En opérant sur les fils qui relient Paris aux villes de
Rouen et d'Amiens, MM. Fizeau et Gounelle ont montré, par des expériences fort ingénieuses, que l'élec-

tricité parcourt, pendant une seconde, 100 000 kilomètres dans un fil de fer et 180 000 dans un fil de cuivre. M. Gould, aux États-Unis, se servit d'un fil qui relie, sur une distance de 1680 kilomètres, Saint-Louis à Washington, et trouva que les courants électriques le traversent avec une vitesse de 20 600 kilomètres par seconde. En Angleterre, l'astromome Airy a fait voir que cette vitesse est de 12 100 kilomètres sur la ligne de Greenwich à Édimbourg, et seulement de 4300 kilomètres sur la ligne sous-marine qui relie Londres à Bruxelles. Le fluide électrique parcourt donc les fils terrestres avec une vitesse très-variable, mais il s'y meut toujours avec beaucoup moins de paresse que sur les câbles plongés dans l'eau. Le célèbre physicien anglais Faraday a le premier expliqué cette différence ; dans un câble sous-marin, les fils de cuivre destinés à servir de véhicule aux courants sont isolés par une couche de gutta-percha. Pour donner au câble plus de solidité, on tresse des fils de fer autour de cette enveloppe, et la corde ainsi préparée est descendue au fond de la mer. Les fils de cuivre qui en forment le centre ne sont donc séparés que par un mince manteau de gutta-percha du fer et de l'eau, qui sont de bons conducteurs électriques. Il en résulte qu'au moment où passe un courant, les corps voisins sont, comme disent les physiciens, *influencés*, c'est-à-dire dérangés eux-mêmes dans leur repos électrique et manifestent une excitation propre. C'est exactement ce qui arrive quand on charge un de ces appareils nommés

bouteilles de Leyde, si communs dans tous les cabi-
nets de physique. L'électricité qui s'accumule autour
du cylindre de gutta-percha réagit à son tour sur
celle qui voyage à l'intérieur, tend à la retenir et
oppose ainsi une forte résistance à la marche du
courant. M. Faraday a fait voir, par une expérience
directe, que, sur une ligne aérienne de 1500 milles
anglais de longueur, l'électricité se répand presque
instantanément d'un bout à l'autre du fil, tandis
qu'elle emploie jusqu'à deux secondes à faire le même
trajet dans un fil sous-marin.

Ces résultats faisaient craindre qu'on n'éprouvât
une grande difficulté à transmettre des signaux distincts, avec une suffisante rapidité, à travers un câble aussi long que celui qui devait traverser l'Atlantique. M. Whitehouse, l'*électricien* de la compagnie
(pour une chose nouvelle il faut un mot nouveau),
s'est occupé de lever ces doutes. Pendant l'année
1855, on préparait en même temps à Greenwich
deux câbles destinés, l'un à traverser le golfe Saint-
Laurent, l'autre à compléter la ligne de la Méditerranée, en unissant la Sardaigne à la côte d'Afrique.
L'un de ces câbles devait se composer de trois fils de
cuivre, l'autre de six. En formant un circuit unique
avec tous ces fils, on obtint une longueur totale de
plus de 1800 kilomètres : jamais la science n'avait pu
être servie par des expériences faites sur une échelle
aussi grandiose.

Pour reconnaître avec quelle rapidité l'on pourrait
transmettre des dépêches dans un câble aussi long,

M. Whitehouse a construit des appareils d'une exquise sensibilité destinés à mesurer rigoureusement la vitesse des courants. Un pendule, battant la seconde, est disposé de telle façon que, pendant une oscillation, il met la pile en communication avec le câble, permettant ainsi au courant de le parcourir, et qu'à l'oscillation suivante cette communication se trouve interrompue. Au point de départ, un papier préparé chimiquement se déroule régulièrement par un mécanisme d'horlogerie : un stylet s'y appuie pendant que le courant passe, et se détache sitôt qu'il est interrompu. Ce papier présente ainsi au bout de quelque temps une suite de traits placés à égale distance, dont chacun s'imprime durant une seconde. A divers points du circuit sont disposés des rouleaux semblables, qui tous sont entrés en mouvement en même temps que le premier ; seulement les stylets ne commencent à marquer leur première trace qu'au moment où le courant parvient à eux. On voit donc, à la partie supérieure de chaque bande de papier, un espace blanc d'autant plus long qu'on se rapproche davantage de l'extrémité du fil ; en comparant ces diverses longueurs à la trace que l'électricité imprime pendant une seconde, on possède des images matérielles du retard qu'elle éprouve dans sa marche, et l'on peut, à l'aide de rigoureuses mesures de longueur, calculer des fractions de temps dont notre imagination a peine à saisir la valeur, mais qu'il importe à la télégraphie de connaître.

Chose singulière, à l'extrémité du fil, le stylet, une

fois appliqué sur le rouleau, ne pouvait plus s'en dé-
tacher, et, au lieu des traits discontinus du premier
appareil, ne marquait qu'un trait indéfini. Cela vient
de ce qu'à chaque seconde, au moment où le courant
s'établit, un mouvement vibratoire, ou, si l'on aime
mieux, une onde électrique entrait dans le fil ; mais,
comme il lui fallait plus d'une seconde pour en sortir,
il en résultait que l'extrémité était constamment
chargée d'électricité et que le courant ne pouvait être
interrompu. Il fallait une seconde et demie au fil pour
se décharger complétement, et par suite de ce retard
les mouvements consécutifs du stylet, dont les traces
forment l'écriture télégraphique, ne pouvaient être
séparés par un moindre intervalle. On acquit ainsi la
preuve qu'on ne pourrait transmettre des dépêches
d'un continent à l'autre qu'avec une extrême lenteur,
si l'on envoyait périodiquement dans le circuit des
ondes de nature semblable : il restait à examiner si,
en employant alternativement des ondes d'électricité
positive et négative, on ne réussirait pas à obtenir une
transmission plus rapide. Le passage des courants
ne peut s'opérer, avons-nous vu, qu'à la condition
que le fil de cuivre reste chargé d'une certaine quantité d'électricité qui tienne en équilibre celle qui se
développe autour de l'enveloppe isolante en gutta-
percha ; en envoyant dans le fil une onde électrique
négative après une onde positive, on pouvait espérer
que les molécules, subitement déchargées et rendues
à leur équilibre naturel, propageraient plus docilement l'excitation nouvelle. Les essais réussirent au

delà de toute espérance : en employant des courants dont le sens variait constamment, on parvint à produire à l'extrémité du câble huit mouvements distincts du stylet dans une seconde ; bien plus, les expériences entreprises avec les courants alternatifs démontrèrent que plusieurs ondes électriques positives ou négatives peuvent voyager en même temps dans le câble sans se détruire ou se contrarier mutuellement. On a donc le droit d'espérer qu'avec des dispositions convenables, on pourra un jour, sur les lignes sous-marines et peut-être même sur les lignes terrestres, envoyer à la fois des dépêches dans les deux sens avec un fil unique : résultat qui tiendrait vraiment du prodige.

Une fois qu'on eut reconnu que la transmission électrique pouvait s'opérer avec une suffisante vitesse, il fallait rechercher quels étaient les courants qui s'affaiblissent le moins dans un long trajet, parce qu'ils doivent conserver assez d'énergie pour faire mouvoir les appareils qui enregistrent les signaux. Les anciens instruments nommés galvanomètres, qui sont destinés à mesurer l'intensité des courants électriques et se composent de fines aiguilles aimantées que le passage de l'électricité fait mouvoir, ne peuvent servir quand il s'agit de courants très-forts et de très-courte durée : les aiguilles s'agitent alors convulsivement et ne donnent plus aucune indication précise. M. Whitehouse a imaginé un instrument nouveau, aussi simple que rigoureux, qui mesure la force d'attraction exercée par un barreau de fer doux,

changé momentanément en aimant pendant le passage du courant. Avec cet appareil, dont la sensibilité
est exquise, M. Whitehouse a pu comparer les divers
courants au point de vue de leurs propriétés télégraphiques : ceux qu'on devait préférer étaient les courants qui traversent le câble avec la plus grande rapidité, tout en perdant le moins possible de leur
force. Sous ce double rapport, les courants voltaïques, et qui sont dus à une action chimique, se
distinguent très-nettement des courants dits d'*induction;* ces derniers prennent naissance dans un fil
conducteur toutes les fois qu'autour de lui l'équilibre
électrique ou magnétique est modifié, quand on approche un aimant, quand on l'éloigne, quand un
courant voltaïque naît dans un fil voisin ou quand il
s'évanouit, quand il gagne en force ou quand il s'affaiblit. Les courants d'induction ne sont donc en quelque sorte que les reflets des perturbations électriques
ordinaires, et pourtant ils jouissent de propriétés
tout à fait distinctes. Ainsi M. Whitehouse a montré
qu'ils se transmettent dans le câble sous-marin avec
une plus grande vitesse que les courants voltaïques :
il a prouvé aussi qu'ils voyagent d'autant plus vite
que leur intensité est plus forte, tandis que l'intensité
n'a aucune influence sur la propagation des courants
ordinaires. Il fut donc décidé qu'on emploierait pour
le service du télégraphe atlantique des courants d'induction d'une extrême énergie. La pile voltaïque qui
alimente, si l'on peut s'exprimer ainsi, l'activité de
ces courants inductifs est d'une force remarquable :

elle est composée d'éléments en zinc et en argent, et la disposition que M. Whitehouse leur a donnée assure au courant une remarquable régularité.

Les recherches dont nous venons de rendre compte resteront désormais comme les bases de la télégraphie sous-marine et en fixent les règles d'une manière définitive. Une seule question, dans le cas actuel, restait encore à résoudre : quelle épaisseur fallait-il donner au câble atlantique? Celui de Douvres à Calais pèse 8 tonnes par mille; si le câble de l'Atlantique avait eu les mêmes dimensions, il aurait pesé plus de 20 000 tonnes : il devenait impossible de charger une masse aussi énorme dans les flancs d'un navire, fût-ce ce Leviathan des mers, le *Great-Eastern*, qui pourrait transporter sur les mers une armée de dix mille hommes. L'immersion d'un câble très-lourd à de grandes profondeurs est d'ailleurs une opération très-difficile, qui présente les plus grands dangers. M. Brett raconte que, dans une première tentative pour relier la Sardaigne à l'Afrique, il ne put trouver dans tout l'équipage que trois hommes assez courageux pour rester auprès des freins. La prudence et l'économie commandaient de donner au câble atlantique la moindre épaisseur possible; mais d'autre part il semblait que l'électricité aurait plus de peine à se propager, si l'on diminuait le diamètre : c'est du moins ce qui arrive dans les courants ordinaires; la résistance qu'ils éprouvent est d'autant plus considérable que le fil est plus mince. Cette fois, heureusement, les modifications que subit le mouvement de l'électricité dans les câbles sous-marins se prêtèrent comme à souhait aux exigences qu'il s'agissait de satisfaire; M. Whitehouse vérifia que, loin d'être retardé, le courant s'accélère quand on diminue l'épaisseur du câble. Aucune considération théorique ne s'opposait donc à ce qu'on lui donnât une grande légèreté, et on se préoccupa seulement de le faire assez épais pour qu'il conservât, pendant la descente, une convenable rigidité et ne pliât pas trop docilement sous l'influence des courants sous-marins.

Après avoir résolu avec tant d'habileté et de bonheur toutes ces difficultés scientifiques, ces problèmes entièrement nouveaux, on résolut de faire une expérience solennelle avec les instruments mêmes qui devaient servir un jour sur la ligne de l'Atlantique. On réunit en un circuit unique, dont la longueur atteignait plus de 3000 kilomètres, les fils souterrains et les câbles qui font communiquer Londres, Dumfries et Dublin, avec toutes leurs ramifications. L'expérience eut lieu à Londres, dans la nuit du 9 octobre 1856, en présence du célèbre professeur Morse. M. Whitehouse employa, pour produire les courants, son appareil d'induction électro-magnétique et sa pile à éléments de zinc et argent : les signaux furent enregistrés suivant l'ingénieuse méthode de M. Morse, aujourd'hui presque universellement adoptée. On obtint de 210 à 270 signaux par minute, ce qui correspond à peu près à six ou huit mots. On s'assura ainsi qu'on pourrait transmettre environ un message de vingt mots en trois minutes, par conséquent 480 messages de cette longueur pendant les vingt-quatre heures.

Encouragée par cette expérience décisive, la compagnie du télégraphe atlantique se décida à faire appel au public, et fit connaître son prospectus le 6 novembre 1856. Le capital entier, qui montait à 350 000 livres sterling, fut souscrit presque immédiatement. La compagnie entra en négociation avec les gouvernements de l'Angleterre et des États-Unis, qui lui accordèrent une subvention annuelle jusqu'au moment où les recettes atteindraient 6 pour 100 du capital, et mirent généreusement à sa disposition les navires dont elle aurait besoin. Le tarif des dépêches ne fut point fixé d'une manière définitive; mais on comptait porter à 100 francs le prix d'une dépêche de vingts mots de Londres à New-York, et à 60 francs le prix d'une même dépêche de même longueur entre Terre-Neuve et l'Irlande. Dans ces conditions, on comptait en cas de succès, sur un revenu probable de 10 à 15 pour 100. Cette proportion paraîtra peut-être faible, si l'on songe aux risques de tout genre auxquels est exposée une entreprise aussi hardie; mais il n'est pas douteux que la plupart des souscripteurs étaient moins inspirés par l'appât d'une rémunération que par le désir de contribuer à une œuvre utile et glorieuse.

La compagnie commanda le câble à la fin de décembre 1856 à deux maisons anglaises, MM. Newall de Birkenhead, Glass et Elliott de Greenwich, qui s'engagèrent chacune à fournir 2000 kilomètres de

câble pour la somme de 1 550 000 francs. La fabrica-
tion des câbles sous-marins a déjà pris en Angleterre
le rang d'une industrie spéciale, et l'on put satisfaire
en quelques mois à une aussi importante demande :
plus de deux mille ouvriers furent employés à ce gigantesque travail. Après un grand nombre d'essais,
on se décida à donner au câble un poids d'une tonne
par mille et une épaisseur de 15 millimètres. Quelques
mots suffiront pour indiquer de quelle manière il est
composé et comment il fut construit. Le centre est
formé de sept fils de cuivre, l'un droit, les six
autres enroulés en hélice autour du premier; la
corde en cuivre, plongée à trois reprises dans un bain
de gutta-percha, est couverte ainsi d'une triple couche
isolante; on l'entoure ensuite de filasse goudronnée.
Préparée par tronçons de deux milles de longueur,
soumis chacun à l'examen des *électriciens*, la corde
est revêtue d'une enveloppe protectrice en fil de fer.
Voici de quelle façon s'exécute cette opération : une
grande roue horizontale porte à sa circonférence dix-
huit cylindres verticaux autour desquels sont enroulés
des fils de fer. Au centre de la roue est une ouverture
par où s'élève la corde en cuivre qu'une machine à
vapeur dévide, et qui monte incessamment vers le
toit de l'usine. La machine dévide aussi les rouleaux
de fil de fer, mais elle fait marcher par la même impulsion la roue sur laquelle ils reposent : ils tournent
donc en même temps qu'ils s'élèvent, et se tordent
en hélice autour de la corde centrale. Aussitôt qu'un
rouleau de cuivre est épuisé, on le remplace par un

autre et on soude soigneusement les extrémités. Telle
est la rapidité de cette opération, qu'on a fait à Greenwich jusqu'à 48 kilomètres de câble dans un seul
jour. Les extrémités qui devaient rester près des
côtes ont été construites avec plus de rigidité que
la partie destinée à rester sur le fond tranquille de
l'Océan. Afin que le frottement sur les rochers, l'action des vagues, le choc des ancres ne pût occasionner la rupture, on avait donné au câble un poids
de plus de 7 tonnes par mille, sur une longueur de
10 milles à partir de la côte de Terre-Neuve et de 15
milles près des côtes d'Irlande.

Que de fois dans les entreprises les plus importantes on croit avoir tout pesé, tout examiné, tout
prévu! On épuise toutes les ressources de la science, on
descend aux plus minutieux détails, et l'on s'aperçoit
au dernier moment, mais souvent trop tard, qu'on a
commis quelque faute grossière que le plus ignorant
aurait évitée. Quand les deux moitiés du câble furent
terminées séparément, on reconnut que les hélices
des fils de cuivre et de fer étaient dans chacune de
ces moitiés en sens différents, les unes allant de gauche à droite, les autres de droite à gauche. Une aussi
étrange méprise pouvait avoir de fâcheuses conséquences, puisqu'une fois les deux moitiés réunies au
milieu de l'Océan, chacune d'elles devait aider l'autre
à se détordre. On comptait réparer cette faute en at-
tachant au point de jonction un poids très-puissant : remède dangereux, puisqu'il contribuait à
augmenter encore la tension du câble, déjà natu-

rellement si forte pendant l'immersion en pleine
mer.

Le gouvernement anglais mit à la disposition de la
compagnie, pour recevoir une des moitiés du câble,
le vaisseau l'*Agamemnon*, qui avait porté le pavillon
de l'amiral sir Charles Lyons dans la mer Noire au
début de la guerre de Crimée ; les États-Unis envoyè-
rent, pour être chargée de l'autre moitié, la neuve et
magnifique frégate *Niagara*. Les deux navires se dé-
pouillèrent de leurs formidables engins de guerre ;
construits pour les terribles luttes de la mer, ils allaient se rencontrer pour une œuvre toute pacifique.
Les deux moitiés du câble furent amenées dans les
chambres qu'on leur avait préparées, au moyen de
poulies portées sur des bateaux alignés jusqu'auprès
des vaisseaux à l'ancre : à mesure que le câble entrait
on l'enroulait avec un soin extrême autour d'un axe
vertical, de façon que les tours se recouvrissent très-
exactement et que rien ne pût mettre obstacle au déroulement. Il fallut un mois entier pour charger une
moitié du câble dans l'*Agamemnon ;* la forme de ce
navire permit de l'y loger en un rouleau unique, dont
la partie supérieure formait un vrai plancher circulaire de 45 pieds de diamètre. Dans le *Niagara*, on
fut obligé de diviser le câble en trois rouleaux, et il
fallut même démolir en partie l'intérieur de la brillante frégate.

Pendant qu'on préparait avec une si étonnante rapidité le câble du télégraphe atlantique, on se préoc-
cupait aussi de perfectionner les appareils ordinaire-

ment employés pour immerger les câbles sous-marins. La principale difficulté de cette opération consiste à empêcher la corde métallique de se dérouler trop rapidement et de s'amasser au fond de la mer en longs replis. Jusqu'à présent, voici de quelle façon on a essayé de modérer la vitesse du câble pendant sa descente : en arrivant sur le pont du navire, il vient s'enrouler plusieurs fois autour d'un tambour ou cylindre, qu'il oblige à tourner avec lui ; il passe successivement autour de plusieurs tambours analogues placés sur son trajet ; arrivé à l'arrière du vaisseau, il glisse sur un fort rail en fer et descend enfin dans la mer. La friction que le câble, fortement tendu par le poids de toute la partie suspendue entre le navire et le fond de l'eau, exerce sur les tambours, autour desquels il s'enroule, et sur le rail en fer, l'empêche de se dévider trop vite, et il est loisible d'augmenter le frottement en rendant le mouvement des tambours de plus en plus difficile, au moyen de freins en bois dur pareils à ceux qui arrêtent en peu d'instants les roues des wagons lancés à grande vitesse sur nos chemins de fer. Toutes ces dispositions étaient encore imparfaites : ainsi il arrivait souvent que, le câble descendant avec une extrême rapidité, les différents tours se mêlaient sur les tambours et s'usaient en frottant les uns contre les autres ; le câble, fortement échauffé par la friction, se détériorait en passant sur le rail de fer, bien qu'on fût constamment occupé à l'arroser avec de l'eau froide. Pour opérer l'immersion du câble de l'Atlantique, on a donc avec raison supprimé ce rail en fer,

et on l'a remplacé par une immense poulie, fortement
fixée à l'arrière un peu en dehors du navire : le
câble tourne une dernière fois autour d'elle avant de
plonger dans les flots. Les tambours autour desquels
le câble s'enroule en passant sur le pont portaient
des sillons profonds en acier, où s'engageaient régulièrement les tours, qui ne pouvaient ainsi s'enche-
vêtrer malgré la rapidité du mouvement. Il y avait
quatre tambours pareils, dont les mouvements étaient
solidaires et réglés par la manœuvre du frein.

Les deux navires furent munis de tout ce que la
prudence la plus scrupuleuse pouvait croire nécessaire ; on y accumula un véritable matériel de construction et de réparation, des appareils électriques de
tout genre. En supposant qu'une partie du câble eût
perdu la faculté de conduire l'électricité, on devait en
être averti immédiatement par l'arrêt d'une sonnette
que le courant tiendrait constamment en mouvement.
Aussitôt on aurait serré les freins pour arrêter la descente, mis en quelque sorte le navire à l'ancre sur
l'immense corde qui l'attachait au fond de la mer,
relevé graduellement la partie immergée à l'aide
d'une machine à vapeur; puis, le tronçon en défaut
une fois découvert, on aurait coupé la portion privée
d'électricité et ressoudé les deux extrémités saines.
Dans le cas où une de ces tempêtes soudaines, qui
sont malheureusement si communes dans cette partie
de l'Atlantique, serait venue mettre l'opération en
danger, on projetait de couper le câble, d'attacher le
bout de la partie immergée à un puissant câble de

réserve, préparé à cet effet, qu'on eût laissé rapidement descendre à la mer. On devait fixer de fortes bouées à l'extrémité, afin qu'elle flottât à la surface de l'Océan. Pendant que les fureurs de la tempête se seraient épuisées sur ce câble de secours, les navires auraient couru librement sous le vent; le calme revenu, on aurait recherché les bouées, remonté le câble de secours et repris l'opération régulière.

L'époque choisie pour l'immersion rendait ces dernières précautions à peu près inutiles : le lieutenant Maury, qui a fait une étude approfondie de la météorologie de l'océan Atlantique, avait indiqué comme la période la plus propice au succès de l'entreprise la fin du mois de juin et le commencement du mois d'août. C'est à ce moment qu'on a le moins à craindre les tempêtes, les brouillards et les glaces flottantes, qui à d'autres époques de l'année rendent si dangereuse la route de l'Irlande à Terre-Neuve. Malheureusement à ces latitudes septentrionales on ne peut guère compter, même pendant la saison la plus favorable, sur plus de dix ou douze jours de beau temps continu; il importait donc de terminer l'opération avec la plus grande célérité possible. Pour en hâter les progrès, on avait d'abord songé à envoyer les deux navires au centre de l'Atlantique : on y eût soudé les extrémités des câbles dont ils étaient chargés. Cela fait, l'un des navires aurait fait voile pour l'Irlande, l'autre pour Terre-Neuve, et le câble, une fois descendu au milieu de l'Océan, se fût étendu dans les deux sens à la fois. De cette façon, on pouvait terminer l'opération deux fois plus vite qu'en immergeant d'abord la moitié du câble à partir de l'Irlande, puis l'autre moitié en avançant vers Terre-Neuve. De plus, en allant dès le début au milieu de l'Océan, on se plaçait tout de suite dans les circonstances les plus critiques, l'on mettait le mieux à l'essai la force de résistance du câble, et s'il devait se briser, on ne risquait que d'en perdre une faible longueur. Ajoutons qu'il était très-facile de souder les deux moitiés du câble, tant qu'elles étaient encore chargées sur les navires, mais que cette opération devait présenter de réelles difficultés, surtout par un gros temps, si l'une d'elles était déjà immergée. Pour tous ces motifs, on avait d'abord décidé que l'immersion commencerait au milieu de l'Atlantique. Cette résolution fut ensuite abandonnée, et l'on préféra faire naviguer de conserve les deux bâtiments chargés du câble avec les *steamers* qui devaient leur prêter appui, afin de concentrer toutes les forces et les ressources de l'escadre.

Le 29 juillet 1857, le *Niagara* entra dans le port de Queenstown, accompagné du *Susquehanna*, un des plus rapides bâtiments à vapeur de la marine des États-Unis : l'*Agamemnon* était déjà au rendez-vous avec le *Léopard* et le *Cyclope*, qui avait opéré les derniers sondages dans l'Océan. On vit bientôt arriver M. Bright, l'ingénieur en chef de la compagnie, M. Whitehouse, M. Morse, M. Cyrus Field, un des plus ardents promoteurs du télégraphe atlantique, le savant professeur Thomson, qui par ses conseils avait tant contribué à résoudre les problèmes scientifiques dont

la solution importait au succès et à l'avenir de l'entreprise.

Le 3 août, le lord-lieutenant d'Irlande, en présence
d'une foule immense, inaugura l'immersion du câble
sous-marin dans la paisible baie de Valentia, qu'on
avait choisie comme un des termes de la ligne, parce
que très-peu de vaisseaux viennent y jeter l'ancre.
L'extrémité du câble fut amenée par des bateaux sur
la rive, et lord Carlisle la relia à une forte pile qui,
pendant l'opération, devait établir une communication permanente avec les navires. En cas de réussite,
il était convenu que les premières dépêches entre les
deux continents seraient directement échangées entre
la reine Victoria et M. Buchanan, président des États-
Unis.

L'expédition partit le jour suivant. Au bout de
quelques heures, le câble s'engagea dans la machine
et fut brisé; on perdit quelque temps à retirer la
partie déjà immergée et à la ressouder. On mit de
nouveau à la voile le lendemain, et pendant quatre
jours consécutifs on reçut constamment des dépêches
du *Niagara*. Le 11 août, les signaux furent subitement interrompus : le câble s'était rompu en pleine
mer. Le retour des navires, que tant de cris de joie
avaient salués au départ, s'opéra au milieu d'une
véritable consternation. Dans le rapport qu'il envoya
immédiatement au directeur de la compagnie, l'ingénieur en chef raconte que la pose du câble épais destiné à la côte s'était accomplie sans difficulté. On y
avait soudé le câble principal, dont le déroulement

se fit d'abord avec une grande régularité. Pendant quelque temps, il descendit avec une vitesse à peu près égale à celle du navire ; mais, à mesure que la profondeur de l'Océan augmentait, le déroulement devint plus rapide, et il fallut imprimer aux freins une force de résistance toujours croissante. En pleine mer, le câble se dévidait avec une vitesse de cinq nœuds à l'heure, pendant que le navire faisait seulement trois nœuds. Bientôt de nouvelles circonstances vinrent rendre l'opération encore plus difficile. Pendant que le navire avançait dans la direction de l'est à l'ouest, un puissant courant sous-marin venant du sud entraîna le câble en dehors de la ligne du vaisseau, et contribua encore à en augmenter la tension. La mer devint grosse ; chaque fois qu'une vague soulevait l'arrière du navire par où le câble s'échappait, l'immense corde métallique, suspendue jusqu'au fond de l'Atlantique, éprouvait une subite et forte commotion. Quand l'extrémité du câble se trouvait ainsi relevée, M. Bright, pour affaiblir la secousse, faisait ralentir l'action du frein, et laissait à propos descendre le câble avec plus de rapidité pour contrebalancer l'effet produit par l'ascension du navire. Il avait dirigé tout le temps en personne l'opération du déroulement ; un moment il fut obligé de quitter la machine pour aller à l'avant du vaisseau. A peine éloigné, il entendit tout bruit cesser ; le câble s'était brisé au fond de la mer. Il est hors de doute que ce déplorable accident ne peut être attribué qu'à une inintelligente manœuvre du frein, et l'on a droit de s'étonner que, pour une entreprise aussi capitale, on n'eût pas réuni un personnel nombreux et bien exercé, et que tant de puissants intérêts fussent restés en quelque sorte à la merci d'un seul homme. Il est d'autant plus permis de regretter cette imprévoyance que l'on était déjà parvenu à immerger 540 kilomètres du câble, et qu'il s'échouait régulièrement à l'effrayante profondeur de 2000 brasses. La transmission des signaux s'opérait avec une perfection qui dépassait toutes les espérances et avec plus de facilité même que près des côtes d'Irlande ; l'énorme pression qui s'exerçait sur le câble au fond de l'océan, au lieu d'en diminuer la conductibilité, semblait en quelque sorte l'augmenter, comme si la gutta-percha fortement comprimée isolait mieux les fils de cuivre placés à l'intérieur.

Un premier insuccès ne découragea point les promoteurs du télégraphe atlantique : il eût été assez étonnant qu'on eût réussi du premier coup à traverser l'Océan sur une immense longueur, quand presque toutes les entreprises du même genre, exécutées dans des bras de mer peu profonds, avaient généralement échoué au début. N'avait-on pas brisé des câbles sous-marins dans la mer Noire, entre Terre-Neuve et l'île du Prince-Édouard, et à deux reprises dans la Méditerranée ? La portion du câble de l'Atlantique qu'on avait immergée sans accident était plus étendue que le câble de Varna à Balaclava, le plus long qui eût jusqu'ici réuni deux rivages opposés. La profondeur de la mer Noire est d'ailleurs si insignifiante, quand on la compare à celle qu'on put atteindre dans l'océan Atlantique, que personne ne voudrait songer à comparer les difficultés des deux opérations.

Une nouvelle tentative eut lieu, dès l'année suivante. La machine destinée à dérouler le câble reçut de nouveaux perfectionnements, et des expériences nombreuses furent faites pour en éprouver le mécanisme. Nous emprunterons au journal le *Times* l'intéressant récit fait par un de ses correspondants, qui accompagna l'escadre anglaise dans cette expédition : le câble cette fois fut soudé au milieu de l'Océan.

« Nous sommes arrivés au rendez-vous le mercredi 28 juillet, exactement onze jours après notre départ de Queenstown. Les autres bâtiments de l'escadre furent aperçus vers le soir, mais à une telle distance, que l'*Agamemnon* ne put les atteindre que le lendemain matin à dix heures. Nous fûmes accablés de questions sur la cause de notre retard. Tout le monde croyait que nous avions échoué en sortant de Queenstown. Le *Niagara* était arrivé au rendez-vous le vendredi 23, le *Valorous* le dimanche 25, le *Gorgon* le mardi 27. Le temps était beau et d'un calme parfait ; on se mit donc à attacher ensemble les deux bouts du câble sans perdre de temps. On fit passer l'extrémité du câble du *Niagara* sur l'*Agamemnon*.

Vers midi la soudure était faite ; elle portait une masse de plomb destinée à servir de poids. Le plomb se détacha et tomba à l'eau au moment où on allait jeter le câble à la mer. On ne trouva sous la main qu'un boulet de 32 qu'on fixa au point de jonction des deux bouts du câble, et tout l'appareil fut lancé à la mer, sans autre formalité et même sans attirer l'attention, car ceux qui étaient à bord avaient trop souvent assisté à cette opération pour avoir grande confiance dans son succès final. On laissa couler 210 brasses de câble, afin que la soudure se trouvât suffisamment au-dessous du niveau de l'eau; puis on donna le signal du départ, et le *Niagara* et l'*Agamemnon* partirent en sens inverse. Pendant les trois premières heures, les bâtiments marchèrent très-lentement et déroulèrent une grande longueur de câble ; ensuite la marche de l'*Agamemnon* alla en augmentant de vitesse jusqu'à ce qu'elle eût atteint 5 nœuds à l'heure. Le câble se dévidait à raison de six nœuds à l'heure ; il ne marquait sur le dynamomètre qu'une tension de quelques centaines de livres.

« Un peu après six heures, on vit une très-grande baleine s'approcher rapidement du navire ; elle battait la mer et faisait voler l'écume autour d'elle. Pour la première fois, il nous vint à l'idée que la rupture du câble, lors de la dernière tentative, pouvait bien être le fait de l'un de ces animaux. La baleine se dirigea pendant quelque temps droit sur le câble, et nous ne fûmes tranquillisés qu'en voyant le monstre marin passer lentement à l'arrière ; il rasa le câble à l'endroit où il plongeait dans l'eau, mais sans lui causer aucun dommage.

« Tout alla bien jusqu'à huit heures ; le câble se déroulait avec une régularité parfaite, et, pour préve-

nir tout accident, on veillait avec soin à ce que le dynamomètre ne marquât pas une pression de plus de
1 700 livres; ce qui n'était pas le quart du poids que
pouvait porter le câble. Un peu après huit heures,
on découvrit une avarie dans le câble enroulé sur le
pont. M. Canning, l'ingénieur en service, n'avait pas
à perdre un instant, car le câble se déroulait si rapidement que la portion endommagée devait sortir du
vaisseau dans l'espace d'environ vingt minutes, et l'expérience avait montré qu'il était impossible d'arrêter
le câble ou même le navire sans courir le risque de
voir tout l'appareil se briser. Juste au moment où les
réparations allaient être terminées, le professeur
Thomson annonça que le courant électrique avait
cessé, mais que l'isolement était encore complet. On
supposa naturellement que c'était le morceau de câble
détérioré qui interrompait le courant, et on le coupa
aussitôt pour le remplacer par une soudure.

« A la consternation générale, l'électromètre prouva
que l'interruption se manifestait sur un point du câble qui était déjà dans l'eau à environ 50 milles du
bâtiment. Il n'y avait pas une seconde à perdre, car
il était évident que la portion du câble qu'on avait
coupée allait dans quelques instants se trouver dérou-
lée et jetée à la mer, et dans ces quelques instants il
fallait faire une soudure, opération longue et difficile. On arrêta le navire sur-le-champ, et on ralentit
la marche du câble autant que cela se pouvait faire
sans danger. A ce moment, l'aspect que présentait le
bâtiment était très-extraordinaire. Il paraissait im-

possible, même avec la plus grande diligence, de finir le travail à temps.

« Tout le monde à bord était rassemblé dans l'entrepont autour du câble enroulé et le surveillait avec la plus grande anxiété, à mesure qu'une toise après l'autre descendait à la mer et rapprochait de plus en plus le moment où les ouvriers verraient le morceau sur lequel ils travaillaient leur échapper des mains. Dirigés par M. Canning, ils se dépêchaient comme des hommes qui comprenaient que la vie ou la mort de l'entreprise dépendait d'eux. Néanmoins, tous leurs efforts furent inutiles, et on dut avoir recours à la dernière ressource, celle d'arrêter le câble, auquel le vaisseau resta pendant quelques minutes comme suspendu. Heureusement ce ne fut que l'affaire d'un instant, car la tension augmentait continuellement et ne pouvait tarder à produire une rupture.

« Lorsque la soudure fut terminée et que l'on put recommencer à laisser le câble se dérouler, l'émotion produite par le danger que l'on avait couru s'apaisa peu à peu. Mais le courant électrique n'était pas encore rétabli. On résolut donc de dérouler le câble aussi lentement que possible et d'attendre six heures avant de considérer l'opération comme tout à fait manquée, afin de voir si l'interruption du courant ne cesserait pas d'elle-même. On regardait les aiguilles avec la plus grande anxiété, et lorsqu'on les vit tout à coup ne plus indiquer le moindre courant, on crut que le câble était rompu ou que l'isolement était détruit.

« On fut donc agréablement surpris lorsque trois minutes plus tard l'interruption disparut et que les signaux du *Niagara* arrivèrent par intervalles réguliers. Ce fut une grande joie pour tout le monde ; mais la confiance générale dans le succès de l'entreprise était ébranlée, parce que l'on comprenait qu'un semblable accident pouvait se renouveler à chaque instant.

« Vendredi 30 tout alla bien. Le bâtiment filait 5 nœuds et le câble 6. L'angle qu'il faisait avec l'horizon en sortant du vaisseau était de 24 degrés et le dynamomètre marquait une tension de 1 600 à 1 700 livres.

« A midi nous étions à 90 milles du point de départ et nous avions déroulé 135 milles de câble. Vers le soir, le vent souffla avec assez de violence, et on descendit sur le pont les vergues, les voiles, enfin tout ce qui pouvait offrir quelque prise au vent. Le bâtiment toutefois ne pouvait avancer que très-difficilement, à cause des vagues et du vent qui lui était contraire ; en même temps l'énorme quantité de charbon que l'on consommait semblait indiquer que l'on serait obligé de brûler les mâts pour arriver jusqu'à Valentia. Le lendemain le vent était plus favorable et on put épargner un peu de combustible. Samedi, dans l'après-midi, la brise fraîchit encore, et vers la nuit la mer était devenue tellement grosse, qu'il semblait que le câble ne pourrait tenir.

« On fut obligé de surveiller avec la plus grande attention la machine servant à le dérouler ; car un seul

moment d'arrêt, alors que le vaisseau était soulevé
par les vagues pour retomber ensuite, aurait suffi
pour causer un accident. M. Hoar et M. Moore, les
deux ingénieurs chargés du dynamomètre, veillaient
alternativement pendant quatre heures. Néanmoins
le câble, qui n'était qu'un simple fil à côté des vagues énormes dans lesquelles il plongeait, continuait
à tenir bon et s'enfonçait dans la mer en ne laissant
derrière lui qu'une ligne phosphorescente.

« Dimanche le temps était toujours aussi mauvais,
de gros nuages couvraient le ciel, et le vent continuait
à balayer la mer. A midi nous étions à 52 degrés de
longitude ouest, ayant fait 220 milles depuis la
veille, et 350 milles depuis notre point de départ.
Nous avions passé le point où la profondeur est la
plus grande ; elle est en cet endroit de 240 brasses.

« Lundi, la mer n'était pas meilleure, et ce n'est que
grâce aux efforts infatigables de l'ingénieur, qu'on
empêcha la machine de s'arrêter à mesure que le bâtiment était soulevé par les vagues. Une ou deux fois
elle s'arrêta réellement, mais heureusement elle re-
prit son mouvement à temps.

« Il était naturellement impossible d'arrêter le câble,
et, bien que le dynamomètre marquât de temps en
temps 1700 livres, il était le plus souvent au-dessous
de 1000, et quelquefois il marquait zéro, et le câble
coulait alors avec toute la vitesse que lui imprimait
son propre poids et la marche du navire. Cette vitesse n'a jamais dépassé 8 nœuds à l'heure, le vaisseau filant 6 nœuds et demi. En moyenne la vitesse

du bâtiment était de 5 nœuds et demi, et celle du câble en général de 30 pour 100 plus grande. Lundi, 2 août, à midi, nous étions à 52 degrés de latitude nord et à 19 degrés 18 minutes de longitude ouest, ayant parcouru 127 milles depuis la veille et ayant accompli plus de la moitié de notre voyage.

« Dans l'après-midi, nous vîmes à l'est un trois-mâts américain, *Chieftain.* D'abord on ne fit pas attention à lui ; mais tout à coup il changea de direction et vint droit sur nous. Une collision devenait imminente et aurait été fatale au câble ; il était également dangereux de changer la course de l'*Agamemnon.* Le *Valorous* alla en avant et tira un coup de canon ; l'*Agamemnon* en tira un second et le *Valorous* deux autres, sans pouvoir faire changer de direction le trois-mâts. L'*Agamemnon* n'eut que le temps de changer la sienne pour éviter le bâtiment, qui passa à quelques yards de nous. Son équipage et ceux qui étaient à bord ne comprenaient évidemment rien à notre manière d'agir, car ils accoururent sur le pont pour nous voir passer. A la fin ils découvrirent qui nous étions ; ils montèrent sur les vergues, et, agitant plusieurs fois leur drapeau, ils poussèrent trois hourras en notre honneur.

« L'*Agamemnon* fut obligé de reconnaître ces compliments en bonne forme, quoique nous fussions de fort mauvaise humeur, en songeant que l'ignorance ou la négligence de ceux qui dirigeaient ce bâtiment aurait pu occasionner un accident fatal.

« Mardi matin, vers trois heures, tout le monde à

bord fut réveillé par le bruit du canon. On crut que c'était le signal de la rupture du câble. Mais en montant sur le pont on aperçut le *Valorous* déchargeant rapidement son artillerie sur une barque américaine qui était juste au beau milieu de notre chemin. Des remontrances aussi sérieuses de la part d'une grande frégate ne pouvaient être méprisées ; aussi la barque s'arrêta-t-elle tout court, mais évidemment sans y rien comprendre. Son équipage nous prit peut-être pour des flibustiers, ou bien il crut être la victime d'un nouvel outrage britannique contre le drapeau américain. Ce qui est certain, c'est que la barque resta immobile jusqu'à ce que nous la perdîmes de vue à l'horizon.

« Mardi il fit plus beau que les jours précédents. La mer toutefois était encore assez forte. Mais déjà on pouvait prévoir le succès définitif de l'expédition. Nous étions à 16 degrés de longitude ouest, ayant fait 134 milles depuis la veille. Vers cinq heures du soir, nous étions arrivés à la montagne sous-marine qui sépare le plateau télégraphique de la côte d'Irlande, et l'eau devenant toujours plus basse, la tension du câble diminuait aussi constamment. On en déroula une grande longueur pour le cas où il se trouverait dans le fond des inégalités que l'on n'aurait pas découvertes avec la sonde.

« Mercredi le temps était magnifique. A midi nous étions à 89 milles de la sation télégraphique de Valentia. Vers minuit, on aperçut les lumières de la côte, et jeudi matin les rochers élevés qui donnent

un aspect aussi sauvage que pittoresque aux environs
de Valentia se présentèrent à nos yeux, à quelques
milles de distance. Jamais peut-être navigateurs n'ont
accueilli la vue de la terre avec autant de joie; puisqu'elle constatait la réussite d'un des projets les plus
grands, mais en même temps les plus difficiles qui
aient jamais été conçus. Comme on ne paraissait pas
se douter de notre arrivée, le *Valorous* alla en avant
et tira un coup de canon. Aussitôt les habitants se
portèrent sur une foule d'embarcations à notre rencontre. Bientôt après on reçut un signal du *Niagara*,
indiquant que lui aussi était arrivé à la terre. Il avait
coulé 1030 milles de câble, et l'*Agamemnon* 1020 milles
ce qui donne pour toute la longueur du câble sub-
mergé 2050 milles géographiques. Le bout du câble
fut amené à terre par MM. Bright et Canning, auxquels on est redevable du succès de l'entreprise ; il
fut placé dans une tranchée creusée pour le recevoir,
et les salves de l'artillerie annoncèrent que la communication entre l'ancien et le nouveau monde était
complète. »

Pendant ce temps, l'escadre américaine abordait
sans encombre la station télégraphique de Terre-
Neuve ; le câble posé, le président Buchanan et la
reine Victoria échangèrent de courtoises dépêches :
mais la ligne ne put jamais être livrée à la télégraphie
privée; au bout de très-peu de temps, les signaux ne
se transmirent plus qu'avec une extrême difficulté.
C'est en vain qu'on employa les courants les plus
énergiques : la sensibilité du câble s'atténua de plus

en plus, et aujourd'hui il gît au fond de l'Océan sans rendre de services. Aux espérances qu'avait suscitées le succès de l'expédition anglo-américaine, a succédé le découragement le plus complet.

Nous ne pouvons néanmoins renoncer à l'espoir de voir un jour rétablie d'une manière permanente avec un câble nouveau, cette communication qui pendant quelques jours seulement avait joint les deux continents. Il est aujourd'hui démontré que cette espérance n'a rien de chimérique, et le progrès des sciences nous révélera bientôt toutes les précautions qui peuvent sauvegarder la continuité des communications dans les câbles sous-marins.

Faisons connaître rapidement, avant de terminer, quelles sont, après la ligne de l'Irlande à Terre-Neuve, les plus importantes qu'il est question d'établir.

Une compagnie s'est formée en vue de joindre l'Angleterre et l'Inde, avec le concours de la compagnie des Indes. On pourrait jeter un câble sous-marin dans la mer Rouge, entre Suez et Aden. De cette ville en partirait un autre qui irait aboutir à Kurachee, principal port de Scinde, situé près de l'embouchure de l'Indus, à 120 kilomètres seulement d'Hyderabad. La distance entre Aden et Kurachee est de 2500 kilomètres. Dans la Méditerranée, Malte et la Sicile sont au moment d'être réunies. Si l'on posait ensuite, comme il en est question, un câble, entre Malte et Alexandrie, une ligne télégraphique continue unirait l'Angleterre à l'Inde, en traversant presque les trois quarts d'un hémisphère terrestre, et l'on saurait au bout de vingt-quatre heures à Londres ce qui se passe aux bouches de l'Indus et du Gange. On estime qu'il faudrait 7 500 000 fr. pour relier Suez à Aden, 16 millions pour poser un câble sous-marin entre Aden et Kurachee : que sont d'aussi faibles sommes en regard des avantages que présenterait à l'Angleterre l'établissement d'une ligne qui lui permettrait de surveiller heure par heure ce vaste empire, dont la conservation importe autant à sa grandeur qu'à l'avenir de la civilisation dans l'Orient? Quand on songe que la révolte de l'Inde a éclaté le 10 mai, et qu'on n'a pu en connaître l'importance et les dangers qu'au mois de juillet, on déplore qu'un temps si précieux ait été perdu, et que des mesures rapides n'aient pu modérer une explosion qui a menacé de rendre nécessaire une nouvelle conquête, et a forcé l'Angleterre à recommencer l'œuvre sanglante des Clive et des Warren Hastings.

L'extension de la télégraphie sous-marine aurait donc pour effet de consolider la suprématie des nations civilisées dans le monde. Tel serait l'avantage politique de ce nouveau moyen de communication. Au point de vue commercial, il est à peine nécessaire d'en faire ressortir les heureux résultats. Quand on connaîtra à chaque instant l'état des marchés les plus lointains, les besoins de tous les peuples et des colonies les plus éloignées, le commerce pourra remplir avec plus de méthode et de sécurité sa bienfaisante mission. L'établissement d'une ligne télégraphique entre l'Angleterre et l'Amérique, en même temps qu'elle multiplierait les relations entre l'ancien et le nouveau monde, porterait, sans aucun doute, un coup fatal à cette fièvre de spéculation dont les ravages n'ont été nulle part aussi terribles que dans les grandes cités commerciales des États-Unis. Pour le comprendre, il faut se rappeler que les capitaux anglais et américains sont toujours engagés dans une foule d'entreprises communes, et que le contre-coup des crises qui affectent les marchés de l'Angleterre est ressenti vivement de l'autre côté de l'Atlantique : cette dépendance est aggravée par l'interruption forcée des nouvelles qui n'arrivent que par intervalles. La spéculation les commente et profite de ces périodes d'attente; la substitution des bateaux à vapeur aux vaisseaux à voiles a déjà entravé ces opérations, auxquelles le hasard seul sert de base, et qui deviendront encore plus difficiles quand le télégraphe atlantique fera connaître chaque jour à New-York la situation de Londres et les nouvelles de l'Europe.

De tels résultats font aisément comprendre quel avenir est réservé à la télégraphie sous-marine. Dans la Méditerranée, il n'est pas douteux que, d'ici à une époque assez rapprochée, plusieurs lignes rattacheront l'Europe à l'Afrique et à l'Asie. M. Newall et M. Bonelli ont enfin relié l'Afrique à la Sardaigne. Malte sera aussi, on l'a vu, unie dans un très-court délai à la Sicile, et bientôt après au port d'Alexandrie; Corfou sera rattachée à Raguse par la mer Adriatique. L'archipel grec semble tout préparé pour joindre Smyrne à la Grèce, qui a elle-même intérêt à communiquer directement avec les Iles-Ioniennes et l'Italie. Le fond de l'Atlantique ne sera jamais sillonné par des fils télégraphiques aussi nombreux que ceux qui traverseront bientôt le bassin de la Méditerranée, aux côtes profondément découpées, et semé de si nombreuses îles, sauf dans les mers qui séparent l'Angleterre du continent; et où récemment encore les îles anglaises, Guernesey et Jersey viennent d'être reliées au cap Portland; entre le vieux et le nouveau monde, les difficultés que nous avons cherché à faire apprécier s'opposeront à ce qu'on multiplie les lignes océaniques, et l'on sera toujours gêné par la nécessité de choisir les régions les moins profondes de la mer. S'il a été impossible de modérer convenablement la vitesse du câble atlantique à une profondeur de deux mille brasses, on peut juger de ce qui arriverait, si l'on s'aventurait dans les régions où la sonde peut descendre à quatre ou cinq mille brasses.

La ligne de l'Irlande à Terre-Neuve est la seule qui nous paraisse bien choisie. La nature elle-même assure à ceux qui rapprocheront ces deux îles le monopole absolu des communications entre les États-Unis et l'Europe. Plus au nord, sur la côte du Groënland, les glaces sont trop à redouter, et la mer atteint une plus grande profondeur; plus au sud, on a proposé d'atteindre l'Amérique par les Açores, mais ce projet n'a aucune chance de réussite. Il serait peut-être possible de réunir les Açores à Terre-Neuve, mais la compagnie anglo-américaine du télégraphe atlantique possède un privilége exclusif sur les côtes de cette île. On serait donc obligé d'aller des Açores à la Nouvelle-Angleterre, et de franchir l'immense vallée marine où se précipitent les eaux du *gulfstream*, qui à ces latitudes atteint une incroyable profondeur. C'est dans le golfe du Mexique et dans la mer des Antilles que l'océan Atlantique a la moindre profondeur. Si jamais les Américains s'emparent de Cuba, ils ne manqueront certainement pas d'unir cette île d'une part à la Floride et de l'autre à l'isthme de Panama. Une ligne de communication plus difficile à établir serait celle qui joindrait l'Amérique du Sud à l'Europe par l'île Fernando Noronha, l'île Saint-Paul, les îles du Cap-Vert et les Canaries. Il est pourtant permis d'espérer qu'un jour on accomplira ce gigantesque travail : sur ce long trajet, la profondeur de la mer ne dépasse trois mille brasses que dans une zone assez limitée, entre le cap Saint-Roque et les îles du Cap-Vert, et elle se maintient au-dessous de deux mille brasses sur les deux tiers de la route.

Dans l'autre hémisphère, aussitôt qu'une ligne télégraphique réunira l'Angleterre à l'Inde, on parle déjà de la prolonger dans les possessions hollandaises et même jusque dans l'Australie et dans la Nouvelle-Zélande. Lorsque toutes ces merveilles seront achevées, quand sur le continent américain le fil télégraphique qui doit franchir les montagnes Rocheuses atteindra la Californie, l'habitant de San Francisco pourra correspondre avec celui de Sydney

ou de Melbourne. Le jour où la volonté de l'homme
pourra, avec une prestigieuse rapidité, faire presque
le tour entier du globe, n'aura-t-il pas le droit d'être
fier et de sentir plus vivement sa propre grandeur?
Ne sentira-t-il pas aussi d'autant mieux sa petitesse,
en voyant d'une façon si nouvelle ét si saisissante
combien est étroit cet empire qui lui est attribué, et
dont les bornes lui renverront en un temps si court
l'écho de sa propre pensée?

LA GÉOGRAPHIE DE LA MER.

L'état social d'un peuple se révèle avec bien plus de netteté dans la littérature et les arts que dans le mouvement des études scientifiques. Rien ne trahit le caractère, les préférences, le caprice individuels dans ces sévères travaux, auxquels des méthodes inflexibles servent de guide et qui ont pour but la découverte de lois générales et absolues. Mais bien que ces recherches soient assujetties à des règles propres qui sont partout les mêmes, elles obéissent pourtant dans une certaine mesure à une impulsion pour ainsi dire extérieure, dont la tendance est déterminée par les besoins et le génie particulier des nations chez lesquelles les sciences sont en honneur. Suivant les circonstances où elles sont placées, on voit les efforts de l'esprit humain se diriger vers l'invention ou l'érudition, les applications pratiques ou les spéculations abstraites. Après avoir visité les usines et les ateliers de la Grande-Bretagne, il faut encore parcourir les paisibles cités d'Oxford et de Cambridge, pour comprendre l'histoire scientifique de l'Angleterre, où, à côté des noms de Bacon, de Newton et de Herschell, on trouve ceux de Watt, d'Arkwright et de Stephenson. Dans les universités allemandes, foyers intellectuels toujours actifs, où s'élaborent tant d'idées et de systèmes, une jeunesse nombreuse s'initie aux sciences les plus élevées, tout en poursuivant ces études professionnelles que dans son langage énergique elle nomme *brod studien*, parce qu'elles doivent lui servir de gagne pain. Le mouvement scientifique qui, en Allemagne, n'est soumis à aucune règle, à cause de l'indépendance des divers centres intellectuels, obéit en France à une tradition sûre et constante, grâce à l'unité de l'enseignement, et à la forte organisation des écoles savantes, et l'on peut tracer une sorte de filiation naturelle entre les grands noms scientifiques qui, depuis soixante ans, ont jeté tant d'éclat sur notre pays. Si nous tournons nos yeux vers les États-Unis, nous y verrons aussi comment la condition d'un peuple influe sur la nature et le développement des études. Il n'existe point de pays où la nécessité et les bienfaits de l'éducation élémentaire soient sentis aussi vivement que dans cette grande république, où chacun est appelé à la vie politique et où l'on ne trouve pas de classes liées par les lois, la routine ou la misère à des occupations traditionnelles. L'instruction considérée avec raison comme la garantie la plus sûre contre les excès de la démocratie, y est distribuée avec plus de libéralité que chez les nations européennes les plus fières de leur culture intellectuelle. En revanche, il faut avouer que les hautes études y sont encore négligées : cette infériorité fait comprendre pourquoi les erreurs les plus grossières y trouvent si facilement créance et engendrent de véritables épidémies morales plus durables que partout ailleurs. Ce n'est pas l'aptitude scientique qui manque à la nation américaine, mais la discipline et les loisirs de l'esprit. Encore occupée à étendre son vaste empire et à prendre possession d'un continent entier, l'activité est son premier besoin et son premier devoir. Contrainte d'appliquer aux choses de l'esprit ses habitudes commerciales, elle refuse son attention à tout ce qui ne peut servir à réaliser un profit immédiat. S'agit-il de perfectionner des machines pour économiser la main-d'œuvre, de donner aux navires plus de force ou de légèreté, de simplifier l'art de la télégraphie électrique, la construction des ponts et des chemins de fer? Les Américains ne le céderont à personne. Maîtres de côtes immenses, baignées par les deux océans, ils ont besoin d'en connaître toutes les ressources, les écueils, les dangers : leurs cartes hydrographiques, dont le nombre s'accroît chaque année avec une surprenante rapidité, n'ont rien à envier aux plus magnifiques travaux de ce genre. Que veulent avant tout ces princes marchands, comme ils s'appellent eux-mêmes, qui font flotter sur toutes les mers le pavillon étoilé de l'Union? faire les voyages les plus rapides et devancer leurs rivaux sur les marchés du monde entier. Pour cela, il était néces-

saire d'étudier avec plus de soin qu'on ne l'avait fait
auparavant la force et la direction des courants marins
et des vents qui règnent pendant les différentes saisons. M. Maury, lieutenant de la marine américaine
et directeur de l'observatoire de Washington, s'est
voué à cette tâche et a fait faire de grands progrès à
cette branche importante de la météorologie. Il vient
de résumer ses longs et patients travaux dans un
ouvrage d'une lecture facile et agréable, assez clair
pour être compris des plus ignorants, assez riche
d'observations et d'idées nouvelles pour être apprécié
par les plus exigeants. Ce livre qui a conquis une
rapide et brillante popularité, a pour titre *la Géographie de la mer*. L'Océan n'éveille dans notre esprit,
au premier abord, que le souvenir d'une monotone
étendue, que rien ne varie, dont rien n'altère l'in-
flexible niveau; mais si l'on pénètre par la pensée
dans ces profonds abîmes, on y trouvera, comme sur
nos continents, des vallées, des plaines, des montagnes : les courants y suivent des routes invariables,
comme les fleuves qui sillonnent nos terres; enfin
la surface horizontale des mers est, suivant les latitudes, calme, parcourue par des vents constants ou
périodiques, ou agitée par des vents irréguliers qui
semblent se livrer une lutte éternelle. Toutes ces
circonstances prêtent aux diverses parties de la mer
des caractères bien différents; et M. Maury en a heureusement réuni l'ensemble sous le nom concis de
« Géographie de la mer. » Si l'on considère que
l'Océan recouvre plus des deux tiers du globe, on se

convaincra sans peine qu'il est un théâtre naturel tout préparé pour l'étude des lois les plus générales de la météorologie terrestre, qui, sur nos continents, sont toujours masquées par les influences purement topographiques, l'élévation du sol, le voisinage des montagnes, la constitution physique et le manteau végétal du terrain. L'action de tant de causes diverses est difficile à apprécier avec exactitude et se soustrait à des mesures rigoureuses : aussi quelques esprits sévères daignent à peine compter la météorologie au nombre des sciences positives. Mais sur la surface unie des mers, nul obstacle ne vient arrêter les vents, les eaux se portent librement dans tous les sens, et rien n'empêche d'étudier dans leur simplicité les grandes lois de la circulation atmosphérique et de la distribution de la chaleur solaire sur notre planète. L'étude des courants pélasgiques et des courants de l'atmosphère que nous appelons les vents, n'avait pas été soumise, avant le lieutenant Maury, à une analyse assez approfondie pour qu'elle pût prêter des secours nouveaux à l'art de la navigation. Le lieutenant américain eut l'heureuse idée d'utiliser, dans ce but, ces journaux de bord où l'on inscrit chaque jour, sur les vaisseaux, avec la position géographique, tout ce qui est relatif au vent, à l'état de la mer et du temps. Afin de résumer plus facilement ces innombrables observations, il réussit à faire adopter par la marine marchande des États-Unis, des journaux de bord uniformes, préparés par ses soins; toutes les traversées lui fournissent de nouvelles données météorologiques et en compilant les résultats obtenus dans plusieurs milliers de voyages, il est parvenu à construire des cartes où l'on trouve marqués, dans chaque partie de la mer, le sens du courant et la direction moyenne du vent pendant chaque mois de l'année.

Une telle carte, indiquant aux marins à toutes les latitudes et en toutes saisons, sur quel courant et quel vent ils peuvent compter, remplace en quelque sorte l'expérience pour les jeunes navigateurs et ajoute à l'expérience des plus anciens celle de plusieurs milliers de leurs devanciers. Bien que le lieutenant Maury n'ait eu qu'une quantité encore insuffisante de matériaux pour faire ses premières cartes, elles ont pourtant permis d'abréger d'une quantité très notable certains trajets importants. Pour aller de New-York en Californie, on employait, il y a quelques années encore, environ cent soixante jours; actuellement il n'en faut plus moyennement que cent quarante-cinq. De l'Angleterre à l'Australie, on comptait cent vingt jours de traversée, aujourd'hui l'on n'en met plus que cent; pour aller d'Europe ou des États-Unis à Rio-Janeiro, l'on a gagné dix jours. En calculant l'économie de frais qu'on a obtenue sur ces grandes lignes, on arrive, pour les États-Unis seulement, à une économie qui se compte déjà par millions. Il est juste de tenir compte des progrès qu'on a réalisés dans la construction des navires marchands pendant ces dernières années; mais une part de ce favorable résultat revient sans contredit aux études du lieutenant Maury, et c'est sur ses indi-

cations que les hardis clippers américains se sont
écartés en quelques points de ces lignes traditionnelles qui formaient autrefois les grandes routes de
l'Océan, et dont la tempête seule faisait dévier les
navires.

I.

« Il existe un fleuve dans l'Océan. Il ne tarit jamais
durant les plus grandes sécheresses, et ne déborde
pas pendant les plus grandes inondations. Ses bancs
et son lit sont formés d'eau froide : le fleuve est un
courant d'eau chaude. Le golfe du Mexique en est la
source et l'embouchure est dans la mer Arctique. On
le nomme Gulfstream. Nulle part au monde il
n'existe un cours d'eau aussi majestueux; sa vitesse
est plus forte que celle du Mississipi ou du fleuve des
Amazones. »

Ainsi débute l'ouvrage du lieutenant Maury : deux
chapitres entiers sont consacrés à l'étude de ce singulier courant et de son influence sur les climats de
l'Europe. La découverte du Gulfstream ne remonte
pas bien haut : les baleiniers de la Nouvelle-Angleterre savaient dès le siècle dernier qu'il y avait une
zone d'eau chaude dans la mer : ils avaient remarqué
que les baleines l'évitent avec autant de soin que
certains poissons la recherchent; mais ce fut le
docteur Franklin, qui, à son voyage en Europe,

vérifia le premier, à l'aide d'un thermomètre, que les eaux du courant sont plus chaudes que celles qu'il traverse : il comprit dès l'origine l'importance de cette observation, et prévit que les navires auxquels les vents contraires ne permettraient pas d'aborder les côtes de la Nouvelle-Angleterre pourraient chercher un refuge dans la région du courant chaud : Franklin pensait même qu'à l'aide d'observations thermométriques, les marins égarés pendant les terribles tempêtes qui règnent si souvent près du continent américain, pourraient facilement retrouver leur longitude en arrivant dans le Gulfstream. Le célèbre docteur américain garda sa découverte secrète depuis 1775 jusqu'à 1790, parce qu'il craignait de la faire connaître à l'Angleterre, contre laquelle les États-Unis venaient de se soulever.

Cette découverte ne fut pas sans influence sur les destinées des États-Unis : sitôt qu'elle fut connue, elle contribua à changer l'importance relative des diverses parties du littoral américain : de cette époque date la décadence des ports des États du Sud et la prospérité toujours croissante de ceux des États du Nord. Charlestown fut détrônée et New-York devint bientôt la reine de l'Atlantique.

La pénétration de Franklin ne pouvait laisser sans explication l'étrange phénomène d'un fleuve marin qui sur une distance de mille lieues ne se mêle point à l'Océan qui l'environne : suivant lui, l'action des vents alisés qui soufflent constamment de l'est accumulerait les eaux dans le golfe du Mexique à un ni-

veau supérieur au niveau général de l'Atlantique:
ces eaux se déverseraient en vertu de la pesanteur
et ne trouvant à la sortie d'autre issue que le canal
étroit qui sépare Cuba de la Floride, elles y forme-
raient une sorte de cataracte marine et y acquier-
raient cette prodigieuse vitesse qui permet au Gulfstream de s'étendre si loin sans se diviser et se perdre.
Cette explication n'a pas été admise par le lieutenant
Maury ; suivant lui, c'est à l'inégale distribution de la
chaleur solaire sur le globe qu'il faut rapporter l'origine de tous les courants marins ; les eaux échauffées
sous les tropiques tendent sans cesse à remonter vers
les pôles et les eaux des mers glaciales à redescendre
vers l'équateur. Voici à l'aide de quelle comparaison
il cherche à faire saisir les lois de la circulation des
grands fleuves océaniques. « Supposons, dit-il, que
toute l'eau renfermée entre les tropiques jusqu'à la
profondeur de cent brasses, se trouve changée en
huile. L'équilibre des parties liquides de notre planète se trouvera rompu et il devra s'établir de suite
un système général de courants et de contre-courants:
l'huile formant une couche uniforme à la surface
coulera vers les pôles, et un contre-courant d'eau ira
vers l'équateur. Supposons encore que l'huile en arrivant dans les bassins polaires soit de nouveau
changée en eau et que l'eau se convertisse en huile en
franchissant les tropiques du Cancer et du Capricorne,
elle remontera à la surface et s'en retournera aux
points d'où elle était venue. Ainsi, sans l'action des
vents, nous obtiendrions un perpétuel et uniforme

système de courants et de contre-courants. Par suite
de la rotation diurné de la planète autour de son
axe, chaque particule d'huile, si elle ne rencontrait
que peu de résistance, s'approcherait des pôles suivant une spirale tournée vers l'est, avec une vitesse
relative de plus en plus grande jusqu'à ce qu'elle
atteignît en tourbillonnant le pôle. Une fois convertie
en eau, et ayant perdu sa vitesse, elle se rapprocherait
des tropiques en suivant une spirale semblable, mais
inverse et tournée à l'ouest. D'après ce principe, tous
les courants venant de l'équateur doivent avoir une
tendance vers l'orient et tous ceux qui viennent du
pôle vers l'occident. »

Dans la nature, qu'est-ce qui remplace l'huile dont
parle le lieutenant Maury ? c'est l'eau échauffée des
tropiques, plus légère que l'eau froide des zones glaciales. Cette différence de densité est assez grande pour
faire naître des phénomènes analogues, qui se trouvent seulement modifiés par l'interposition de grandes
masses continentales, par la profondeur très-variée
du fond de la mer, et par la tendance naturelle des
eaux à se mélanger, même quand elles sont à des
températures inégales.

Le courant chaud décrit une immense courbe dans
l'Atlantique ; à son embouchure elle est dirigée vers le
nord, mais elle s'infléchit ensuite de plus en plus vers
l'est en se rapprochant de l'Europe. Berghaus, le
célèbre géographe allemand et le major Rennell at-
tribuent cette déviation à l'inflexion que le courant
éprouve en rencontrant la côte de l'Amérique au cap

Hatteras : mais le lieutenant Maury l'explique uniquement par le mouvement de rotation de la terre. Le courant chaud ne touche en effet nulle part la côte des États-Unis au delà de la Floride, et s'en trouve partout séparé par le courant froid qui descend de la baie de Baffin.

Les sels que l'eau de mer tient en dissolution, suivant qu'elle est plus ou moins chaude, jouent un rôle considérable dans la formation des courants marins. Les vents n'enlèvent jamais à l'état de vapeur que de l'eau tout à fait pure, et les sels restent toujours dans la mer : entre les tropiques l'Océan perd par l'évaporation une quantité d'eau plus grande que celle qui lui est rendue par les pluies : il en résulte que la mer y est plus salée que dans la zone tempérée et dans la zone glaciale : mais au point de vue des courants marins, il faut remarquer que la salure de la mer contrarie les effets de la température, puisqu'elle contribue à augmenter la densité de l'eau entre les tropiques, tandis que la chaleur solaire agit de façon à la diminuer. Il me paraît donc nécessaire d'admettre, contrairement au lieutenant Maury, que si la mer n'était point salée, les courants y seraient encore plus rapides et plus puissants qu'ils ne le sont aujourd'hui.

Il n'y a, à vrai dire, dans chaque hémisphère marin que trois courants principaux : tous les autres n'en sont que des branches ou des remous. Dans l'océan Atlantique du Nord, ces trois courants sont : le Gulfstream qui apporte les eaux chaudes de l'équa-

teur au pôle, le courant polaire qui redescend vers
les latitudes méridionales, et le grand courant équatorial, qui transporte vers la mer des Caraïbes toutes
les eaux comprises entre les Antilles et la côte de
l'Afrique. Cet immense courant, source véritable du
Gulfstream, dirigé de l'est à l'ouest, doit sans doute
sa naissance à la puissante et continuelle action
des vents alisés : il entraîne tous les fucus qui se
détachent de cette vaste prairie marine, plus étendue
que la France entière et qu'on nomme souvent la
mer de Sargasso. Le courant équatorial entre dans la
mer des Caraïbes en faisant le tour du golfe du
Mexique, les eaux s'y échauffent de plus en plus et débouchent par le détroit de la Floride sous le nom de
Gulfstream, avec une énorme vitesse et une température qui dépasse de plusieurs degrés celle des eaux
voisines.

Ce fleuve chaud présente quelques particularités
bien curieuses signalées par le lieutenant Maury :
comme il est formé d'eau plus légère que les masses
d'eau froide qui l'environnent, il se trouve à un niveau un peu plus élevé et la surface du courant forme
une courbe légèrement arrondie au-dessus du niveau
du reste de l'Atlantique. On s'en assure aisément par
les courants superficiels qui se forment sur cette surface convexe : à partir de la ligne de faîte centrale
les eaux coulent à droite et à gauche comme la pluie
sur un toit : D'ailleurs on a observé depuis longtemps
que les graines, les bois, les débris de toute sorte
provenant des Indes occidentales, de même que les

épaves des navires naufragés dans l'Atlantique ne peuvent jamais dépasser la ligne de faîte et restent toujours sur la marge orientale du courant chaud : c'est ce qui fait qu'elles ne sont jamais rejetées sur les côtes de l'Amérique et sont entraînées au loin.

Le Gulfstream verse une immense quantité de chaleur sur les régions septentrionales de l'Europe : il n'y règne, en effet, que deux vents principaux : l'un sec et froid souffle du nord-est; l'autre, qui domine pendant les deux tiers des jours de l'année, vient du sud-ouest et nous amène une partie des vapeurs chaudes du Gulfstream : c'est à ce dernier vent que l'Angleterre doit son humidité, et l'Irlande, qu'on appelle encore poétiquement la verte Erin, sa belle végétation; le port de Liverpool n'est jamais pris par les glaces, tandis que ceux de Terre-Neuve, situés à la même latitude, sont fermés jusqu'au mois de juin. Par un effet naturel, le courant qui sert de conducteur de chaleur est en même temps un conducteur d'électricité : c'est la grande route des tempêtes et des ouragans de l'Atlantique : aussi les navires redoutent-ils de s'y engager; la mer y est affreuse, quand le vent souffle contre la direction du courant. Les tempêtes dans l'océan Atlantique prennent d'ordinaire naissance à la source du Gulfstream ou sur les côtes d'Afrique et, dans ce dernier cas, elles vont toujours en ligne droite rejoindre le Gulfstream. Ces tourbillons atmosphériques parcourent d'un bout à l'autre l'immense courbe que trace le courant chaud.

Les grands brouillards de Terre-Neuve, qui sont un autre danger pour les marins, doivent aussi naissance au Gulfstream : chaque année, ils sont la cause de nombreux désastres; mais les vents violents qui soufflent de terre rendent surtout les côtes du nord de l'Amérique si difficiles à aborder. La navigation de l'Europe aux États-Unis était encore beaucoup plus incertaine et plus dangereuse avant que l'on ne connût les limites exactes et les caractères du courant chaud. Aujourd'hui, quand un vaisseau ne peut résister aux violents coups de vent du nord-ouest, qui se font sentir si souvent sur la côte de la Nouvelle-Angleterre, il ne cherche point à prolonger longtemps une lutte inégale et se laisse emporter dans la région du courant chaud, où il trouve un abri momentané. Quelquefois il faut y revenir plusieurs fois avant de pouvoir parvenir au port. Jadis les navires chassés par la tempête allaient jusqu'aux Indes occidentales et attendaient quelquefois jusqu'au printemps, avant de retourner à leur destination. Malgré l'étude approfondie qu'on a faite de l'océan Atlantique, un voyage d'Europe à la Nouvelle-Angleterre ou à New-York présente toujours quelques dangers, surtout pendant l'automne : à cette époque les tourmentes de neige sont épouvantables, le canon d'alarme retentit incessamment sur les côtes, et l'on y compte en moyenne jusqu'à trois naufrages dans un jour.

Les lois qui président à la direction des courants marins ont été reconnues d'abord dans l'océan At-

lantique, mais, depuis cinquante ans, elles ont reçu
une sanction nouvelle par la découverte des courants
de l'océan Pacifique. On y a constaté l'existence d'un
courant équatorial, qu'à travers des contre-courants
et des remous divers on peut suivre sur toute
la largeur de cette mer immense qui occupe presque
une moitié de la surface terrestre. Un courant chaud,
véritable répétition du Gulfstream, suit les côtes de la
Chine et du Japon; les observations de King, l'un des
compagnons de Cook, de l'amiral Krusenstern, des
capitaines anglais Broughton et Beechey, des commandants français de Tressan et du Petit Thouars, et
récemment du commodore américain Wilkes, en ont
déterminé les contours généraux : il y a longtemps
que les géographes Japonais le connaissent et le
marquent sur leurs cartes sous le nom de Kuro
Siwo. Le lieutenant Maury en place l'origine dans
l'océan Indien, qui, protégé par le continent et les
montagnes asiatiques contre les vents du nord, est
toujours fortement échauffé. « Il y a, dit-il, bien des
points de ressemblance entre les caractères physiques
de ce courant et du Gulfstream de l'Atlantique. Sumatra et Malacca correspondent à la Floride et à
Cuba, Bornéo aux Bahamas; les côtes de la Chine
répondent à celles des États-Unis, les Philippines aux
Bermudes, les îles du Japon à Terre-Neuve. Ainsi
que le Gulfstream, le courant de la Chine se trouve
séparé de la côte par un contre-courant d'eau froide.
Les climats de la côte asiatique correspondent à ceux
qu'on observe en Amérique le long de l'Atlantique, et

les climats de la Colombie, du territoire de Washington et de Vancouver reproduisent ceux de l'Europe occidentale et des îles Britanniques; le climat de l'État de Californie ressemble à celui de
l'Espagne; les plaines de sable et les régions arides
de la Basse-Californie nous rappellent l'Afrique et ses
déserts, qui sont compris entre les mêmes parallèles.

« De même, l'océan Pacifique du nord, comme
l'océan Atlantique, est enveloppé, sur le trajet des
eaux chaudes, de brouillards, et parcouru par les
orages. Les îles Aleutiennes sont aussi renommées
pour leurs brouillards que les grands bancs de
Terre-Neuve. »

Dans les mers du sud, les courants sont bien moins
connus que dans les mers septentrionales : ils y sont
aussi moins nettement développés : on doit s'y attendre, quand on réfléchit que l'hémisphère austral est
presque entièrement marin : les pointes allongées de
l'Amérique du sud et de l'Afrique et l'Australie n'en
occupent qu'une faible partie : les eaux glaciales qui,
dans la zone boréale, ne peuvent redescendre vers
l'équateur que par le labyrinthe des terres arctiques
et le passage étroit que le Gulfstream laisse libre entre l'Islande et le Groenland, rayonnent librement
autour du continent qui recouvre le pôle antarctique.
Elles envahissent de tous côtés le domaine des eaux
tropicales, et la circulation marine doit s'y opérer
d'une manière beaucoup moins simple que dans
l'autre hémisphère, avec des ramifications et des remous plus multipliés. Les mers australes sont encore

bien imparfaitement connues: avant le séjour que fit M. de Humboldt sur les côtes du grand Océan, on ignorait l'existence de cet immense courant froid qui amène les eaux polaires tout le long de la côte occidentale de l'Amérique du sud jusqu'au delà de l'équateur, vers l'archipel des Galapagos. Entre ce fleuve d'eau froide et le grand courant équatorial s'étendent des mers inconnues que les baleiniers seuls traversent quelquefois. Comme les continents, les mers ont de véritables déserts : en dehors des grandes routes commerciales, lignes où des milliers de navires se succèdent sans cesse, l'Océan a été peu exploré; mais ces routes se multiplient sans cesse; les progrès de la Californie amènent déjà de nombreux vaisseaux dans ces solitudes, que troublait jadis seulement à de rares intervalles quelque expédition de recherche. Les hardis clippers modernes, rivaux jusqu'ici heureux des bâtiments à vapeur, vont avec une surprenante rapidité de New-York et d'Europe à San Francisco, en Australie et en Chine. Quand les États occidentaux de l'Amérique seront devenus le centre d'un commerce propre et indépendant, et que les communications interocéaniques se seront multipliées dans l'Amérique centrale, des chemins nouveaux s'ouvriront sur le grand Océan : il sera sans doute un jour aussi familier aux marins que l'océan Atlantique l'est aujourd'hui, et la science pourra profiter à son tour des conquêtes du commerce, qu'elle aura tant contribué à préparer.

II

La géographie de la mer serait incomplète si l'étude des courants marins n'était suivie de celle des vents ou courants aériens; au nombre des chapitres les plus intéressants de l'ouvrage du lieutenant Maury il faut compter ceux qu'il consacre aux lois de la circulation atmosphérique. Les plus difficiles problèmes de la météorologie y sont soulevés et traités avec une remarquable clarté : l'on est encore bien loin de pouvoir rendre compte avec précision de ces grands mouvements de l'air, qui, sur les continents, condamnent certaines régions à une sécheresse perpétuelle, ramènent dans d'autres des pluies périodiques ou irrégulières et qui, sur les mers, règlent les limites des vents alizés, des moussons, des calmes de l'équateur et des tropiques, grandes provinces marines depuis si longtemps connues des navigateurs. La mer est le théâtre le plus propre à l'étude des lois générales de l'équilibre atmosphérique, obscurcies sur les continents par la topographie particulière de chaque contrée.

Pour reconnaître de quelle manière les vents se partagent la surface des mers, suivons, par exemple, un navire qui, partant de New-York, traverserait tout l'océan Atlantique, pour aller doubler le cap Horn. Il resterait pendant assez longtemps dans une région où la direction du vent varie très-fréquemment. Cette zone., dans l'Atlantique comme dans l'océan Pacifique, s'arrête à peu près au trentième degré de latitude. Bien que le vent y souffle dans tous les sens, on peut dire cependant qu'il n'y règne que deux grands courants aériens; dont l'un venant du pôle se dirige au sud-ouest et l'autre remonte en sens opposé vers le nord-est. Tous les autres vents marquent en quelque sorte le passage, ordinairement assez rapide, de l'une de ces directions à l'autre. Ces deux grands courants se disputent la mer : tantôt c'est le premier, tantôt c'est le second qui en rase la surface; le plus souvent c'est le courant méridional qui l'emporte, car pour trois jours de vent du sud-ouest on ne compte en moyenne que deux jours de vent du nord-est. On peut donc admettre que le premier de ces deux vents forme le courant qui généralement se trouve le plus rapproché de la surface du globe et qu'il passe au-dessous d'un courant dirigé en sens contraire qui occupe les parties les plus élevées de l'atmosphère. Leur éternel conflit produit ces variations remarquables de température, qui sont un des caractères les plus tranchés des climats de la zone tempérée.

Après avoir dépassé la zone des vents variables, on entre dans une province marine où règnent ces vents constants qu'on nomme alizés. Dans l'hémisphère boréal, ils soufflent sans cesse du nord-est; dans l'hémisphère austral, du sud-est. La régularité de ces grands courants atmosphériques est un bienfait

inappréciable pour les navigateurs et leur permet de
franchir rapidement les zones tropicales : malheureusement les vents alizés des deux hémisphères se
font obstacle et se ralentissent à leur rencontre mu-
tuelle : la zone des calmes équatoriaux, produits par
ce conflit, trace une longue ceinture autour du globe :
souvent les navires essayent en vain pendant des semaines entières de sortir de cette région, véritable
mer morte de l'Océan, où nulle brise n'enfle les voiles,
et où règne une accablante chaleur, qui n'est que légèrement diminuée par le rideau nuageux qui constamment voile le ciel.

Christophe Colomb traversa le premier la région
des vents alizés, depuis l'Afrique jusqu'aux Indes occidentales. Dans les voyages qu'il avait faits aux îles
Canaries, qui, pendant quelques mois de l'année,
sont exposées aux vents alizés, le célèbre navigateur
avait sans doute appris à les connaître ; mais ses matelots, d'abord charmés de se trouver sur une mer
toujours calme, où l'on n'a qu'à tenir les voiles
ouvertes, furent bientôt épouvantés par un phénomène si nouveau pour eux, et se crurent emportés
loin d'Europe, sans espoir de retour. Aujourd'hui
les voyageurs qui se rendent aux Indes occidentales n'éprouvent plus les mêmes craintes et peuvent se laisser aller sans contrainte au plaisir de naviguer dans ces régions favorisées où les navires
glissent sans effort, sous un ciel toujours clair, illuminé la nuit par les feux des brillantes constellations
tropicales.

Le phénomène des vents alizés avait vivement frappé l'esprit de Galilée, et le pénétrant philosophe italien l'attribuait à la rotation de la terre ; il pensait que l'atmosphère, bien que participant à ce mouvement, ne pouvait suivre les parties solides qui forment la surface du globe avec une vitesse égale à celle qui les emporte. Vers l'équateur, où cette vitesse est le plus considérable, ce retard devait, suivant lui, donner naissance à des courants d'air dirigés en sens contraire de la rotation terrestre, c'est-à-dire de l'est à l'ouest. En faveur de sa théorie, Galilée se fondait sur ce fait remarquable que les vents alizés ne soufflent qu'aux plus basses latitudes, dans les régions où les points de la surface terrestre décrivent un très-grand cercle pendant les vingt-quatre heures de la journée. L'astronome Halley apporta pourtant quelques arguments décisifs contre l'explication de Galilée; il fit voir qu'elle est en désaccord avec le phénomène des calmes équatoriaux, qui règnent dans les régions même où le mouvement diurne de la surface terrestre est le plus rapide. Galilée ignorait d'ailleurs que la région des vents alizés a des limites variables, qui se déplacent graduellement pendant les douze mois de l'année. C'est sur ce fait remarquable que Halley fonda une théorie nouvelle des vents alizés, qui aujourd'hui encore est généralement admise. Quand le soleil est levé sur une partie de la terre, les couches d'air superficielles s'échauffent par le rayonnement, deviennent plus légères et montent peu à peu dans l'atmosphère. C'est pour cela que dans les pays de montagnes, on

voit souvent, après un beau jour, des vapeurs ramper
lentement sur les flancs des hautes cimes et s'amasser en nuages autour du sommet. La zone équatoriale
se trouve exposée constamment aux rayons d'un soleil perpendiculaire : l'air qui s'y échauffe s'élève
et forme, en parvenant dans les parties les plus élevées de l'atmosphère, une ceinture nuageuse qui
recouvre sans cesse la zone des calmes : les colonnes
d'air ascendant sont sans cesse remplacées par de
nouvelles masses d'air, et c'est cet appel permanent
qui donne naissance au courant continu des vents
alizés. Ces vents, dirigés sur l'équateur, souffleraient
exactement du nord au sud dans l'hémisphère boréal,
et du sud au nord dans l'hémisphère opposé, si la
terre n'éprouvait pas un mouvement de rotation ;
mais ils se trouvent constamment déviés vers l'ouest,
parce qu'ils entrent dans des régions où la vitesse du
mouvement diurne devient de plus en plus prononcée.

Les courants des deux hémisphères se rencontrent
et se neutralisent, en quelque sorte, dans la région
des calmes et des pluies : mais on doit se demander
ce que deviennent ces masses d'air que pompe le soleil
équatorial et qu'amènent sans cesse deux courants
dont la force ne diminue jamais. Il faut, de toute nécessité, qu'elles retournent vers les pôles, sans quoi
toute l'asmosphère finirait par se réunir sous forme
d'un vaste anneau autour de l'équateur ; mais s'il s'agit
d'assigner la route qu'elles suivent, on ne peut faire
que des suppositions plus ou moins ingénieuses.

Voici quelle théorie le lieutenant Maury développe à
ce sujet : les vents alizés commencent à se faire sentir à partir du 30ᵉ degré de latitude ; plus au nord est
la zone des courants variables où, avons-nous dit,
règne le plus souvent, dans les parties inférieures de
l'atmosphère, le vent du sud-ouest : comme les vents
alizés soufflent du nord-est, on voit qu'il y a une ligne
remarquable 'dont s'écartent deux courants aériens
en sens opposé, comme feraient deux hommes qui
se fuiraient l'un l'autre. Elle marque une zone de
calme, moins constante et moins prononcée que celle
des calmes de l'équateur, mais pourtant bien connue
des navigateurs ; cette ligne avoisine le tropique du
Cancer : dans l'hémisphère austral on en trouve
une semblable près du tropique du Capricorne. Ces
régions qui forment la limite commune de deux
zones parcourues par des vents directement opposés
seraient bientôt privées d'air si les courants supé-
rieurs de l'atmosphère ne venaient constamment y en
reverser. Le lieutenant Maury pense qu'il est amené
par un contre-courant des vents alizés : l'air qui
s'élève à leur rencontre dans la région supérieure
du ciel se met en route vers le nord, en déviant peu
à peu à l'est, à cause de la rotation terrestre qui
agit d'une manière opposée sur le courant qui
fuit l'équateur et sur celui qui s'y dirige. Ce contre-
courant hypothétique ne réussit jamais à faire une
brèche dans la couche des vents alizés et ne vient
descendre à la surface des mers que vers les régions
où le lieutenant Maury place les calmes tropicaux,

c'est-à-dire à la limite des vents alizés et des vents variables.

Comme le contre-courant qui domine les vents alizés se maintient toujours à une extrême hauteur, on n'a presque point de preuves qui en démontrent l'existence. Voici la seule que je puisse citer : En 1812, lors de l'éruption du volcan Saint-Vincent, il tomba une quantité considérable de cendres sur les îles Barbades. Comme les vents alizés soufflent toujours avec une grande force des Barbades à Saint-Vincent, on voit que les cendres lancées à une très-grande hauteur ont été emportées par un vent supérieur et contraire à celui de la surface. Le contre-courant des vents alizés ne vient raser la terre qu'au delà du trentième degré de latitude et forme alors le vent dominant des zones tempérées. Il y rencontre l'air refroidi qui revient du pôle, autour duquel il a longtemps tourbillonné, et qui se meut irrégulièrement jusqu'à ce qu'il descende à la surface du globe, pour ne plus la quitter, sous le nom de vents alizés. C'est en se croisant et se traversant en quelque sorte que les deux courants venus, l'un de l'équateur, l'autre du pôle, donnent naissance aux calmes tropicaux. Le lieutenant Maury croit qu'il s'opère un phénomène analogue dans la zone des calmes équatoriaux : suivant lui, l'air des vents alizés de l'hémisphère sud, après s'être élevé dans cette région de calmes, passe dans l'hémisphère nord comme contre-courant des vents alizés du nord-est. Voici par quelles observations l'officier américain appuie cette étrange hypothèse. Les sables qu'emporte le sirocco africain sont les débris d'infusoires qu'on a retrouvés vivants dans l'Amérique du sud ; les vents alizés du sud-est les ont d'abord balayés vers l'équateur : ils ont ensuite, à une immense hauteur, voyagé vers le nord-est, puis, redescendant dans la zone des vents variables, ils sont venus tomber sur les déserts du nord de l'Afrique. Il est assez naturel de penser que les particules d'air entraînées par les vents alizés se mêlent en se rencontrant, et qu'en se séparant de nouveau, elles ne rentrent pas toutes dans l'hémisphère même où elles viennent de voyager ; mais il nous semble bien téméraire d'admettre, comme le fait M. Maury, qu'aucune d'elles ne puisse y retourner, et qu'il s'opère d'un hémisphère à l'autre un échange complet. M. Maury convertira peu de savants à une opinion aussi bizarre, par des considérations vagues sur les propriétés magnétiques des courants, sur leur polarité, sur l'oxygène de l'air électrisé.

Les grandes îles et les continents troublent la régularité de la circulation atmosphérique. Les contrées situées entre les tropiques s'échauffent sous les rayons d'un soleil toujours ardent ; l'air raréfié s'élève et doit être constamment remplacé : ainsi se produisent certains courants aériens qui sont quelquefois assez forts pour détourner les vents alizés pendant la moitié de l'année et leur faire rebrousser chemin. Ces vents particuliers se nomment les moussons.

Les immenses déserts sablonneux de l'Afrique donnent naissance aux moussons du golfe de Guinée, les plaines élevées de l'Asie à ceux de l'océan Indien, et les plateaux du Mexique à ceux de l'Amérique centrale.

Sur les terres, le manteau de la végétation et le relief inégal du sol opposent de grands obstacles à la propagation des courants atmosphériques ; c'est pour cela qu'ils sont beaucoup plus réguliers dans l'hémisphère austral, qui se trouve presque entièrement recouvert par les eaux : les vents alizés sont moins faibles au nord qu'au sud de l'équateur ; aussi ne se rencontrent-ils qu'à quelques degrés au-dessus de cette ligne.

La théorie de la circulation atmosphérique présente encore quelques parties très-obscures : un des problèmes les plus difficiles qu'elle présente est l'origine des moussons de l'océan Pacifique occidental : ils sont en sens opposé de la direction normale des vent alizés : c'est ce qui a permis à la race malaise de se répandre jusque dans les îles Vijé, les archipels des Amis, de la Société et Paamuto. C'est dans cette vaste mer qui, de l'Amérique à l'Asie, recouvre presque la moitié du globe, qu'il faudrait s'attendre à voir les lois naturelles de la circulation atmosphérique revêtir la forme la plus régulière et la plus constante : les marins qui dans le siècle dernier avaient visité quelques parties de l'océan Pacifique prétendaient y avoir trouvé des vents alizés plus puissants que ceux de l'Atlantique : dans le siècle actuel, les navigateurs qui ont été explorer les mers lointaines de la Polynésie ont rectifié ces notions et montré que les véritables vents

alizés n'y soufflent dans l'hémisphère austral qu'entre
le 90ᵉ et le 140ᵉ degré de longitude occidentale : au-
delà des îles Marquises, ils sont remplacés par des
moussons qui, une moitié de l'année, soufflent dans
le sens des vents alizés, l'autre moitié dans le sens
opposé. C'est quand on s'engage entre les nombreux
archipels qui sèment la partie occidentale de l'océan
Pacifique, que ce changement a lieu. La présence
des innombrables bancs de corail, qui remplissent
ces mers tropicales, véritable continent en formation
et à fleur d'eau, a-t-elle quelque influence sur la déviation des vents alizés? il est sans doute permis de
le supposer. M. de Humboldt a fréquemment fait observer que la température de la mer diminue quand
on arrive au-dessus d'un bas fond, et que le thermomètre pourrait servir de sonde dans une mer dangereuse et peu connue : il est sans doute probable que,
par suite de la faible profondeur de l'océan Pacifique
dans la région des archipels, l'échauffement de l'eau
n'est pas assez constant pour donner naissance à un
courant d'air permanent. Dans l'hémisphère boréal,
où les îles sont plus rares et moins rapprochées,
les vents alizés occupent une région beaucoup plus
étendue, ils soufflent jusqu'aux îles Mariannes qui
sont sous le 130ᵉ degré de longitude orientale. Dans
l'océan Indien, les vents alizés ne souflent que dans
l'hémisphère austral, entre la côte de Madagascar
et l'Australie : au nord de l'équateur, ils sont convertis en moussons par le voisinage du continent asiatique.

. Des vents constants ne règnent pas seulement dans
les parties de la mer qui sont comprises entre les
tropiques : ils soufflent aussi dans certaines régions
terrestres, mais seulement sur ces plaines immenses
dont la surface unie rappelle celle de l'océan. Pendant toute l'année, le désert du Sahara est parcouru
par le vent d'est : un courant d'air semblable balaye
constamment les plaines du bas Orénoque et l'immense bassin du fleuve des Amazones.

La géographie de la mer, pour être complète, doit
aussi contenir la description du lit où elle est enfer-
mée ; le fond de l'océan a, comme les continents,
des plateaux, des vallées, des montagnes. Les courants
sous-marins tendent constamment à niveler ces inégalités et à étendre sur des surfaces horizontales les
matériaux et les débris organiques qu'ils entraînent;
les grandes plaines du fond de la mer sont beaucoup
plus vastes et plus unies que les plateaux terrestres,
toujours déchirés par des vallées; elles forment sans
aucun doute les parties les plus régulières de la surface
solide de la terre. Le grand plateau qui s'étend de la
côte d'Irlande au banc de Terre-Neuve, et qu'on a
récemment sondé pour y établir un câble sous-marin,
présente de très-faibles ondulations et s'étend du
quarante-septième au vingtième degré de latitude,
entre les îles du cap Vert et les Antilles, comme le
fait voir la carte, où le lieutenant Maury a consigné
les résultats de tous les sondages, dignes de confiance,
opérés dans l'océan Atlantique. Les instruments per-
fectionnés qu'on emploie aujourd'hui pour déter-

miner les profondeurs de la haute mer, ont servi à rectifier les idées exagérées qu'on avait entretenues longtemps à ce sujet. Il y a pourtant dans l'océan Atlantique boréal, deux immenses vallées, dont la profondeur est très-considérable; l'une d'elles sépare le continent de l'Amérique du sud de celui de l'Afrique et s'étend à peu près parallèlement à la côte septentrionale de l'Amérique du sud jusque vers les petites Antilles; elle a en moyenne 5500 mètres de profondeur. Elle se relie par une sorte de col sous-marin à une autre grande vallée qui suit à quelque distance Haïti, Cuba, la Floride et les côtes de l'Amérique du nord; c'est entre le trente-cinquième et le quarantième degré de latitude, qu'on trouve dans cette vallée les plus grandes profondeurs de l'Atlantique; entre le banc de Terre-Neuve et la côte de la Nouvelle-Angleterre, la sonde a atteint jusqu'à 9500 mètres; le Gulfstream, dans son cours vers l'orient, passe au-dessus de ces abîmes.

Une des particularités les plus frappantes du fond de l'Atlantique, est qu'envisagé dans son ensemble, il s'abaisse beaucoup plus rapidement du côté des côtes américaines que du côté des côtes d'Afrique et d'Europe; il a ainsi la forme d'un profond fossé creusé près du nouveau monde et qui se rattache à l'ancien monde par un long et insensible glacis; on peut y voir la contre-partie du relief général qu'affectent les continents eux-mêmes, ordinairement terminés d'un côté par un massif montagneux et des plateaux élevés, et de l'autre s'abaissant graduellement jusqu'à la mer.

Il est bien digne d'intérêt de comparer la hauteur moyenne des continents à la profondeur moyenne des mers. Pour bien comprendre le sens de ces expressions, il faut supposer que le fond de l'océan soit entièrement nivelé, et que sur les terres, les montagnes et les plateaux élevés soient rasés et qu'on en répartisse les déblais sur une seule plaine parfaitement unie. La hauteur moyenne des continents a été calculée avec beaucoup de soin par M. de Humboldt, qui a tant contribué à enrichir et à éclaircir les données que nous possédons aujourd'hui sur les altitudes continentales. Les habitants des pays de montagnes seront sans doute étonnés d'apprendre que la hauteur moyenne des terres n'est que 308 mètres au-dessus du niveau de la mer ; mais ce résultat surprendra moins les voyageurs qui ont parcouru les steppes de la Russie et de la Sibérie, ou les pampas de l'Amérique du Sud. Le chiffre auquel est arrivé M. de Humboldt, et qui doit inspirer beaucoup de confiance à tous ceux qui lisent son beau mémoire sur la hauteur moyenne des continents, diffère beaucoup de celui de 1000 mètres que Laplace avait admis, en se fondant sur certaines vues théoriques. D'après des considérations semblables, le savant astronome avait aussi crû pouvoir admettre que la profondeur moyenne de la mer est de même ordre que la hauteur moyenne des continents et des îles au-dessus de son niveau, et il pensait que la profondeur des plus grandes ca-

vités océaniques est plus petite que l'élévation des
hautes montagnes. Les sondages dûs au zèle des marines française, anglaise et américaine, bien que
peu nombreux encore, ont pourtant déjà réfuté cette
erreur du célèbre astronome. Une des cartes les plus
intéressantes que le lieutenant Maury ait jointes à
son ouvrage, est celle du lit de l'océan Atlantique du
nord ; il s'y trouve divisé en zones de diverses profondeurs. En calculant, à l'aide de cette carte, la profondeur moyenne de l'océan Atlantique boréal, je suis
arrivé au chiffre approximatif de 4500 mètres, qui ne
diffère pas sensiblement de celui de 4800 mètres que
Thomas Young avait déduit de la théorie des marées.

Dans l'océan Atlantique austral, on ne possède que
de rares sondages, mais ils ont accusé en quelques
points des profondeurs énormes : entre Rio-Janeiro
et le cap de Bonne-Espérance, la sonde est descendue
à 5368 mètres, vers 270° de latitude australe et 30° de
longitude occidentale. Le capitaine Denham, en 1832,
par 36° de latitude australe, et 40° environ de longitude occidentale, n'a trouvé le fond de la mer
qu'à l'effrayante profondeur de 14 090 mètres. C'est
au même officier que nous devons quelques sondages
récents, exécutés dans l'océan Pacifique austral ; les
plus grandes profondeurs qu'il ait trouvées sont
seulement de 2620 mètres au sud de la terre de Van
Diemen, et de 3094 mètres vers 66° de latitude sud et
158° de longitude ouest. Les données réunies jusqu'à
présent sont tout à fait insuffisantes pour déterminer,
même avec une très-grossière approximation, la pro-

fondeur moyenne de l'océan Pacifique ; il semble
cependant permis d'admettre, dès aujourd'hui que
la profondeur du grand Océan n'est pas en rapport
avec son immense étendue. La rareté relative des îles ,
dans l'Atlantique, nous autorise à penser que cette
partie de l'océan, bien que la moins étendue, forme
cependant la plus remarquable cavité de la surface
terrestre : les mers les plus étendues ne sont pas les
plus profondes ; de même que sur les continents les
plateaux les plus grands ne sont pas les plus élevés.
La Méditerranée qui n'est pour ainsi dire qu'un
grand lac, a pourtant des gouffres comparables à
ceux de l'océan Atlantique.

Dans cette étude rapide, je n'ai pu indiquer que
les traits principaux de la géographie marine. Dans
l'ouvrage du lieutenant Maury on trouvera des détails
nombreux et pleins d'intérêts sur tous les phénomènes qui s'y rattachent, sur les sels de la mer, les
calmes, les tempêtes, les climats de l'océan, sur l'action
des vents, sur les mers arctiques. Le savant Américain tire habilement parti des travaux de ses prédécesseurs et des observations les plus modernes au
profit de théories ingénieuses, mais dont quelques-
unes sont encore hâtives. Au reste les efforts qu'il a
faits pour encourager l'esprit d'observation parmi les
intelligents capitaines de la marine américaine por-
teront un jour des fruits : la météorologie marine,
science encore naissante, est déjà servie par des centaines de navires, véritables observatoires mobiles ;
la navigation, si longtemps abandonnée à la routine,

.vera dans la géographie physique des guides pré-
.eux et de nouvelles garanties de vitesse et de sécurité.

Je ne puis terminer cette analyse sans signaler le
caractère qui donne à l'ouvrage du lieutenant Maury,
si l'on me permet ce mot, sa physionomie particulière : c'est le mélange continuel des considérations
scientifiques et religieuses : alliance aussi familière
aux États-Unis qu'elle est rare dans notre pays. Je ne
crois pas qu'aucun astronome français eût songé à
donner à ce verset de la Bible « Peux-tu me dire les
douces influences des Pléiades? » l'interprétation
suivante : « Les astronomes d'aujourd'hui, s'ils n'ont
pas encore répondu à cette question, l'ont du moins
assez éclairée pour montrer que si jamais l'homme
doit y répondre, c'est en consultant la science astro-
nomique. Il a été récemment presque démontré que
la terre et le soleil, avec leur cour splendide de co-
mètes, de satellites et de planètes, sont en mouvement autour d'un point d'attraction qui se trouve à
une inconcevable distance et que ce point est dans
la direction de l'étoile Alcyon, une des Pléiades? Qui
donc, hormis un astronome, peut parler de « ces
« douces influences? »

Quand il s'agit de quelque loi naturelle, assise sur
une base inébranlable au-dessus de toute contesta-
tion, telle que la loi de l'attraction universelle, par
exemple, il ne peut y avoir aucun inconvénient à en
chercher le germe dans une expression biblique;
mais une telle préoccupation n'est-elle pas dangereuse, quand elle conduit à forcer le sens des mots

les plus vagues pour les mettre en accord avec un
phénomène naturel mystérieux, à peine effleuré par
l'observation, comme celui du mouvement général
du système planétaire? ne devient-elle pas plus im-
prudente encore, quand un savant met à l'abri d'un
texte sacré le fragile édifice de ses propres théories.
« Quant au système général, écrit M. Maury, de la
circulation atmosphérique que je viens si longuement
de m'efforcer à décrire, la Bible le décrit en entier
dans une sentence unique : « le vent va vers le sud
et tourne vers le nord; il tourbillonne continuellement et le vent retourne de nouveau dans ses cir-
cuits. » (*Eccl.* I, 6.) Avec un peu de bonne volonté,
on peut bien reconnaître dans cette phrase la théorie
des vents du lieutenant Maury, suivant laquelle
chaque molécule, entraînée comme par un mouvement perpétuel, va sans cesse en suivant de longues
spirales, d'un pôle à l'autre; tantôt rasant la terre,
tantôt emportée dans les parties supérieures de l'atmosphère; mais, nous l'avons vu, cette hypothèse,
beaucoup trop absolue, n'a encore pour appui que
des faits peu nombreux. Est-ce pour suppléer à cette
insuffisance, que le lieutenant Maury invoque, hors
de propos, l'autorité de la Bible, ou aurait-il la
prétention téméraire de fortifier cette autorité, en
montrant l'accord des livres saints avec ces théories?
dans l'un et l'autre cas, la science et la théologie le
condamnent.

M. Maury n'a pas évité un autre écueil, où tombent
trop fréquemment ceux qui étudient la nature, non-

ement dans l'espoir d'en apercevoir les lois, mais ,ur découvrir la raison souveraine qui s'exprime par elles. Quand l'homme observe l'action réciproque et réglée des diverses parties de la création et cherche à démêler, à travers la confusion des phénomènes extérieurs, ce que l'on a nommé poétiquement les harmonies naturelles, il lui est bien difficile de s'oublier lui-même. Il a pu croire longtemps, plutôt par ignorance que par orgueil, que les soleils n'ont été semés dans l'infini des cieux que pour lui prêter la nuit une pâle lueur. Cédant à un semblable instinct, M. Maury ne perd aucune occasion pour faire ressortir l'admirable adaption des phénomènes de la météorologie terrestre aux besoins et aux destinées de l'humanité. Quand il représente le Gulfstream, versant ses eaux chaudes sur l'Europe occidentale, pour lui donner un climat propice aux arts de la civilisation, il oublie que les côtes glacées du Labrador et de Terre-Neuve font face aux rivages privilégiés de notre continent. Lorsqu'il admire les lois qui règlent la direction des courants aériens, il m'est impossible de ne pas songer qu'ils sont aussi souvent contraires que favorables, et que des milliers de malheureux sont chaque année victimes de la fureur des vents. Quand, expliquant le mécanisme de l'évaporation et de la condensation des eaux, il vante les bienfaits des pluies, je ne puis oublier que des contrées immenses en sont à peu près dépourvues et ne peuvent nourrir qu'une population rare et misérable. C'est mal comprendre les harmonies naturelles que de les estimer à l'étroite mesure des avantages que l'homme en peut retirer : si la nature est son auxiliaire, elle est en même temps son ennemie; il soutient contre elle une lutte de tous les instants, la combat avec des armes qu'il lui arrache, jusqu'au jour inévitable où il est vaincu.

FIN.

TABLE DES MATIÈRES.

FIN DE LA TABLE.

PARIS. — IMPRIMERIE DE CH. LAHURE ET Cⁱᵉ

rues de Fleurus, 9, et de l'Ouest, 21

BIBLIOTHÈQUE VARIÉE, FORMAT IN-18 JÉSUS.

Volumes à 3 francs 50 centimes.

About (Edm.). La Grèce contemporaine. 1 vol. — Nos Artistes au salon de 1857. 1 vol.
Balzac (H. de). Théâtre. 1 vol.
Barrau. Révolution française. 1 vol.
Bautain (l'abbé). La Belle Saison à la campagne. 1 v. — La Chrétienne de nos jours. 2 vol.
Bayard. Théâtre. 12 vol.
Belloy (de). Le Chevalier d'Aï. 1 vol. — Poésies 1 v.
Brizeux. Histoires poétiques. 1 vol.
Busquet. Poëme des heures. 1 vol.
Byron. OEuvres complètes, trad. de Laroche. 4 vol.
Caro (E.). Études morales. 1 vol.
Castellane (de). Souvenirs de la vie militaire. 1 v.
Charpentier. Les Écrivains latins de l'empire. 1 v.
Dante. La Divine comédie, trad par Fiorentino. 1 vol.
Dargaud (J.). Histoire de Marie Stuart. 1 vol.
Daumas (Général E.). Mœurs et Coutumes de l'Algérie. 1 vol.
Enault (L.). La Terre-Sainte. 1 vol. — Constantinople et la Turquie. 1 vol. — La Norvége. 1 vol.
Eyma (Xavier). Femmes du Nouveau-Monde. 1 vol. — Les Deux Amériques. 1 v. — Les Peaux rouges. 1 v.
Figuier (Louis). L'Alchimie et les Alchimistes. 1 vol. — L'Année scientifique, 1856, 1 vol.; 1857, 1 vol.; 1858, 1 vol.
Gautier (Th.). Un trio de romans. 1 vol.
Gérard de Nerval. Les Illuminés. 1 vol. — Le Rêve et la Vie. 1 vol.
Homère. L'Iliade et l'Odyssée, trad. de Giguet. 1 vol.
Houssaye (A.). Poésies complètes. 1 vol. — Philosophes et comédiennes. 1 vol. — Le Violon de Franjolé. 1 vol. — Histoire du quarante et unième fauteuil. 1 vol. — Voyages humoristiques. 1 vol.
Hugo (Victor). Les Contemplations. 2 vol. — Les Enfants. 1 vol.
Jouffroy. Cours de droit naturel 2 vol.
Jourdan (L.). Contes industriels. 1 vol.
Lamartine (A. de). Méditations. 2 vol. — Harmonies. 1 vol. — Recueillements. 1 vol. — Jocelyn. 1 vol. — La Chute d'un ange. 1 vol. — Voyage en Orient. 2 vol. — Histoire de la Restauration. 8 vol.
Lanoye (F. de). Le Niger. 1 vol. — L'Inde contemporaine. 1 vol.
Laugel. Études scientifiques. 1 vol.
Lemient (L.). La Satire en France. 1 vol.
Libert. Histoire de la Chevalerie. 1 vol.
Limayrac (Paulin). Coups de plume sincères. 1 vol.

Lucien. OEuvres complètes. 2 vol.
Lutfullah. Mémoires d'un gentilhomme mahométan. 1 vol.
Marmier. Les Fiancés du Spitzberg. 1 vol. — Un été au bord de la Baltique. 1 vol. — Lettres sur le Nord. 1 vol.
Méry. Mélodies poétiques. 1 vol.
Michelet. L'Amour. 1 vol. — L'Insecte. 1 vol. — L'Oiseau. 1 vol
Milne. La Vie réelle en Chine. 1 vol.
Montfort (Cap.). Voyage en Chine. 1 vol.
Mornand. La Vie des eaux. 1 vol.
Mortemart-Boisse (baron de). La Vie élégante. 1 v.
Nodier (Ch.). Histoire du roi de Bohême. 1 vol.
Nourrisson. Les Pères de l'Eglise latine. 1 vol.
Orsay (comtesse d'). L'Ombre du bonheur. 1 vol.
Ossian. Poëmes gaéliques. 1 vol.
Patin. Études sur les tragiques grecs. 4 vol.
Perrens (F. T.). Jérôme Savonarole. 1 vol. — Deux ans de révolution en Italie. 1 vol.
Pfeiffer (Mme Ida). Voyage d'une femme autour du monde. 1 vol. — Mon second voyage autour du monde. 1 vol.
Saintine (X.-B.). Picciola. 1 vol. — Seuil 1 vol.
Sand (George). L'Homme de neige. 2 vol. — Elle et lui. 1 vol.
Scudo. Critique et littérature musicales. 2 vol. — Le Chevalier Sarti , roman musical. 1 vol.
Simon (Jules). Le Devoir. 1 vol. — La Religion naturelle. 1 vol. — La Liberté 2 vol. — La Liberté de conscience. 1 vol.
Tacite. OEuvres complètes, trad. de Burnouf. 1 v.
Taine (H.). Voyage aux Pyrénées. 1 vol. — Essai sur Tite Live. 1 vol. — Essais de critique et d'histoire. 1 vol. — Les Philosophes français du xix° siècle. 1 v.
Théry. Conseils aux mères. 1 vol.
Töpffer (Rod.). Le Presbytère. 1 vol. — Nouvelles genevoises. 1 vol. — Rosa et Gertrude. 1 vol. — Menus propos d'un peintre genevois. 1 vol.
Troplong. Influence du christianisme. 1 vol.
Ulliac-Trémadeure (Mlle). La Maîtresse de maison. 1 vol.
Vapereau (G.). L'Année littéraire (1858). 1 vol.
Warren (le comte de). L'Inde anglaise. 2 vol.
Zeller. Épisodes de l'histoire d'Italie. 1 vol.
Xénophon. OEuvres complètes, trad. de Talbot. 2 vol.

Volumes à 2 francs.

Boileau. OEuvres complètes. 1 vol.
Corneille (P.). OEuvres complètes. 5 vol.
La Fontaine. OEuvres complètes. 2 vol.
Molière. OEuvres complètes. 2 vol.
Montaigne. Essais. 1 vol.
Montesquieu. OEuvres complètes. 2 vol.
Pascal. OEuvres complètes. 2 vol.

Racine. OEuvres complètes. 2 vol.
Rousseau (J. J.). OEuvres complètes. 8 vol.
Saint François de Sales. OEuvres. 2 vol.
Saint-Simon. Mémoires complets. 13 vol.
Voltaire. OEuvres complètes. 25 vol. (Sous presse).
Zaccone. Le Langage des fleurs, avec gravures coloriées. 1 vol.

Volumes à 1 franc.

Houssaye (Arsène). Galerie du xviii° siècle : Les Hommes d'esprit. 1 vol. — Déesses d'opéra et Princesses de comedie. 1 vol. — Poëtes et Philosophes. 1 vol. — Hommes et Femmes de cour. 1 vol. — Sculpteurs , Peintres et Musiciens. 1 vol.
Hugo (Victor). Odes et Ballades. 1 vol. — Les Orientales. 1 vol. — Les Rayons et les Ombres. 1 vol. — Les Feuilles d'automne et les Chants du crépuscule. 1 vol. — Théâtre. 6 vol. — Notre-Dame de Paris. 4 vol. — Han d'Islande 2 vol. — Bug Jargal. 1 vol. — Le Dernier Jour d'un condamné. 1 vol. — Le Rhin. 4 vol.

Paris. — Imprimerie de Ch. Lahure et Cie, rue de Fleurus, 9.